大学化学实验

（下册）

主　编　朱卫华
副主编　陈　敏　刘　华

科学出版社
北　京

内 容 简 介

《大学化学实验》是根据非化学专业对化学基本理论、基本知识和基本技能的需求，结合大学化学课程体系的特点，按由浅入深、循序渐进的原则编写的一套大学化学实验教材。全书分上、下两册，本书为下册。

本书包括化学实验基础知识、物理化学实验、仪器分析实验以及附录四部分，主要介绍化学实验室常识、物理量的测量与控制、常用分析仪器等知识，包括20个物理化学实验和30个仪器分析实验，并在附录中列出了常用实验数据。本书充分考虑不同层次和不同专业的教学需要，紧密联系生产和生活实际，具有适用面广和实用性强的特点。

本书可作为高等学校化工、材料、生物、食品、环境、农学、医学、药学及其他相关专业的化学实验教材，也可供相关教师和学生参考。

图书在版编目(CIP)数据

大学化学实验. 下册/朱卫华主编. —北京：科学出版社，2013. 2

ISBN 978-7-03-036583-5

Ⅰ. ①大… Ⅱ. ①朱… Ⅲ. ①化学实验-高等学校-教材 Ⅳ. ①O6-3

中国版本图书馆 CIP 数据核字(2013)第 019426 号

责任编辑：陈雅娴 / 责任校对：刘亚琦

责任印制：张 伟 / 封面设计：华路天然工作室

科学出版社出版

北京东黄城根北街 16 号

邮政编码：100717

http://www.sciencep.com

北京盛通商印快线网络科技有限公司 印刷

科学出版社发行 各地新华书店经销

*

2013 年 2 月第 一 版 开本：720×1000 B5

2023 年 7 月第十三次印刷 印张：19 1/4

字数：373 000

定价：49.00 元

(如有印装质量问题，我社负责调换)

前　言

21世纪以来，随着科学技术的飞速发展和生产水平的不断提高，化学与相关学科的交叉融合持续深化，在推动相关学科快速发展、催生新兴交叉学科形成的同时，也进一步确立了化学中心学科的地位。时至今日，无论是国民经济和社会发展，还是人民生产与生活，都离不开化学。在人类未来发展的道路上，化学必将继续发挥举足轻重和无可替代的作用。

化学是一门实验科学，通过化学实验课程的学习，学生不仅可以掌握系统、扎实的基础知识和实验技能，还能培养科学思维与方法、创新意识与能力。著名化学家戴安邦先生曾对化学实验给予高度评价："为贯彻全面的化学教育，既要由化学教学传授化学知识和技术，更须通过实验训练科学方法和思维，还应培养科学精神和品德。而化学实验课是实施全面的化学教育的一种最有效的教学形式。"

根据化学相关各专业对化学基本理论、基本知识和基本技能的需求，结合各专业人才培养计划的特点，参考了国内外有关实验教材，组织具有多年丰富教学经验的教师编写了本实验教材。教材内容涵盖了化学实验的基本知识、无机化学实验、分析化学实验、有机化学实验、常见仪器介绍、物理化学实验、仪器分析实验和实验常用数据等，实验的编排兼顾基础实验、综合实验以及设计实验的内容，体现了知识性和实用性的特点。

全书由朱卫华任主编，上册由邱凤仙、贺敏强担任副主编，下册由陈敏、刘华担任副主编，参加编写的有赵谦、朱荣贵、李敏智、孟素慈、曹金星。

本书的出版得到科学出版社、江苏大学教务处和化学化工学院的大力支持，在此一并表示感谢！

由于编者水平和经验有限，书中难免有疏漏和不当之处，恳请各位专家和读者批评指正。

编　者

2023年6月

目　　录

第二部分　物理化学实验

第三部分　仪器分析实验

第四部分 附 录

第一部分
化学实验基础知识

第1章　化学实验室常识

1.1　化学实验室规则

(1) 实验前必须对实验内容进行认真预习，了解实验目的、实验原理、实验步骤和实验中的注意事项。

(2) 按时到实验室上课，不得迟到早退。进入实验室应穿长袖、过膝实验服，严禁穿短裤、拖鞋或凉鞋进入实验室。书包、衣物以及其他与实验无关的物品须放在指定地方，不得影响实验。

(3) 进入实验室后，严格遵守实验室规则，保持室内安静、整齐，保证实验有良好的实验环境。按要求进行实验分组，经实验教师同意后，开始实验操作。

(4) 实验过程中，虚心接受实验教师的指导，严格按操作规程进行实验。实验中要细心大胆，仔细观察，如实记录，认真思考分析，切实提高实验操作能力。

(5) 实验过程中不得大声喧哗、随便离开座位。实验台面、试剂架上必须保持整洁。试剂用完应立即盖严，放回原处。

(6) 易燃、易爆品的使用应按指导教师的要求进行，不得违反操作规程。使用仪器设备时，按要求安全操作。实验中如发现异常现象，应立即停止实验，及时向指导教师汇报处理。实验中如发生事故，应立即停止实验并向指导教师报告，注意保护现场，认真检查分析事故原因。

(7) 爱护公物，做到实验物品轻拿轻放。实验过程中如有仪器破损，应及时填写仪器报损单，经指导教师签署意见后向仪器室领取。实验室的任何物品不得擅自带出实验室。

(8) 节约使用水、电和实验耗材。实验中产生的废弃物按要求分类回收，严禁直接倾倒入实验室水槽中。

(9) 实验结束后，认真、如实地书写实验报告，不得抄袭和拼凑实验数据，按时送交实验指导教师批阅。

(10) 离开实验室前，关闭电源、气源和水源，做好仪器设备的整理、复原等工作，做好实验室的清洁卫生工作，经指导教师检查同意后方可离开。

1.2 化学实验室安全守则

化学实验中所使用的试剂种类繁多,其中不少为易燃、易爆、有毒或腐蚀性的物质,若使用不当,很容易导致事故的发生。因此,进行实验时必须严格按照操作规程,加强安全保护措施,保证实验正常进行。

(1) 实验开始前应检查仪器是否完整无损,装置是否正确稳妥,征得指导教师同意后,方可进行实验。

(2) 实验进行时,不准随便离开岗位,密切注意反应进行的情况和装置有无漏气、破裂等现象。

(3) 熟悉易燃、易爆、有毒或腐蚀性试剂的理化性质,按规定进行取用,同时采取必要的防护措施。

(4) 在进行有可能发生危险的实验时,要根据实验情况采取必要的安全措施,如戴防护眼镜、面罩或穿防护衣服等。

(5) 严禁在实验室内吸烟或进食,实验结束后仔细洗手。

(6) 充分熟悉安全用具(如灭火器材、沙箱及急救药箱)的放置地点和使用方法,并妥善保管。安全用具和急救药品不准移作他用。

1.3 化学实验的目的与要求

本书实验内容包含物理化学实验和仪器分析实验两部分,主要学习运用物理化学方法和现代仪器研究物质组成、结构和性能的原理与方法。通过化学实验课程的学习,帮助学生掌握基本测试方法和典型仪器的应用,培养学生准确记录实验现象、数据,正确处理和分析实验结果的能力,提高灵活运用知识、理论联系实际的能力,逐步培养创新思维,提高创新意识。

1.3.1 实验预习

为达到实验目的并取得较好效果,在实验前必须做好预习。预习时要认真阅读实验教材和相关参考文献,明确实验目的和要求,掌握实验原理,熟悉实验方法和步骤。预习时还需思考实验中的注意事项,做到胸有成竹。

在预习的基础上,完成预习笔记,预习笔记中应包括:

(1) 实验目的和实验原理。

(2) 简单明了的实验步骤或相应的记录表格。

(3) 实验的注意事项和预习中的存疑。

1.3.2　实验记录

在实验过程中，应认真完成实验，细心观察实验现象，并及时记录观察到的现象和测得的实验数据。具体有以下几点要求：

(1) 完整记录实验条件。实验的结果与实验条件密切相关，实验条件为分析实验中出现的问题和产生误差的大小提供了重要依据。实验条件一般包括环境条件(室温、气压和空气湿度等)、操作条件(温度、压力、气体流量、升温速率等)、试剂规格(名称、生产厂家、纯度、浓度等)和仪器条件(名称、型号、生产厂家等)。

(2) 如实记录实验结果。在认真观察实验现象的基础上，及时将实验现象和所测得的结果记录在预习报告(实验记录本)上。实验记录务必实事求是，不可捏造事实和编造数据。实验记录必须详细及时，不可不记或补记。实验记录还需做到字迹工整，以免过后无法看懂。

(3) 实验完成后，需将实验所得的原始数据、谱图等记录交指导教师检查、签字后方可离开实验室。

1.3.3　实验报告

实验结束后，如何完成一份高质量的实验报告也是实验课程的重要内容。通过完成实验报告，学生在实验数据处理、作图、误差分析、归纳总结等方面的能力可以得到提高。完成实验报告时，需注意以下几点：

(1) 实验报告的内容应包括实验目的、实验原理、实验装置、仪器、试剂、材料、实验步骤、数据记录预处理、分析与讨论等。

(2) 书写实验报告时，应认真思考、正确推导、耐心计算、规范作图，重点放在数据处理和结果的分析讨论上。

(3) 讨论的内容可包括实验现象的分析解释、实验结果的误差分析、查阅相关文献的情况、实验的改进意见等。

1.4　常用危险化学品的分类及标志

根据全球化学品统一分类和标签制度(GHS)，我国对常用化学品的分类和危险性有明确的标准(GB 13690—2009)，化学品分类和危险性象形图标识方法则参照(GB/T 24774—2009)，在化学品的生产、使用、储存和运输过程中应加以特别注意。

1.4.1 常用危险化学品的分类

常用化学品按理化危险、健康危害和环境危害分为三大类,其中理化危险大类中又分为以下 16 类。

1. 爆炸物

爆炸物(或混合物)是指本身能够通过化学反应产生气体的固态或液态物质(或物质的混合物),而产生的气体的温度、压力和速度能对周围环境造成破坏。其中也包括发火物质,即使它们不放出气体。

发火物质(或发火混合物)则是指通过非爆炸性放热化学反应产生的热、光、声、气体、烟或所有这些的组合来产生效应的物质或混合物。

爆炸性物品是含有一种或多种爆炸性物质(或混合物)的物品。烟火物品是包含一种或多种发火物质(或混合物)的物品。

2. 易燃气体

易燃气体是在 20℃ 和 101.3kPa 下,与空气有易燃范围的气体。

3. 易燃气溶胶

气溶胶是指喷射罐(系任何不可重新罐装的容器,该容器由金属、玻璃或塑料制成)内装强制压缩、液化或溶解的气体(包含或不包含液体、膏剂或粉末),配有释放装置,可使所装物质喷射出来,在气体中形成悬浮的固态或液态微粒,或形成泡沫、膏剂或粉末,或处于液态或气态。

4. 氧化性气体

氧化性气体一般指通过提供氧气,比空气更能导致或促使其他物质燃烧的气体。

5. 压力下气体

压力下气体是指高压气体在压力大于等于 200kPa(表压)下装入储器的气体,包括压缩气体、液化气体、溶解液体、冷冻液化气体。

6. 易燃液体

易燃液体是指闪点不高于 93℃的液体。

7. 易燃固体

易燃固体是容易燃烧或通过摩擦可能引燃或助燃的固体。易于燃烧的固体为粉状、颗粒状或糊状物质,它们在与燃烧着的火柴等火源短暂接触(即可点燃)和火焰迅速蔓延的情况下,都非常危险。

8. 自反应物质或混合物

自反应物质或混合物是即使没有氧(空气)也容易发生激烈放热分解的热不稳定液态、固态物质或混合物。不包括爆炸物、有机过氧化物或氧化物质及其混合物。

自反应物质或混合物如果在实验室试验中其组分容易起爆、迅速爆燃或在封闭条件下加热时显示剧烈效应,应视为具有爆炸性质。

9. 自燃液体

自燃液体是指即使少量也能在与空气接触后 5min 内引燃的液体。

10. 自燃固体

自燃固体是指即使少量也能在与空气接触后 5min 内引燃的固体。

11. 自热物质或混合物

自热物质是发火液体或固体以外,与空气反应不需要能源供应就能够自发发热的固体或液体物质或混合物。这类物质与发火液体或固体不同,因为这类物质只有数量很大(千克级)并经过长时间(几小时或几天)才会燃烧。

12. 遇水放出易燃气体的物质或混合物

遇水放出易燃气体的物质或混合物是指通过与水作用,容易自燃或放出危险数量的易燃气体的固态或液态物质或混合物。

13. 氧化性液体

氧化性液体是本身不一定燃烧,但通常因放出氧气可能引起或促使其他物质燃烧的液体。

14. 氧化性固体

氧化性固体是本身不一定燃烧,但通常因放出氧气可能引起或促使其他物质燃烧的固体。

15. 有机过氧化物

有机过氧化物是含有二价—O—O—结构的液态或固态有机物质,可以看作是一个或两个氢原子被有机基替代的过氧化氢衍生物,也包括含有机过氧化物的混合物。有机过氧化物是热不稳定物质或混合物,容易放热自加速分解。此外,它们可能具有下列一种或几种性质:①易于爆炸分解;②迅速燃烧;③对撞击或摩擦敏感;④与其他物质发生危险反应。

如果有机过氧化物在封闭条件下加热时其组分容易爆炸、迅速爆燃或表现出剧烈效应,则可认为具有爆炸性质。

16. 金属腐蚀剂

金属腐蚀剂是通过化学作用显著损坏或毁坏金属的物质或混合物。

1.4.2 常用危险化学品的标志

根据常用危险化学品的危险特性和类别,设立了相应的标志。当一种危险化学品具有一种以上的危险性时,应同时用多个标志表示其危险性类别。危险化学品的标志图形见表 1-1-1。

表 1-1-1 危险化学品的标志

爆炸物标志	易燃物体标志	压力下气体标志	氧化物标志

腐蚀性物质标志	有毒物质标志	环境危险物标志	人体健康危险物质标志

1.5 高压气体钢瓶的使用

在实验室中经常要使用一些气体,如氢气、氮气、氧气等。高压气体钢瓶是储存压缩气体和液化气的高压容器,容积一般为 40～60L,最高工作压力为

15MPa，最低工作压力不低于0.6MPa。在钢瓶的肩部有钢印标记，一般包括生产厂家、制造日期、气瓶型号、编号、气瓶质量、容积、工作压力、水压试验压力、水压试验日期和下次送检日期。

1.5.1　高压气体钢瓶型号、规格

我国高压气体钢瓶的型号、规格见表1-1-2。

表1-1-2　高压气体钢瓶型号、规格

钢瓶型号	用途	工作压力/Pa	试验压力/Pa	
			水压试验	气压试验
150	装 O_2、H_2、N_2、CH_4、压缩空气及惰性气体等	1.47×10^7	2.21×10^7	1.47×10^7
125	装 CO_2 等	1.18×10^7	1.86×10^7	1.18×10^7
30	装 NH_3、Cl_2、光气、异丁烷等	2.94×10^6	5.88×10^6	2.94×10^6
6	装 SO_2 等	5.88×10^5	1.18×10^6	5.88×10^5

1.5.2　高压气体钢瓶颜色标志

我国高压气体钢瓶常用的标志见表1-1-3。

表1-1-3　高压气体钢瓶颜色标志

气体类别	钢瓶颜色	字样	标字颜色
氮气	黑	氮	黄
氧气	天蓝	氧	黑
氢气	淡绿	氢	红
空气	黑	空气	白
二氧化碳	铝白	液化二氧化碳	黄
氦	棕	氦	白
氨	淡黄	液氨	黑
氯	深绿	液氯	白
乙炔	白	乙炔	红
氟氯烷	铝白	氟氯烷	黑
液化石油气	棕	液化石油气	白
纯氩气体	银灰	氩	绿

1.5.3　高压气体钢瓶的安全使用

高压气体钢瓶的安全使用十分重要，必须注意下列事项：

(1) 在使用前,要按照钢瓶外表油漆颜色、字样等正确识别气体,切勿误用,以免造成事故。

(2) 在运输、储存和使用时,注意勿使钢瓶与其他坚硬物体撞击,应将钢瓶安放于远离电源、热源的地方并加以固定。

(3) 严禁油脂等有机物沾污氧气钢瓶。在开启氧气瓶时,还应避免工具上有油脂,扳手上如有油脂应用四氯化碳洗净后再使用,以免发生燃烧和爆炸。

(4) 存放可燃性气体钢瓶的房间应注意通风,以免漏出的可燃性气体与空气混合后遇到火种发生爆炸。室内的照明灯和通风设施均应防爆。此外,液氯等有毒气体钢瓶应单独存放,严防有毒气体泄漏,且注意室内通风。

(5) 若两种钢瓶中的气体接触后可能会引起燃烧和爆炸,则这两种钢瓶不能存放在一起。例如,氢气等可燃性气体钢瓶必须与氧气钢瓶分开存放,且氧气钢瓶与氢气钢瓶严禁在同一实验室内使用。

(6) 高压钢瓶必须在安装好减压阀后方可使用,且各种减压阀绝不能混用。开、关气阀时,操作人员应避开瓶口方向,站在侧面并缓慢操作,不能猛开阀门。

(7) 钢瓶内气体不能完全用尽,钢瓶应保持 0.05MPa(表压)以上的残留压力,以防重新灌气时发生危险。

(8) 钢瓶须定期送交检验,合格钢瓶才能充气使用。

1.5.4　气体减压阀的构造及正确使用

气体钢瓶充气后压力可达 15MPa,使用时必须用气体减压阀。常用氧气减压阀的构造如图 1-1-1 所示。

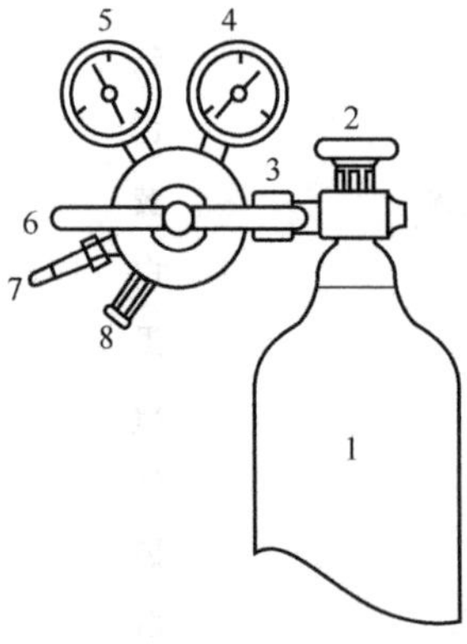

图 1-1-1　氧气减压阀

1. 钢瓶;2. 钢瓶阀门;3. 氧气表与钢瓶连接螺旋;4. 总压力表;5. 分压力表;6. 分压力表调节螺杆;7. 气体出口;8. 安全阀

氧气减压阀的高压舱与钢瓶 1 相连,低压舱为气体出口,并通往受气系统。在总压力表 4 上显示钢瓶内储存气体的压力,分压力表 5 上显示出口气体的压力,该压力可通过调节螺杆 6 调节。

气体减压的结构原理如图 1-1-2 所示,当顺时针方向旋转调节螺杆 1 时,压缩主弹簧 2,作用力通过弹簧垫块 3、传动薄膜 4 和顶杆 5 使活门 9 打开,这时进口的高压气体(其压力由总压力表 7 指示)由高压舱经活门调节减压后进入低压舱(其压力由分压力表 10 指示)。当达到所需压力时,停止转动调节螺杆 1。停止用气时,逆时针旋松调节螺杆 1,使主弹簧 2 恢复原状,活门 9 由于压缩弹簧 8 的作用而密闭。当调节压力超过一定允许值或减压阀出故障时，安全阀 6 会自动开启排气。

安装减压阀时，应先确定其尺寸规格是否与钢瓶和工作系统的接头相符，用手拧满螺纹后，再用扳手上紧，防止漏气。若有漏气应再旋紧螺纹或更换皮垫。

在打开钢瓶阀门 2(图 1-1-1)之前，首先必须仔细检查减压阀是否已关好，切不可在减压阀处于开启状态时突然打开钢瓶总阀，否则会发生事故。只有当调节螺杆 6 松开(即减压阀处于关闭状态)时，才能开启钢瓶总阀，再慢慢打开减压阀。

停止使用时，应先关钢瓶总阀，当压力表下降到零时，再关减压阀。

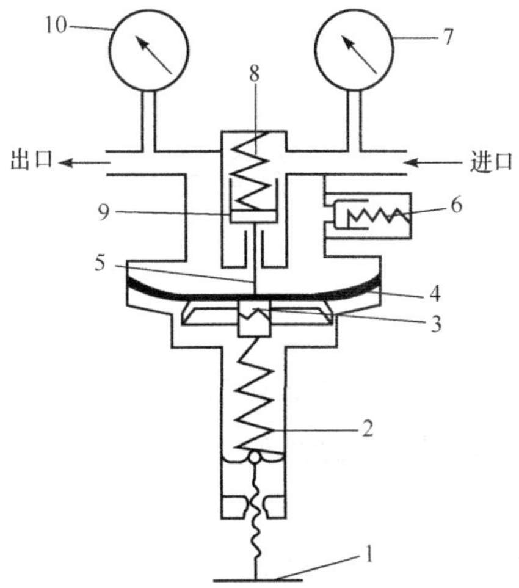

图 1-1-2　气体减压结构原理示意图

1. 分压力表调节螺杆；2. 主弹簧；3. 弹簧垫块；4. 传动薄膜；5. 顶杆；6. 安全阀；7. 总压力表；8. 压缩弹簧；9. 活门；10. 分压力表

第 2 章　物理量的测量与控制

2.1　温度的测量

温度是宏观物体的内在属性，是用于描述物体或体系冷热程度的物理量。准确测量体系的温度是实验、科研和生产实践中一项十分重要的技术。温度不能直接测量，只能借助于冷热不同的物体的热交换以及冷热程度变化的某些物理特性进行间接测量。

2.1.1　温度与温标

物体温度的数值表示方法称为温标，它规定了温度的读数起点和测量温度的基本单位。常用的温标主要有以下几种。

1. 摄氏温标

摄氏温标规定标准大气压时，水的冰点为 0 度，沸点为 100 度，在两个点之间分 100 等份，每一等份为 1 摄氏度，单位为℃，符号为 t。它是非国际单位。

2. 华氏温标

华氏温标规定标准大气压时，以水的冰点为 32 度，沸点为 212 度，两点之间分为 180 等份，每一等份为 1 华氏度，单位为 F，符号为 t_F。它是非国际单位，华氏温标与摄氏温标的换算关系为

$$t_F = 32 + 1.8t$$

3. 热力学温标

热力学温标也称开尔文温标或绝对温标，规定分子停止运动时的温度为绝对零度，单位为 K，符号为 T。热力学温标与摄氏温标的刻度间隔是一样的，它们之间的换算关系为

$$T = 273.15 + t$$

热力学温标是基本温标，热力学温标定义的温度为热力学温度，是七个基本物理量之一。

4. 国际实用温标

国际实用温标是一个国际协议性温标，与热力学温标相近，而且复现精度高，使用方便。从准确与实用出发，在1927年第七届国际计量大会上决定采用国际温标，后在实践中经过两次修订。我国自1994年1月1日起全面实施国际温标(ITS-90)。1990年国际温标(ITS-90)简介如下。

1) 温度单位

热力学温度是基本物理量，符号为 T，单位为开尔文(K)，定义为水三相点的热力学温度的1/273.15。根据此定义，1℃等于1K，温差用摄氏度或开尔文来表示是等效的。

2) 国际温标(ITS-90)的通则

ITS-90由0.65K向上延伸，直到依据普朗克辐射定律使用单色辐射实际可测量的最高温度。国际温标(ITS-90)同时定义了国际开尔文温度(符号为 T_{90})和国际摄氏温度(符号为 t_{90})。在全量程中，任何温度的 T_{90} 值非常接近于温标采纳时 T 的最佳估计值，与直接测量热力学温度相比，T_{90} 的测量要方便得多，而且更为精密，复现性很高。

3) ITS-90的定义

第一温区为0.65K到5.00K之间，T_{90} 由 ^3He 和 ^4He 的蒸气压与温度的关系式来定义。

第二温区为3.0K到氖的三相点(24.5661K)之间，T_{90} 是用氦气体温度计来定义。

第三温区为平衡氢三相点(13.8033K)到银的凝固点(961.78℃)之间，T_{90} 是由铂电阻温度计来定义。它使用一组规定的定义固定点及利用规定的内插法来分度。

在银凝固点(961.78℃)以上的温区，T_{90} 是按普朗克辐射定律来定义的，复现仪器为光学高温计。

2.1.2 温度测量仪器

按测量原理不同，温度测量可分为热膨胀(如玻璃-水银温度计)、电阻变化(如热敏电阻温度计)、热电效应(如热电偶)和热辐射(如辐射高温计)等方式。温度测量仪器按测温方式可分为接触式和非接触式两大类，前者的感温元件与被测介质直接接触，而后者的感温元件不与被测介质直接接触。通常接触式测量仪器比较简单、可靠，测量精度高，但因测温元件需要与被测介质进行充分热交换，所以存在测温延迟现象，同时受耐高温材料限制，不能应用于很高的温度测量。非接触式测量仪器是通过热辐射原理测量温度的，测温元件无需与被测介质接触，测温范围广，不破坏被测物体的温度场，反应速率快，但受物体的辐射率、测量距离、烟尘和水汽等外界因素影响，测量误差大。

实验室里常用的温度测量仪器主要有玻璃-水银温度计、贝克曼(Beckmann)温度计、热电偶温度计、铂电阻温度计和热敏电阻温度计等。

1. 玻璃-水银温度计

玻璃-水银温度计构造简单，使用方便，但易损坏，损坏后无法修理。水银体积随温度的变化不是严格单调的，但仍接近于线性关系，因此玻璃-水银温度计是实验室里最普通、最常用的温度计之一。玻璃-水银温度计适用范围为238.15～633.15K(水银的熔点为234.45K，沸点为629.85K)，如果用石英玻璃作管壁，充入氮气或氩气，最高使用温度可达到1073.15K。常用的水银温度计刻度间隔有2℃、1℃、0.5℃、0.2℃、0.1℃等，与温度计的量程范围有关，可根据测定精度选用。水银温度计按用途、量程和精度可分为普通水银温度计、精密水银温度计和高温水银温度计等。很多因素会引起温度计的读数误差，主要包括：

(1) 毛细管的直径上下不均匀，定点刻度不准，定点之间的等分刻度不相等，会引起误差。

(2) 温度计的玻璃球受到暂时加热后，由于玻璃收缩很慢不能立即回到原来的体积，产生滞后现象，另外玻璃球的体积随时间也会有所改变。这两种因素均会引起温度计零点的改变。

(3) 全浸式水银温度计在使用时，通常水银柱有部分未浸没在介质中，此时外露部分与浸入部分的温度不相同，也会引起误差，故需进行露茎校正。

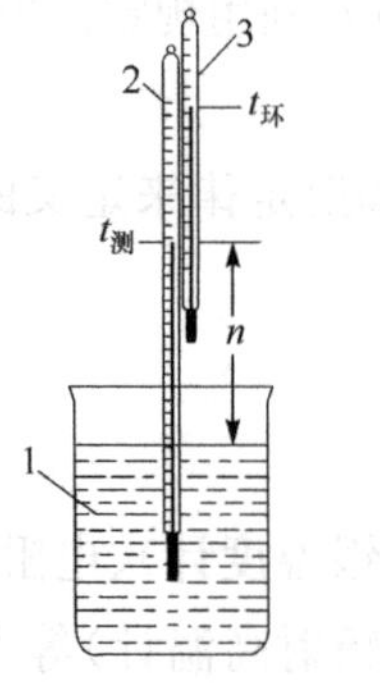

图1-2-3　露茎校正图

1. 被测体系；2. 测量温度计；3. 辅助温度计

(4) 压力对温度计的读数也有影响，另外水银和玻璃的膨胀系数的非严格线性关系、毛细管效应等也会引起误差。

通常除对温度计进行示值校正(与标准温度计进行比较)外，还必须进行露茎校正，校正方法如图1-2-3所示。

令测量温度计的示值为$t_{测}$，辅助温度计的示值为$t_{环}$(测量温度计外露部分水银柱周围的平均温度，其水银球置于测量温度计露茎的中部)，β_{Hg}和β_{G}分别为水银和玻璃的体积膨胀系数。设在温度为$t_{环}$($t_{环}<t_{测}$)时，测量温度为$t_{测}$的介质，则水银和玻璃的体积膨胀值分别为

$$\Delta V_{Hg}=V_{Hg}\cdot\beta_{Hg}(t_{测}-t_{环})$$
$$\Delta V_{G}=V_{G}\cdot\beta_{G}(t_{测}-t_{环})$$

由于膨胀前水银柱和玻璃毛细管的体积相等，$V_{Hg}=V_{G}$，可用 V 表示，因此水银体积的表观膨胀值应为

$$\Delta V=\Delta V_{Hg}-\Delta V_{G}=V(\beta_{Hg}-\beta_{G})(t_{测}-t_{环}) \quad (1\text{-}2\text{-}1)$$

由于毛细管的截面积几乎不变，因此可以用温度计的度数作为长度单位，则式(1-2-1)为

$$\Delta t=n(\beta_{Hg}-\beta_{G})(t_{测}-t_{环})=0.000\ 16n(t_{测}-t_{环})$$

式中，n 为露出被测介质之外的以温度计度数表示的水银柱长度，即露茎高度。Δt 为露茎校正值，因此有

$$t_{实}=t_{测}+\Delta t$$

2. 贝克曼温度计

贝克曼温度计是一种移液式的内标温度计，用来精密测量体系始态和终态温度变化差值。其结构与普通温度计不同，如图 1-2-4 所示，在它的毛细管 2 上端，加装了一个水银储槽 4，用来调节水银球 1 中的水银量。

贝克曼温度计具有以下主要特点：

(1) 精密度高。刻度精细，刻线间隔为 0.01℃，用放大镜可以估读至 0.002℃。

(2) 仅用于测量温差。由于水银球中的水银量是可变的，因此水银柱的刻度值就不是温度的绝对读数，只能在 0～5℃量程范围内读出温度差 ΔT。

(3) 使用的温度范围大。由于在贝克曼温度计的毛细管上端装有一个辅助水银储槽，可用来调节水银球中的水银量，因此可在不同的温度范围内使用，一般为 −6～120℃。

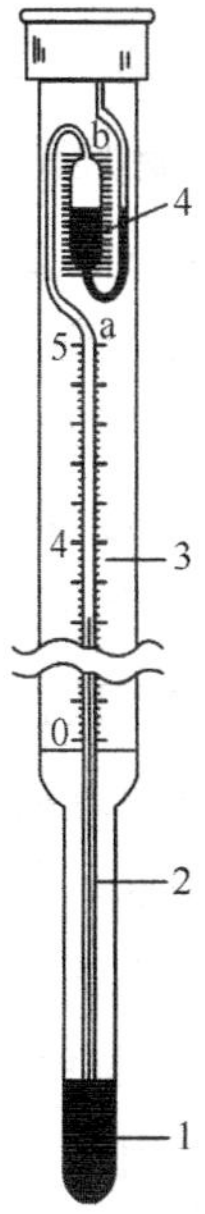

图 1-2-4　贝克曼温度计
1. 水银球；2. 毛细管；3. 温度标尺；4. 水银储槽；a. 最高刻度；b. 毛细管末端

在使用贝克曼温度计时，必须注意以下几点：

(1) 贝克曼温度计由薄玻璃制成，比一般水银温度计长得多，易受损坏。因此，贝克曼温度计应放置于温度计盒中，或者安装在使用仪器上，或者握在手中，不可随意放置。

(2) 调节贝克曼温度计时，注意不可使其受骤热或骤冷，避免受到重击。

(3) 调节好的温度计，注意不可使毛细管中的水银

柱再与水银储槽里的水银相连接。

根据实验需要,贝克曼温度计的测量范围有所不同,必须将温度计毛细管中的水银面调整在标尺的合适范围内。这里介绍两种调节方法。

(1) 恒温浴调节法。首先确定所使用的温度范围。例如,测量水溶液凝固点的降低需要能读出 -5~1℃的温度读数;测量水溶液沸点的升高则需读出 99~105℃的温度读数;至于燃烧热的测定,则室温时水银柱示值为 2~3℃最为适宜。

根据使用范围,估计当水银柱升至毛细管末端弯头处的温度值。一般的贝克曼温度计,水银柱由刻度最高处上升至毛细管末端,还需要升高 2℃左右。根据这个估计值来调节水银球中的水银量。例如,测定水的凝固点降低时,最高温度读数拟调节至 1℃,那么毛细管末端弯头处的温度应相当于 3℃。

另用一恒温浴,将其调至毛细管末端弯头所应达到的温度,把贝克曼温度计置于该恒温浴中,恒温 2min 以上。

取出温度计,用右手紧握它的中部,使其基本垂直,用左手轻击右手小臂,这时水银即可在弯头处断开。温度计从恒温浴中取出后,由于温度差异,水银体积会迅速变化,因此,这一调节步骤要求迅速、轻快,但不能慌乱,以免造成失误。

将调节好的温度计置于预测温度的恒温浴中,观察其读数值并估计量程是否符合要求。若偏差过大,则应按上述步骤重新调节。

(2) 标尺调节法。首先估计最高使用温度值。将温度计倒置,使水银球和毛细管中的水银慢慢注入毛细管末端的球部,再把温度计慢慢倾斜,使储槽中的水银与之连接。

若估计值高于室温,可用温水,或倒置温度计利用重力作用让水银流入水银储槽,当温度标尺处的水银面到达所需温度时,轻轻敲击使水银柱在弯头处断开;若估计值低于室温,可将温度计浸于较低的恒温浴中,让水银面下降至温度标尺上的读数正好等于所需温度的估计值,用同样的方法使水银柱断开。

将调节好的温度计置于预测温度的恒温浴中,观察其读数值并估计量程是否符合要求。若偏差过大,则应按上述步骤重新调节。

在实验中还常用电子贝克曼温度计代替水银贝克曼温度计,从而实现自动化控制,并避免了复杂的调节过程。电子贝克曼温度计采用了对温度极为敏感的热敏电阻作为感温元件,将温度变化转换成电性能变化,通过测量电性能变化便可测出温度的变化。使用方法如下:

(1) 将温度传感器探头插入待测介质中。

(2) 插上电源插头,打开电源开关,显示器亮。预热 5min,此时显示数值为一任意值。

(3) 待显示数值稳定后(达到操作者拟设定的数值时),按下"设定"按键并保持 2s,参考值 T_0 即自动设定为 0.000℃。

(4) 当介质温度改变时,显示器显示的温度值为 T_1,便得 $\Delta T = T_1 - T_0$。因为 $T_0 = 0.000$℃,所以 $\Delta T = T_1$。

(5) 每隔 30s 面板上的指示灯闪烁一次,同时蜂鸣器鸣叫 1s,以便使用者读数。

3. 热电偶温度计

热电偶是目前工业测温中最常用的温度检测元件之一,其优点是:①测量精度高,热电偶直接与被测对象接触,不受中间介质影响;②测量范围广,常用的热电偶可在 −50～1600℃范围内连续测量,某些特殊热电偶最低可测到 −269℃(如镍铬-金铁热电偶),最高可达 2800℃(如钨铼热电偶);③结构简单,使用、维修方便,可作为自动控温检测器等。

1) 热电偶的工作原理

把两种不同的导体或半导体接成如图 1-2-5 所示的闭合回路,如果将两个接点分别置于温度为 T_1 及 T_2 的热源中,则在其回路内就会产生热电动势(简称热电势),这个现象称为热电效应。热电偶就是利用这一原理工作的。

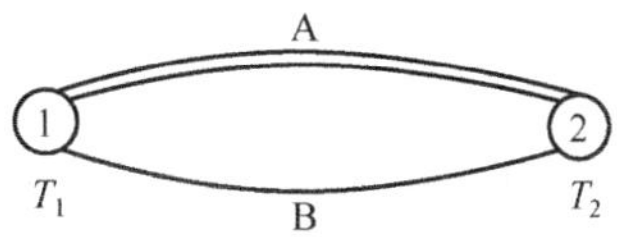

图 1-2-5　热电偶工作原理示意图

在热电偶回路中产生的热电势由两部分组成:温差电势和接触电势。

温差电势是在同一导体的两端因其温度不同而产生的一种热电势。高温端(T_2)的电子能量比低温端(T_1)的电子能量大,因而从高温端跑到低温端的电子数比从低温端跑到高温端的电子数多,结果高温端因失去电子而带正电荷,低温端因得到电子而带负电荷,从而形成一个静电场。此时,在导体的两端便产生一个相应的电位差($E_{T_2} - E_{T_1}$),即为温差电势。

接触电势产生的原因是,当两种不同导体 A 和 B 接触时,由于两者电子密度不同(如 $\rho_A > \rho_B$),电子在两个方向上扩散的速率就不同,从 A 到 B 的电子数要比从 B 到 A 的多,结果 A 因失去电子而带正电荷,B 因得到电子而带负电荷,在 A、B 的接触面上便形成一个从 A 到 B 的静电场 E,这样在 A、B 之间也形成一个电位差($E_A - E_B$),即为接触电势。其数值取决于两种导体的性质和接触点的温度。

热电偶总电势与电子密度及两接点温度有关。电子密度不仅取决于热电偶材料的特性,而且随温度变化而变化,它并非常数。当热电偶材料一定时,热电偶的总电势为温度 T_2 和 T_1 的函数差。由于冷端温度 T_1 固定,则对一定材料的热电偶,其总电势就只与温度 T_2 成单值函数关系。每种热电偶都有它的分度表(参考端温度为 0℃),分度值一般取温度每变化 1℃ 所对应的热电势变化值。

2) 热电偶的种类

常用热电偶可分为标准热电偶和非标准热电偶两大类。标准热电偶是指国家标准规定了其热电势与温度的关系、允许误差,并有统一标准分度表的热电偶,它有与其配套的显示仪表可供选用。非标准热电偶在使用范围或数量级上均不及标准热电偶,一般也没有统一的分度表,主要用于一些特殊场合的测量。常用的几种热电偶及其使用范围见表 1-2-4。

表 1-2-4 常用热电偶及其使用范围

热电偶类别	新分度号	旧分度号	使用范围/℃	热电势系数/(mV · K^{-1})
铁-康铜		FK	0～+800	0.054 0
铜-康铜	T	CK	−200～+300	0.042 8
镍铬-考铜		EA-2	0～+800	0.069 5
镍铬-镍硅	K	EU-2	0～+1 300	0.04 10
镍铬-镍铝			0～+1 100	0.041 0
铂铑$_{10}$-铂	S	LB-3	0～+1 600	0.006 4
铂铑$_{30}$-铂铑$_6$	B	LL-2	0～+1 800	0.000 34
钨铼$_5$-钨铼$_{20}$		WR	0～+2 800	

4. 热电阻温度计

热电阻温度计是中低温区最常用的一种温度检测器,其主要特点是测量精度高,性能稳定。其中铂电阻温度计的测量精度最高,不仅广泛应用于工业测温,而且已被制成标准温度计。热电阻测温系统一般由热电阻、连接导线和显示仪表组成。

1) 热电阻温度计的工作原理

大多数金属导体的电阻值都随着温度的升高而增大,一般温度每升高 1℃,电阻值增加 0.4%～0.6%。半导体材料则具有负的温度系数,温度每升高 1℃(以 20℃为参考点),电阻值降低 2%～6%。利用金属导体和半导体电阻的温度函数关系制成的传感器,称为热电阻温度计。热电阻多由纯金属材料制成,目前使用最多的是铂和铜。按热电阻的结构形式来分类,常用的热电阻主要有普通型热电阻、铠装热电阻、端面热电阻和隔爆性热电阻等。

图 1-2-6 所示是一个典型的热电阻温度计的电桥线路。这里热电阻 R_t 作为一个臂接入测量电桥。R_{ref} 与 R_{FS} 为锰铜电阻,分别代表电阻温度计为起始温

度（如取为 0℃）及满度温度（如取为 100℃）时的电阻值。首先，将开关 K 接在位置 1 上，调整调零电位器 R_0 使仪表 G 指示为零。然后将开关接在位置 3 上，调整满度电位器 R_F 使仪表 G 满度偏转，如显示 100.0℃。再把开关接在测量位置 2 上，即可进行温度测量。

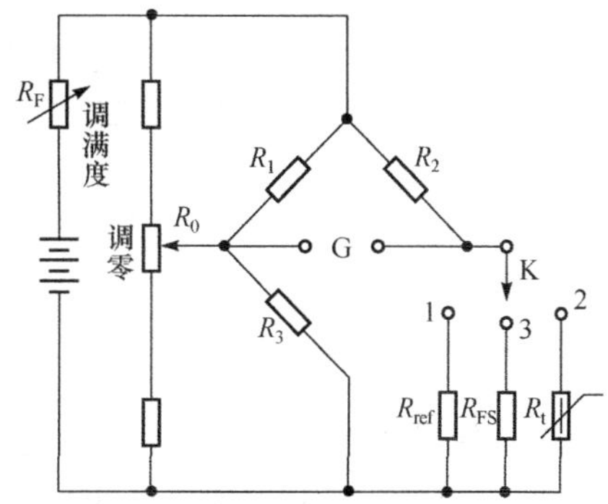

图 1-2-6　典型的热电阻温度计的电桥线路

2）金属丝电阻温度计

纯金属以及许多合金的电阻率都随温度升高而增加，具有正的温度系数。在一定范围内，电阻-温度关系呈线性。金属丝热电阻温度计具有性能稳定、测量范围宽且精度高等优点，且不需要设置温度参考点，在航空工业及一些工业设备中应用广泛。其缺点是需要给桥路加辅助电源，限制了它在动态测量中的应用。

设计金属丝热电阻温度计的基本要求包括：①在使用温度范围内，电阻-温度关系呈线性；②电阻温度系数尽量大，即要求有较高的灵敏度；③电阻率尽量大，以便在同样灵敏度的情况下，尺寸尽可能小；④材料容易提纯，复制性好，价格便宜。

因为铂容易提纯且性能非常稳定，具有很高重复性的电阻温度系数，所以由铂制成的铂电阻温度计具有极高的精密度，测量范围可覆盖－200～500℃。

铜丝可用来制成－150～180℃范围内的工业电阻温度计，其优点是线性度好、电阻温度系数大、价格便宜、易于提纯，其缺点是材料易氧化，电阻率低导致外形较大，一般用于对敏感元件尺寸要求不高的地方。

铁和镍这两种金属的电阻温度系数较高，电阻率也较大，可制成体积较小而灵敏度高的热电阻。但由于材料易氧化、不易提纯、重复性差、电阻-温度关系复杂等因素，其实际应用并不广。

3）热敏电阻温度计

半导体热敏电阻有很高的负电阻温度系数，灵敏度比金属丝热电阻高，而且可以做得很小，动态特性好。热敏电阻是非线性电阻，其电阻值与温度呈指数关系且电流随电压的变化不服从欧姆定律，但在测量较小温度范围时，电阻与温度的关系可近似为线性。制造热敏电阻的材料是各种金属氧化物的混合物，如采用锰、镍、钴、铜或铁的氧化物，按一定比例混合后压制而成。其形状多样，有球状、圆片状、圆筒状等。图 1-2-7 是珠形热敏电阻器示意图。

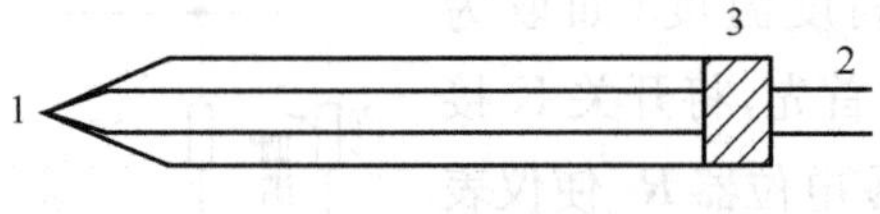

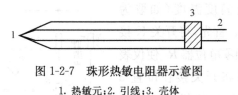

图 1-2-7　珠形热敏电阻器示意图

1. 热敏元;2. 引线;3. 壳体

5. 集成温度计

随着集成技术和传感技术的飞速发展,人们已能在一块极小的半导体芯片上集成包括敏感器件、信号放大电路、温度补偿电路、基准电源电路等在内的各个单元,这就是所谓的敏感集成温度计。它使传感器与集成电路融为一体,并且极大地提高了温度测量的准确性。它是目前温度测量的发展方向,是实现测温智能化、小型化(微型化)、多功能化的重要途径,同时提高了灵敏度。集成温度计与传统的热电阻、热电偶、半导体 pn 结等温度传感器相比,具有体积小、热容量小、线性度好、重复性好、稳定性好、输出信号大且规范化等优点,其中线性度好、输出信号大且规范化、标准化是其他温度计无法比拟的。

2.2　压力的测量与真空技术

压力是描述体系状态的一个重要参数,许多物理化学性质,如蒸气压、沸点、熔点等,几乎都与压力密切相关。因此,正确掌握测量压力的技术是十分重要的。

2.2.1　概述

均匀垂直作用于单位面积上的力,物理学上称为压强,物理化学上习惯称为压力,其单位为帕斯卡(Pascal),简称帕(Pa)。

$$1\ 标准大气压 = 1.013\ 25 \times 10^5\,\mathrm{Pa}(1\mathrm{Pa} = 1\mathrm{N \cdot m^{-2}})$$

在工程和科学研究实际中,常用压力单位还有物理大气压、工程大气压、毫米汞柱和毫米水柱等,各单位之间的换算关系见附录三。

2.2.2　气压计

测定大气压力的仪器称为气压计,实验室常用的气压计有下面几种类型。

1. 福廷式气压计

福廷(Fortin)式气压计是一种真空泵压力计,以水银柱来平衡大气压力,并以水银柱高度表示大气压力,其构造如图 1-2-8 所示。它的主要部件是一根一端封闭并其中盛满水银、倒置在水银槽中的长 90cm 的玻璃管，此时管的上端为真空。水银槽底部有一个羚羊皮袋，它附有螺丝可借以调节其中水银面的高度。玻璃管周围有标有刻度的黄铜管标尺，水银槽上部倒置的象牙针的尖端是黄铜管标尺刻度的零点。标尺上还附有一个游标尺，游标尺上的刻度是小数读数数值。

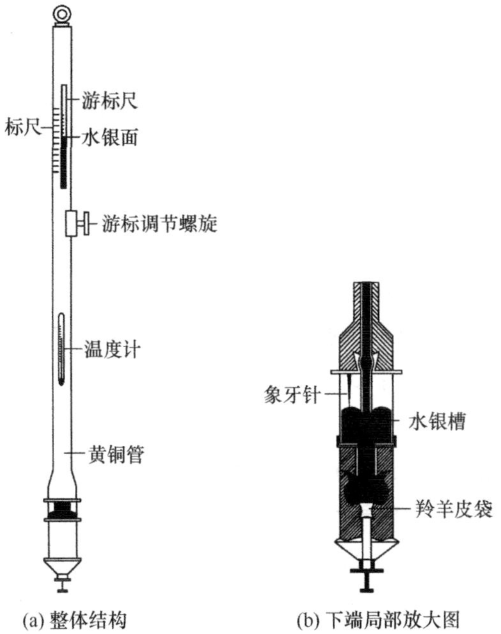

图 1-2-8　福廷式气压计

使用方法：调整气压计与地面垂直后，旋转底部液面调整螺丝，升高水银面，使水银面与象牙针尖端恰好接触。调节游标螺旋，先让游标尺前后边缘略高于水银面，然后缓慢下降直到眼睛水平观察时，游标前后边缘与水银凸面的最高处三点处于同一水平面上。按游标尺的零点对准的下面一个刻度读出气压计的整数部分，再按游标与读数标尺重合最好的一条线，从游标尺上读出刻度的小数部分。记下气压计读数后，将液面调整螺丝调下，使水银槽内水银面与象牙针尖端脱离。

气压计的读数与温度、纬度和海拔高度有关，1 个标准大气压是指在温度为 0℃、纬度为 45°的海平面上的真空气体里，使水银上升 760mm 柱高所需的压力，所以必须将测得的大气压数值进行校正。

1）仪器误差的校正

仪器误差由仪器本身不够精确引起，每一台气压计在出厂时都附有误差校正卡，气压的观察值应首先加上此项校正。

2）温度校正

由于温度改变，水银和玻璃管的体积都发生改变。由于黄铜管截面面积变化很小,水银体积的改变主要体现在其高度上。黄铜管体积的改变也主要表现在其长度上,而气压计的主标尺又直接刻在黄铜管上,因此黄铜管长度的变化同时影响刻度的准确性。实验测得水银在0～35℃的平均体膨胀系数$\alpha_v(Hg)=1.818\times10^{-4}K^{-1}$,黄铜在0～100℃的平均线膨胀系数$\alpha_l(Cu)=0.184\times10^{-4}K^{-1}$,由于两者相差较大,气压观察值与实际气压值间的误差就不能相互抵消。因此,需对观察值进行校正,校正公式经推导后如下:

$$h_0=h_t\left[1-\frac{\alpha_v(Hg)-\alpha_l(Cu)}{1+\alpha_v(Hg)\cdot t}t\right]=h_t\left[1-\frac{(1.818-0.184)\times10^{-4}}{1+1.818\times10^{-4}t}t\right]$$

$$\approx h_t[1-1.63\times10^{-4}t]$$

则

$$\Delta h_t=h_t-h_0=1.63\times10^{-4}th_t$$

式中,h_0和h_t分别为0℃和t℃的水银柱高度。当温度高于0℃时,应将读数值减去温度校正值;当温度低于0℃时,应将读数值加上温度校正值。

3) 重力加速度的校正

随纬度和海拔高度的变化,重力加速度发生改变,因此会影响水银的重力,导致气压计读数与实际气压值存在误差,可按下式校正:

$$\Delta h_{校}=h_0[1-2.6\times10^{-3}\cos2\theta-3.14\times10^{-7}H]$$

式中,θ和H分别为气压计所处纬度和海拔高度。由于此校正值很小,因此除非气压数值要求比较准确或纬度偏离45°较远、海拔比较高时,一般不考虑此项校正。

4) 其他校正

其他校正如水银蒸气压校正、毛细管效应校正等,在一般情况下均无需考虑。

2. U形压力计

用一根两端开口的垂直U形玻璃管,管中盛以过量的工作液体,并在两支管后面垂直放置一个刻度标尺即可构成一个U形压力计,它是一种液柱式压力计。这种压力计构造简单、制作容易、价格低廉、使用方便,能测出很小的压力差。缺点是量程较窄,示值与工作液体有关、读数不太方便。若将两个支管口分别接入不同的被测体系,则可测得两个体系的压力差,若一侧接入被测体系,另一侧与大气相通,则可测得体系的压力与真空度。

一般要求U形压力计中的工作液体不易挥发、密度适中、热膨胀系数小,且不与被测体系中的介质发生化学反应或互溶等,如水、水银、甘油。它的校正方法与福廷式气压计的校正方法基本相同。

3. 弹簧压力计

弹簧压力计是利用各种金属弹性元件受压变形的原理制成的。它的主要元件是一根截面为椭圆形的弧形金属弹簧管。当弹簧管内的压力等于管外的大气压时，表上的指针在零位读数上，当弹簧管内的气压或液体压力大于管外的大气压时，弹簧管受压，使管内椭圆形截面扩张而趋于圆形，从而使弧形管伸张而带动连杆，由于这一变形很小，所以用扇形齿轮和小齿轮加以放大，以便指针在表面上有足够的幅度指示相应的压力读数，这个读数就是被测介质的表压。

如果被测气体的压力低于大气压，则可用弹簧真空计，它的构造与弹簧压力计相同。当弹簧管内的气体压力低于管外大气压时，弹簧管向内弯曲，表面上指针从零位读数向相反方向转动，所指出的读数为真空度。

2.2.3　真空技术

真空技术在化工、医学、电子学、气相反应动力学以及吸附体系的研究方面都有十分广泛的应用，因而真空的获得与测量在化学实验技术上是非常重要的。

真空是指一个系统的压力小于一个标准大气压的气体空间。真空状态下的气体压力称为真空度。一般系统的气压在 $10^3 \sim 10^5$ Pa 范围内称为粗真空，$10^{-1} \sim 10^3$ Pa 范围内称为低真空，$10^{-6} \sim 10^{-1}$ Pa 范围内称为高真空，小于 10^{-6} Pa 称为超高真空。

1. 真空的获得

为了获得真空，就必须设法将气体分子从容器中抽出。能从容器中抽出气体，使系统的气体压力降低的装置均称为真空泵。真空泵的种类有很多，实验室中常用的有旋片式机械泵和扩散泵。

1）旋片式机械泵

旋片式机械泵的构造如图 1-2-9 所示，它借助一个偏心的转子带动旋片在泵腔中连续运转，使泵腔被旋片分成的两个不同区域的容积周期性地扩大与缩小，而将气体吸进与压缩，达到系统被抽真空。实验室中常用的直联旋片式真空泵由两个工作室前后串联同向等速旋转，被抽气体由前级泵腔抽入，经压缩被排入后级泵腔，再经压缩穿过油封排气阀片排出泵体。

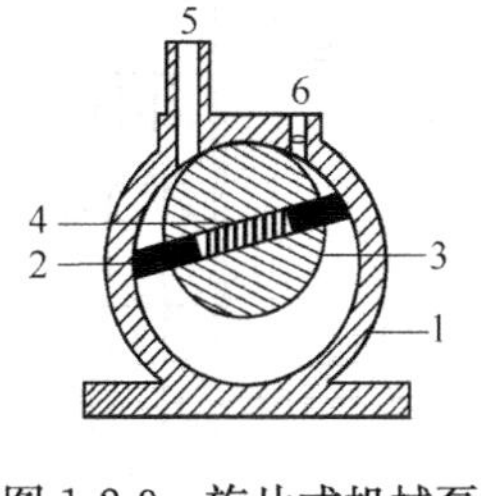

图 1-2-9　旋片式机械泵构造示意图

1. 定子；2. 旋片；3. 转子；4. 弹簧；5. 进气口；6. 出气口

泵的抽气原理是基于气体的压缩和膨胀。当抽除含有冷凝蒸气的气体时，蒸气被压缩，压力增大，蒸气就会凝结。凝成的液体与泵油混合,并随油在泵中循环,把一些污染的液体带到低压区,液体在低压区蒸发,从而限制了泵可达到的真空度。实验室可用它获得低真空,也作为获得高真空的前级泵。

旋片式机械泵的使用十分方便,只需将进气口用橡皮管与实验系统相通,接通电源即可开始工作。但在使用时须注意:

(1) 不能直接用来抽出冷凝性气体(水蒸气)、挥发性气体(乙醚)或腐蚀性气体(氯化氢)等。若要应用,应在泵的进气口前端加接干燥瓶、吸收瓶或冷阱。常用的干燥剂有氯化钙或五氧化二磷等,吸收剂常用固体氢氧化钠等,冷阱常用的制冷剂为固体二氧化碳(−78℃)或液氮(−196℃)。

(2) 用泵之前应该检查马达的额定电压和接线方法,运转方向和泵油量是否适量。运转时电机温升一般不可超过65℃,不应有异常声音。开泵或停泵前,应使泵先与大气相通,以避免带负载启动或泵油冲入真空系统。

2) 扩散泵

当机械泵的真空度不能满足需求时,通常采用扩散泵来获得高真空。扩散泵是一种次级泵,它需要在一定真空度下才能正常工作,因此它必须与机械泵配合使用。

实验室中常用的扩散泵是以硅油为工作介质的油扩散泵,其结构如图1-2-10所示。硅油被电炉加热沸腾气化后,蒸气沿导流管上升,并通过导流管顶部的伞形喷嘴改变方向高速喷出,在伞形喷嘴处形成低压。被抽气体的分子从泵口到低压区与蒸气分子碰撞,并被蒸气分子带下,蒸气经冷凝变为液体,流入油釜循环使用,而被带到泵下方的被抽气体分子经泵口由前级泵抽出。为了防止硅油的返流和返迁移,在泵口及伞形喷嘴之间加一个挡板,并在泵与真空系统之间加接一个冷阱。

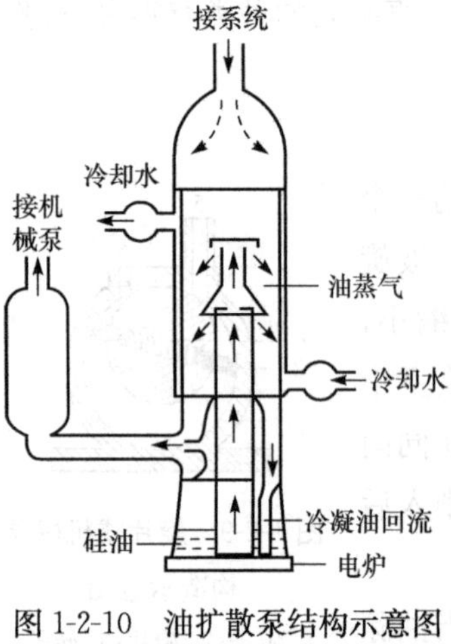

图1-2-10 油扩散泵结构示意图

在使用油扩散泵时,必须注意:

(1) 由于硅油在高温下易氧化和裂解,故油温不能太高,在使用扩散泵时必须先开机械泵,使真空度降到1～0.1Pa以后,再逐步加热硅油。

(2) 停泵时应先切断电热器电源,停止加热,待硅油不再沸腾回流时,再去除冷凝水,关闭扩散泵的两个活塞,然后关闭机械泵。

(3) 在关闭机械泵之前,必须先使机械泵与大气相通,然后再切断其电源。

2. 真空的测量

用真空压力表可测得低真空的压力，但对于真空度较高的体系，必须用真空规来测量。真空规有绝对真空规和相对真空规两种。麦克劳德真空规又称为压缩真空计，是绝对真空规，即真空度可以用测得的物理量直接计算得到。其他的真空规，如热偶真空规、电离真空规等都是相对真空规，测得的物理量需经过绝对真空规校正后才能指示相应的真空度。

麦克劳德真空规是根据玻意耳定律设计的，其结构如图 1-2-11 所示。它先让待测真空系统的残留气体进入规内，然后加以压缩，再比较压缩前后体积和压力的变化，就可算出待测真空系统的真空度。真空规通过旋塞控制与待测真空系统相连，玻璃球上端接有内径均匀的封口毛细管(测量毛细管)。而比较毛细管的内径与测量毛细管相同且平行，用以消除毛细作用的影响，减少读数误差，三通活塞则用以控制汞面的升降。测量时，先将三通活塞开向辅助真空并对汞槽抽气，使汞面降至玻璃球以下，再开启活塞连接待测真空系统。待压力平衡后，缓缓将三通活塞转成与大气相通，使汞面上升至玻璃球。此时，测量毛细管和玻璃球将形成一个密闭系统，其压力等于待测真空系统的压力。若令汞面不断上升，气体被不断压缩，当达到平衡时就产生了一个汞面差，可从毛细管的读数标尺上直接读出。由于毛细管的体积可知，所以可算出被测真空系统的压力。市场上所售的麦克劳德真空规可由标尺直接读出真空度值，不需再计算。

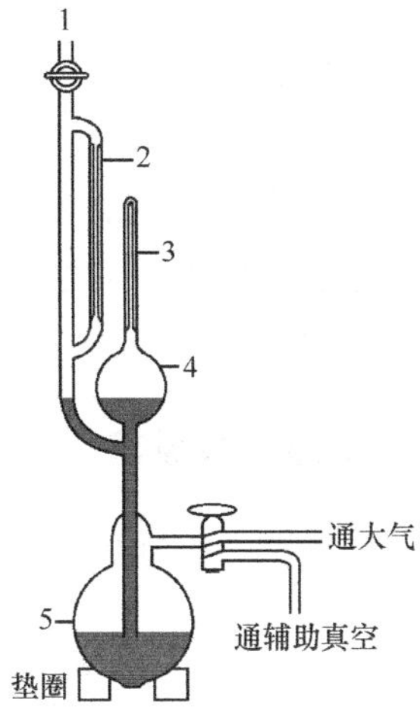

图 1-2-11　麦克劳德真空规

1. 连接待测真空系统；2. 比较毛细管；3. 测量毛细管；4. 玻璃球；5. 汞槽

3. 真空系统的检漏

新安装的真空装置在使用前应检查系统是否漏气，检漏的方法很多，如火花法、热偶规法、电离规法、荧光法、质谱仪法、磁谱仪法等，分别用于不同的漏气情况。

高频火花检漏仪常用于检查玻璃真空系统，操作较为方便。检漏时，启动真空泵，数秒后，启动火花发生器，将火花调节正常，将放电簧对着玻璃系统表面不断移动。若系统没有漏气，高频火花束是散开的，并在玻璃表面上不规则地跳动。若玻璃壁上有漏气孔，则由于大气穿过漏孔，其导电率比玻璃高得多，火花束集中并通过漏孔而进入系统，产生一个明亮光点，这个光点就是漏孔。

此外，高频火花检漏仪对不同压力的低压气体产生不同颜色。随压力降低，产生辉光的颜色由深紫、淡紫、红、蓝过渡到玻璃荧光。当系统内不产生辉光放电，仅在玻璃壁上产生淡蓝色的荧光时，表明系统压力低于 0.1333Pa。高频火花检漏仪适用于进行玻璃等绝缘材料的检漏，使用时不可将放电簧指向人或金属，还需注意不要在某一地方停留时间过长，以免烧坏玻璃。

2.3 原电池电动势的测量

原电池电动势是指当外电流为零时两电极间的电势差。而有外电流时，两电极间的电势差则称为电池电压。因此，测量电池电动势必须在可逆条件下进行，否则所得电动势没有热力学价值。可逆条件即指电池反应是可逆的，测量时电池几乎没有电流通过。电池反应可逆，就是两个电极反应的正逆速率相等，电极电势是电极反应的平衡电势，它的数值与参与平衡的电极反应的各溶液活度之间的关系完全由能斯特方程决定。在测定原电池电动势时常采用对消法，即在测量装置中设置一个方向相反而数值与待测电动势几乎相等的外加电动势来抵消待测电动势。

2.3.1 测量基本原理

对消法测量电动势的基本线路如图 1-2-12 所示，E_w 为工作电池，E_s 为标准电池，E_x 为待测未知电池，G 为检流计。测量时，首先通过校准的步骤，使整个 AB 两端的电势差等于标准电池的电势差。将标准电池的负端与 A 相连(与工作电池呈对消状态)，而正端串联一个检流计，通过并联直达 B 端。调节可调电阻 R，使检流计指零，即无电流通过，这时 AB 线上的电势差就等于标准电池电势差。

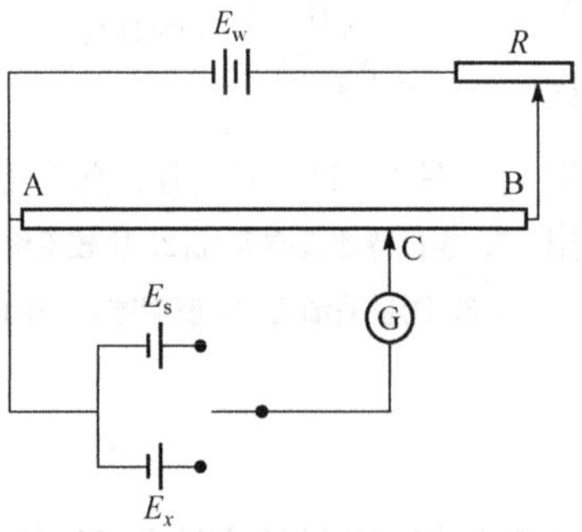

图 1-2-12 对消法测定电动势的基本线路

测未知电池时，负极与 A 相连，而正极通过检流计连到探针 C 上，将探针 C 在电阻线 AB 上来回滑动，直到找出使检流计电流为零的位置。此时有 $E_x = \frac{E_{AC}}{E_{AB}}$。

2.3.2 液体接界电势与盐桥

1. 液体接界电势

当原电池含有两种电解质界面时，便产生液体接界电势，简称液接电势，它会干扰电池电动势的测定。减小液接电势常用盐桥。盐桥是在U形玻璃管中加注盐桥溶液，将盐桥管插入两个互不接触的溶液中使其导通，即可消除液接电势。

2. 盐桥溶液

盐桥溶液使用高浓度的强电解质盐溶液，甚至是饱和溶液，当饱和盐溶液与另一种较稀溶液相接界时，主要是盐桥溶液向稀溶液扩散，从而消除液接电势。

选择盐桥溶液中的盐时，盐溶液中正、负离子的迁移速率都接近于0.5为好，通常采用KCl溶液。同时，盐桥溶液必须不与电池溶液发生反应。例如，实验中使用硝酸银溶液，则盐桥溶液就不能用KCl溶液，而是选择NH_4NO_3溶液较为合适，因为NH_4NO_3溶液中正、负离子的迁移速率比较接近。盐桥溶液中还需加入琼脂作为胶凝剂，由于琼脂含有高蛋白，因此盐桥溶液都是临用前配制。

2.3.3 常用电极及制备

原电池是由两个“半电池”组成，每一个半电池由一个电极和相应的溶液组成。原电池的电动势则是组成此电池的两个“半电池”的电极电势的代数和。电极电势的测量是通过被测电极与参比电极组成电池，测此电池电动势，然后根据参比电极的电势求出被测电极的电极电势。因此，在测量电动势过程中需注意参比电极的选择。

1. 第一类电极

第一类电极指只有一个相界面的电极，如气体电极、金属电极等。

1) 氢电极

氢电极是由氢气与其离子组成的电极。把镀有铂黑的铂片浸入H^+活度为$1mol \cdot L^{-1}$的溶液中，并以分压为一个标准大气压的干燥氢气不断冲击到铂电极上，就构成了标准氢电极(SHE)。国际规定标准氢电极的电极电势为零，任何电极都可以与标准氢电极组成电池，从而可测出待测电极的电极电势。然而，氢电极由于对氢气纯度要求高，操作比较复杂，溶液中氢离子活度必须十分精确，且电极十分敏感，受外界干扰大，使用不便。

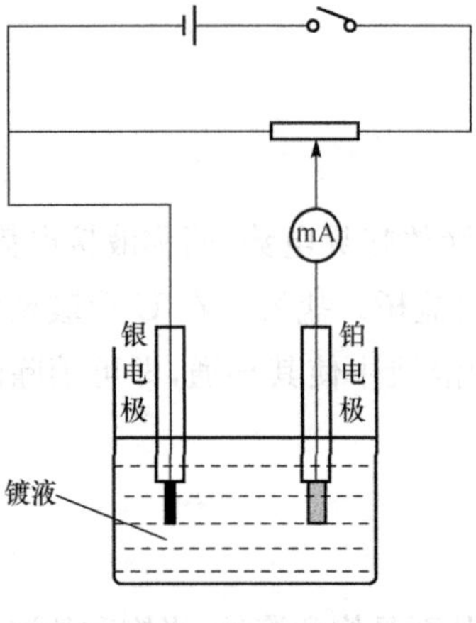

图 1-2-13 银电极制备线路图

2) 金属电极

金属电极的结构简单,只要将金属浸入含有该金属离子的溶液中就构成了金属电极,如银电极、铜电极等。

银电极制备时,首先将待镀银电极表面用丙酮溶液洗去油污,或用细砂纸打磨光亮,然后用蒸馏水冲洗干净,按图 1-2-13 所示接好线路,在电流密度为 3～5mA · cm^{-2}时镀 30min,可得到白色紧密银层的镀银电极,用蒸馏水冲洗干净后即可作为银电极使用。

2. 第二类电极

第二类电极有甘汞电极、银-氯化银电极等参比电极。

1) 甘汞电极

甘汞电极是实验室中最常用的参比电极,常见的有单液接[图 1-2-14(a)]、双液接[图 1-2-14(b)]两种。

甘汞电极的电极电势能斯特方程式为

$$Hg_2Cl_2(s)+2e^- \longrightarrow 2Hg+2Cl^-$$

$$\varphi_{甘汞}=\varphi^{\ominus}_{甘汞}-\frac{RT}{F}\ln a_{Cl^-} \quad (1\text{-}2\text{-}2)$$

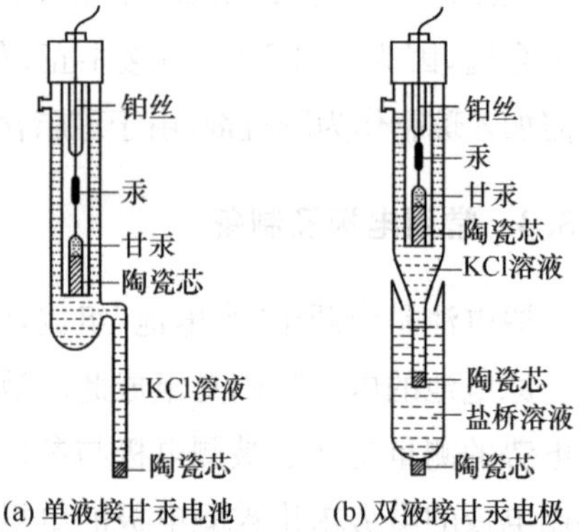

图 1-2-14 甘汞电极构造图

从式(1-2-2)可见,$\varphi_{甘汞}$仅与温度和氯离子活度有关,即与氯化钾溶液浓度有关,所以甘汞电极有 0.1mol · L^{-1}氯化钾甘汞电极、1.0mol · L^{-1}氯化钾甘汞电极和饱和氯化钾甘汞电极,其中以饱和甘汞电极(SCE)最为常用(使用时电极内溶液中应保留少量氯化钾固体,以保证溶液饱和)。不同甘汞电极的电极电势与温度的关系见表 1-2-5。

表 1-2-5 不同浓度氯化钾溶液的 $\varphi_{甘汞}$ 与温度 t(℃)的关系

氯化钾溶液浓度/(mol · L^{-1})	$\varphi_{甘汞}$/V
饱和	$0.2412-7.6\times10^{-4}(t-25)$
1.0	$0.2801-2.4\times10^{-4}(t-25)$
0.1	$0.3337-7.0\times10^{-5}(t-25)$

甘汞电极具有装置简单、可逆性高、制作方便、电势稳定等优点，实验室中通常用作参比电极。

2) 银-氯化银电极

银-氯化银电极是实验室中另一种常用的参比电极，属于金属-微溶盐-阴离子型电极，其电极反应及电极电势表示如下：

$$AgCl(s)+e^{-}\longrightarrow Ag+Cl^{-}$$

$$\varphi_{AgCl}=\varphi_{AgCl}^{\ominus}-\frac{RT}{F}\ln a_{Cl^{-}} \tag{1-2-3}$$

从式(1-2-3)同样可看出，φ_{AgCl}也只与温度和溶液中氯离子活度有关。

氯化银电极的制备方法很多，较简单的方法是将银电极作为阳极，铂电极作为阴极，在盐酸中电镀使银电极表面生成一层氯化银，将此电极浸入 HCl 溶液中，就构成了银-氯化银电极。

2.3.4　综合电位差计的使用方法

1. 开机

连接综合电位差计的电源线，开启仪器，预热 15min。

2. 以内标为基准进行测量

(1) 用连接线将待测电池按“+”、“−”极性与“测量插孔”连接。

(2) 将“测量选择”旋钮置于“内标”。

(3) 将“10^0”位旋钮置于“1”，将“补偿”旋钮逆时针旋到底，其他旋钮均置于“0”。此时，“电位指示”显示“1.000 00”V。

(4) 待“检零指示”显示数值稳定后，按一下“采零”键，此时，“检零指示”应显示“0000”。

(5) 将“测量选择”置于“测量”。

(6) 依次调节“$10^0\sim10^4$”以及“补偿”旋钮，使“检零指示”显示为“0000”，此时，“电位显示”数值即为被测电动势的值。

注意：测量过程中，若“检零指示”显示溢出符号“OU. L”，说明“电位指示”显示的数值与被测电动势数值相差过大。

3. 以外标为基准进行测量

(1) 将标准电池按“+”、“−”极性与“外标插孔”连接。

(2) 将“测量选择”旋钮置于“外标”。

(3) 调节“$10^0\sim10^4$”以及“补偿”旋钮，使“电位指示”显示的数值与标准电池的电动势相同。

(4) 待“检零指示”显示数值稳定后，按一下“采零”键，使“检零指示”显示为“0000”。

(5) 拔出“外标插孔”的连接线，再将待测电动势按“+”、“－”极性接入“测量插孔”。

(6) 将“测量选择”置于“测量”。

(7) 依次调节“10^0～10^4”以及“补偿”旋钮，使“检零指示”显示为“0000”，此时，“电位显示”数值即为被测电动势的值。

4. 关机

关闭电源开关，然后拔下电源线，整理各类连接线收入仪器箱中。

2.4 电导测量及仪器

电导不仅反映了电解质溶液中离子存在的状态及运动的信息，而且由于稀溶液中电导与离子浓度之间的简单线性关系，而广泛用于化学动力学过程的研究。

2.4.1 电导及电导率

电导是电阻的倒数，因此电导值实际上是通过测量电阻值后换算得到的。由于离子在电极上会发生放电，产生极化，因而测定溶液电导时要使用高频率的交流电，以防止产生电解产物。测定溶液电导时，采用镀铂黑电极可减少超电位，而在零电流时读取电导的最后读数也可使超电位为零。在实验室中，通常测量的物理量是电导率，其定义公式为

$$\kappa = G\frac{l}{A}$$

式中，l 为测定电解质溶液时两电极间距离，单位为 m；A 为电极面积，单位为 m^2；G 为溶液的电导，单位为 S(西门子)；κ 为溶液的电导率，指电极面积为 $1m^2$、电极间距为 1m 时，两电极间 $1m^3$ 的立方导体的电导，单位为 $S \cdot m^{-1}$(西门子 · 米$^{-1}$)。

电解质溶液的摩尔电导率 Λ_m 是指含有 1mol 电解质的溶液置于相距 1m 的两平行电极间的电导，单位为 $S \cdot m^2 \cdot mol^{-1}$。它与电导率的关系为

$$\Lambda_m = \frac{\kappa}{c}$$

式中，c 为电解质溶液的浓度($mol \cdot m^{-3}$)。

若用同一仪器依次测定一系列液体的电导，由于电极面积(A)与电极间距

离(l)保持不变,所以相对电导就等于相对电导率。

2.4.2 电导的测量

电导是电阻的倒数,因此测量电导(电导率)与测量电阻的方法相同,可用平衡电桥法,但须采用交流电源。目前在实验室中,测量电解质溶液的电导率时,常使用 DDS-11A 型电导率仪(图 1-2-15),它测量范围广,操作简便,配上适当的组合单元还可实现自动记录。

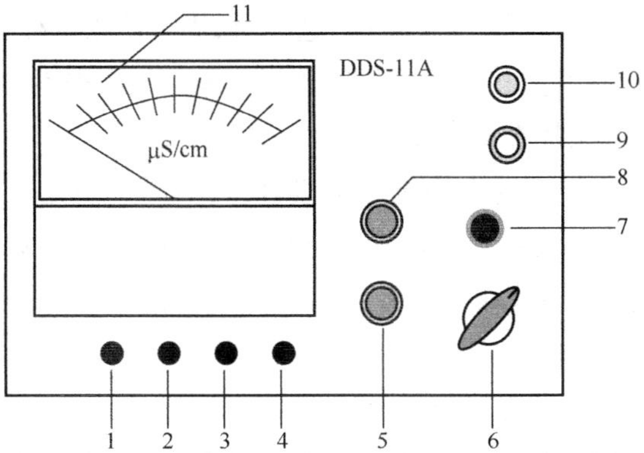

图 1-2-15 DDS-11A 型电导率仪结构示意图

1. 电源开关;2. 指示灯;3. 高-低周开关;4. 校正-测量开关;5. 校正调节;6. 量程选择;7. 电容补偿;8. 电极常数补偿;9. 电极接口;10. 10mV 输出;11. 读数表头

DDS-11A 型电导率仪的测量范围为 $0\sim10^5\mu S\cdot cm^{-1}$,分 12 个量程;配套电极为 DJS-1 型光亮电极、DJS-1 型铂黑电极和 DJS-10 型铂黑电极。量程范围与配套电极见表 1-2-6。

表 1-2-6 DDS-11A 型电导率仪的量程范围及配套电极

量程	电导率/($\mu S\cdot cm^{-1}$)	量程频率	配套电极
1	0～0.1	低周	DJS-1 型光亮电极
2	0～0.3	低周	DJS-1 型光亮电极
3	0～1	低周	DJS-1 型光亮电极
4	0～3	低周	DJS-1 型光亮电极
5	0～10	低周	DJS-1 型光亮电极
6	0～30	低周	DJS-1 型铂黑电极
7	0～100	低周	DJS-1 型铂黑电极
8	0～300	低周	DJS-1 型铂黑电极
9	0～1000	高周	DJS-1 型铂黑电极
10	0～3000	高周	DJS-1 型铂黑电极
11	$0\sim10^4$	高周	DJS-1 型铂黑电极
12	$0\sim10^5$	高周	DJS-10 型铂黑电极

1. 使用方法

(1) 开启仪器电源前,观察表头指针是否指在零,如不指零,则应调整表头上的调零螺丝,使表针指零。将校正-测量开关拨在“校正”位置。将电源插头先插在仪器插座上,再接电源。打开电源开关,预热 10min,待指针完全稳定下来为止。

(2) 根据液体电导率的大小选用低周或高周,将开关指向所选择频率(参看表 1-2-6),一般当使用量程低于 300 时,选用“低周”;使用量程高于 300 时,选用“高周”。将量程选择开关拨到所需要的测量范围。如预先不知道待测液体的电导率范围,应先把开关拨在最大测量挡,然后逐挡下调。

(3) 根据液体电导率的大小选用电极,使用 DJS-1 型光亮电极和 DJS-1 型铂黑电极时,把电极常数调节器调节在与配套电极的常数相对应的位置上。例如,配套电极常数为 0.95,则电极常数调节器上的白线调节在 0.95 的位置处。如选用 DJS-10 型铂黑电极,这时应把调节器调在 0.95 的位置上,再将测得的读数乘以 10,即为待测液的电导率。

(4) 使用电极时,用电极夹夹紧电极的胶木帽,并通过电极夹把电极固定在电极杆上,将电极插头插入电极接口内。旋紧插口上的紧固螺丝,再将电极浸入待测溶液中。

(5) 将校正-测量开关拨在“校正”,调节校正调节器使指示在满刻度。将校正-测量开关拨向“测量”,这时指示读数乘以量程开关的倍率,即为待测液的实际电导率。例如,量程开关放在 $0\sim10^3\mu S\cdot cm^{-1}$ 挡,而指针指示为 0.5,则被测液电导率为 $0.5\times10^3=500\mu S\cdot cm^{-1}$。用量程开关指向黑点时,读表头上刻度为 $0\sim1.0\mu S\cdot cm^{-1}$ 的数值;量程开关指向红点时,读表头上刻度为 $0\sim3\mu S\cdot cm^{-1}$ 的数值。

(6) 当用 $0\sim0.1\mu S\cdot cm^{-1}$ 或 $0\sim0.3\mu S\cdot cm^{-1}$ 这两挡测量纯水时,在电极未浸入溶液前,调节电容补偿器,使电表指示为最小值(此最小值是电极铂片间的漏电阻,由于此漏电阻的存在,使用调节电容补偿器时,电表指针不能达到零点),然后开始测量。

2. 注意事项

(1) 电极的引线不能潮湿,否则测不准。

(2) 高纯水被盛入容器后要迅速测量,否则空气中 CO_2 溶入水中,会引起电导率很快增加。

(3) 盛待测溶液的容器需排除离子的沾污。

(4) 测定前先以待测液体淋洗电极三次，然后再进行测定。

(5) 每测定一份样品后，用蒸馏水冲洗，用吸水纸吸干时切忌摩擦铂黑，以免铂黑脱落，引起电极常数的改变。电极应定期进行常数标定。当重新镀铂黑时，必须重新确定。

2.5　旋光度的测量

许多物质具有旋光性，如石英晶体、酒石酸晶体以及蔗糖、葡萄糖、果糖等的溶液。当平面偏振光线通过具有旋光性的物质时，它们可以将偏振光的振动面旋转某一个角度，使偏振光的振动面向左旋的物质称为左旋物质，向右旋的物质称为右旋物质。因此，通过测定物质旋光度的方向和大小，可以进行物质的鉴定。

2.5.1　旋光度与物质浓度的关系

物质的旋光度与旋光物质的性质、测定温度、光经过物质的厚度、光源的波长等因素有关。若被测物质是溶液，当光源波长、温度、厚度恒定时，其旋光度与溶液的浓度成正比。

1. 标准曲线法测定旋光物质的浓度

将已知浓度的样品配制成标准系列溶液，分别测出其旋光度。然后以旋光度为纵轴、溶液浓度为横轴，绘成旋光度-浓度(α-c)标准曲线。测定未知样品溶液的旋光度，在标准曲线上查找可确定样品溶液的浓度。

2. 根据物质的比旋光度测出物质的浓度

由于物质的旋光度因实验条件不同有很大的差异，因此常用比旋光度来表示物质的旋光性。在特定光源、一定温度和样品管长 10cm 条件下，测得浓度为 $1g \cdot mL^{-1}$的旋光物质的旋光度，即为该物质的比旋光度，通常用符号$[\alpha]_D^t$ 表示，D 表示钠光谱的 D 线(589.3nm)光源，t 表示测定时的温度。例如，蔗糖的$[\alpha]_D^{20}$ 为 66.6°，即表示 20℃时蔗糖的比旋光度为右旋 66.6°。比旋光度是度量旋光物质旋光能力的一个物理常数，与分子结构有关，对鉴定旋光性化合物有重要意义。溶液的比旋光度与旋光度的关系为

$$[\alpha]_D^t=\frac{\alpha}{c \cdot L} \tag{1-2-4}$$

式中，α 为测得的旋光度；c 为溶液的浓度，单位为 $g \cdot mL^{-1}$；L 为样品管的长度，单位为 dm。如果被测定的旋光性物质为纯液体，可直接装入样品管中进行测

定,计算比旋光度时将式(1-2-4)中 c 换成纯液体的密度 ρ($g \cdot mL^{-1}$)即可。

根据被测物质的比旋光度,可以测出该物质的浓度,其方法如下:

(1) 从手册上查出被测物质的比旋光度$[\alpha]_D^{20}$。

(2) 选择一定长度的旋光管,一般为 10cm。

(3) 在 20℃时,测定未知浓度样品的旋光度,代入式(1-2-4)即可计算出样品浓度 c。

2.5.2 旋光仪的构造和测定原理

1. 旋光仪的构造

自然光的光波在垂直于传播方向的一切方向上振动,当它通过双折射的晶体(如方解石)时,就分解为两束互相垂直的平面偏振光。由于两束平面偏振光在晶体中的折光率不同,因而其临界折射角也不同,利用这一差别即可将两束光分开,从而获得单一的平面偏振光。尼科尔(Nicol)棱镜就是根据这一原理设计的,它将方解石晶体沿一对角面剖成两块直角棱镜,再由加拿大树胶沿剖面黏合而成,如图 1-2-16 所示。

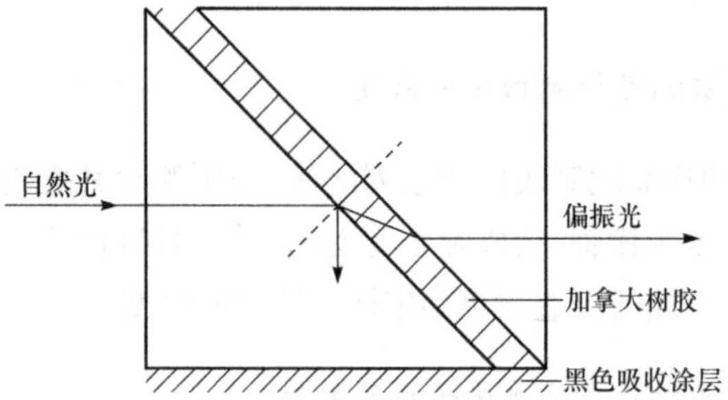

图 1-2-16 尼科尔棱镜的起偏振原理

自然光进入棱镜后分为两束相互垂直的平面偏振光,由于折光率不一样,当这两束光线到达方解石与加拿大树脂黏合面时,其中折光率较大的一束光线就被全反射,而另一束可自由通过。全反射的一束光被直角面上的黑色涂层吸收,从而在棱镜的出射方向获得一束单一的平面偏振光。

用于产生偏振光的棱镜称为起偏镜,从起偏镜出来的偏振光仅限于在一个平面上振动。若再有一个尼科尔棱镜,其透射面与起偏镜的透射面平行,则起偏镜出来的一束光线也必能通过第二个棱镜,第二个棱镜称为检偏镜。若起偏镜与检偏镜的透射面相互垂直,则由起偏镜出来的光线完全不能通过检偏镜。如果起偏镜和检偏镜的两个透射面的夹角 θ 在 0～90°范围内,则由起偏镜出来的光线部分透过检偏镜,如图 1-2-17 所示。

一束振幅为 E 的 OA 方向的平面偏振光可以分解为互相垂直的两个分量，其振幅分别为 $E\cos\theta$ 和 $E\sin\theta$。然而，只有与 OB 重合的具有振幅为 $E\cos\theta$ 的偏振光才能透过检偏镜。显然当 $\theta=0°$ 时 $E\cos\theta=E$，此时透过检偏镜的光最强；当 $\theta=90°$ 时 $E\cos\theta=0$，此时没有光透过检偏镜，光最弱。旋光仪就是利用透光的强弱来测定旋光物质的旋光度，其结构如图 1-2-18 所示。由于刻度盘随检偏镜一起同轴转动，因此可直接从刻度盘上读出被测平面偏振光的轴向角度(游标尺是固定的)。

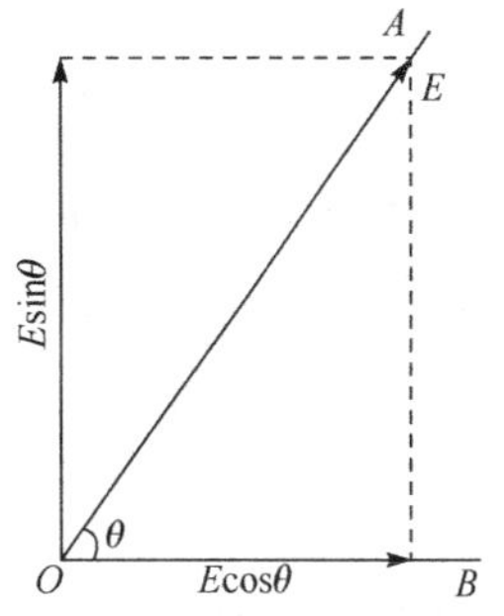

图 1-2-17　检偏原理示意图

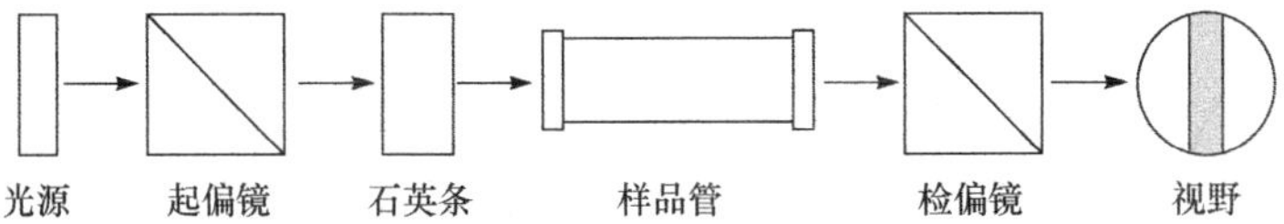

图 1-2-18　旋光仪光学系统结构示意图

2. 旋光仪的测定原理

旋光仪是利用检偏镜来测定旋光度的。若调节检偏镜使其透光轴向角度与起偏镜的透光轴向角度互相垂直，则在检偏镜的目镜中观察到的视野黑暗。若再在旋光管中盛满具有旋光性物质的溶液，由于物质的旋光作用，原来由起偏镜出来的偏振光转过了一个角度 α，此时在检偏镜的目镜中观察到的视野并不是黑暗的。只有相应地将检偏镜也旋转同样的角度 α，目镜中的视野才会又呈黑暗，而 α 即为该物质的旋光度。但如果没有比较，要判断视野的黑暗程度是非常困难的，因此通过一种三分视野以提高测量的精确度。

在起偏镜后放一块狭长的石英片，其位置恰巧在起偏镜中部。石英片具有旋光性，偏振光经过石英片后偏转了一个角度 α，在石英片后观察到的视野如图 1-2-19(a)所示。OA 是经起偏镜后的振动方向，OA'是经石英片后的振动方向，此时左右两侧亮度相同，而与中间不同，α 角称为半荫角。如果旋转检偏镜的位置使其透射面 OB 与 OA'垂直，则经过石英片的偏振光不能透过检偏镜。因此目镜视野中部黑暗而左右两侧较亮，如图 1-2-19(b)所示。若旋转检偏镜使 OB 与 OA 垂直，则目镜视野中部较亮而两侧黑暗，如图 1-2-19(c)所示。如调节检偏镜使 OB 的位置恰巧在图 1-2-19(b)和图 1-2-19(c)的中间状态，则可以使视野三部分明暗相同，如图 1-2-19(d)所示，此时 OB 恰巧垂直于半荫角的角平分线 OP。由于人的视力易于判断明暗相同的三分视野，因此在测定时先在样品管中盛装无旋光性的蒸馏水,转动检偏镜使三分视野的明暗度相同,以此时读数为仪器零点。在样品管中盛装具有旋光性的溶液后,由于 OA 与 OA' 的振动方向都被转动过某一角度,只有相应地把检偏镜转动某一角度,才能使三分视野的明暗度相同,所得读数与零点之差即为被测溶液的旋光度。测定时若需将检偏镜顺时针方向转某一角度,使三分视野明暗相同,则被测物质为右旋物质。反之,则为左旋物质,常在角度前加负号表示。

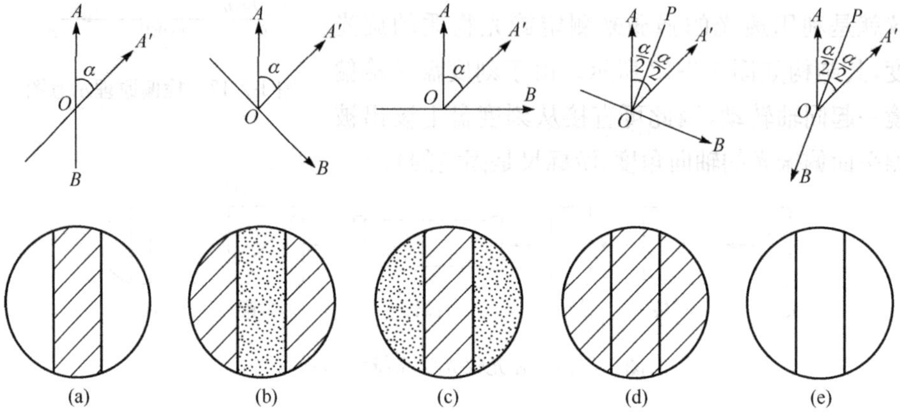

图 1-2-19 旋光仪的测定原理

若调节检偏镜使 OB 与 OP 重合,如图 1-2-19(e)所示,则三分视野的明暗也应相同,但此时三分视野特别亮。由于人的眼睛对弱亮度变化比较灵敏,调节亮度相等的位置更为精确,所以总是选取 OB 与 OP 垂直的情况作为旋光度测定的参考视场。

2.5.3 旋光度的测定与影响因素

1. 旋光度的测定

1) 开启仪器

打开旋光仪,预热仪器 5min,光源发光正常后可开始测定。

2) 仪器零点校正

把旋光管一端的管盖旋开(注意盖内玻片,以防跌碎),洗净旋光管,用蒸馏水充满,使液体在管口形成一凸出的液面,然后沿管口将玻片轻轻推入盖好(旋光管内不能有气泡,以免观察时视野模糊)。旋紧管盖,用干净纱布擦干旋光管外面及玻片外面的水渍。把旋光管放入旋光仪中,旋转刻度直至三分视野中明暗度相等为止,并以此为零点。

3) 测定样品旋光度

按上述方法将待测溶液装入旋光管,将旋光管装入仪器后进行测定,所得读数与零点的差值即为样品的旋光度。一般应测定多次，取其平均值为测定结果。

2. 旋光度测定的影响因素

旋光物质的旋光度主要取决于物质本身的构型，也与光线透过物质的厚度、测量时所选用光的波长和测定温度有关。若被测物质是溶液，则影响因素还包括溶剂和物质的浓度等。

1）溶剂的影响

由于不同的溶剂会导致旋光物质的旋光度发生变化，故测定比旋光度$[\alpha]_D^t$时应说明使用何种溶剂，不指明则表示以水为溶剂。

2）温度的影响

温度升高会使旋光管长度增大，但降低了液体的密度。温度的变化还可能引起分子间缔合或离解，使分子本身旋光度改变，一般温度效应的表达式如下：

$$[\alpha]_D^t=[\alpha]_D^{20}+Z(t-20)$$

式中，Z 为温度系数；t 为测定时的温度。

各种物质的 Z 值不同，一般为－0.04～－0.01。因此，测定时必须恒温，在旋光管上装有恒温夹套，与超级恒温槽配套使用。

3）浓度和旋光管长度对比旋光度的影响

在固定的实验条件下，通常旋光物质的旋光度与旋光物质的浓度成正比，可将物质的比旋光度视为常数。但旋光度和溶液浓度之间并非严格地呈线性关系，因此旋光物质的比旋光度严格地说并非常数，在给出$[\alpha]_D^t$ 值时，必须说明测量温度。在精密的测定中，比旋光度和浓度之间的关系一般可采用下面三个方程式之一表示：

$$[\alpha]_D^t=A+Bq$$

$$[\alpha]_D^t=A+Bq+Cq^2$$

$$[\alpha]_D^t=A+\frac{Bq}{C+q}$$

式中，q 为溶液的浓度；A、B、C 为常数，可从不同浓度的几次测量中加以确定。

旋光度与旋光管的长度成正比。旋光管一般有 10cm、20cm、22cm 三种长度。使用 10cm 长的旋光管计算比旋光度比较方便，但对旋光能力较弱或者较稀的溶液，为了提高准确度，降低读数的相对误差，可用 20cm 或 22cm 的旋光管。

第3章 常用分析仪器

3.1 可见分光光度计

分光光度计用于有色物质和经过反应可以显色物质的定性测定和定量测定，具有一定的波长调节范围，可以直接读取透光率、吸光度，并具有浓度直读功能。在定性测定方面，通常用作物质鉴定和有机分子结构的研究。在定量测定方面，可测定化合物和混合物中各组分的含量，也可测定物质的离解常数、配合物稳定常数等。

3.1.1 工作原理和仪器构造

7220型可见分光光度计由光源、单色器、样品池、检测系统和信号显示系统组成。仪器的结构示意图如图1-3-20所示。

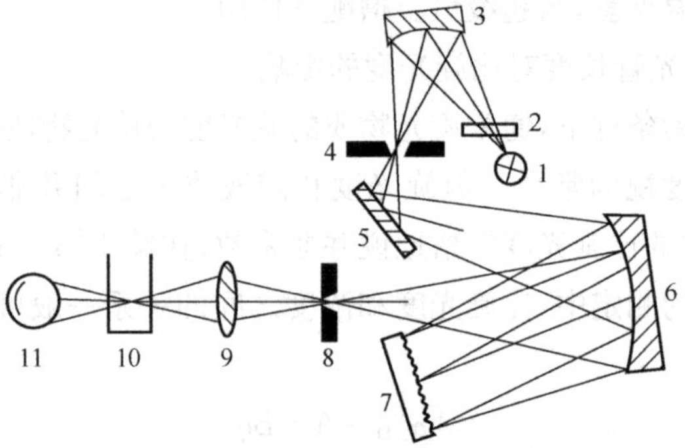

图1-3-20 7220型可见分光光度计的光学系统

1. 光源；2. 滤光片；3. 聚光镜；4. 入射狭缝；5. 反射镜；6. 凹面镜；7. 光栅；8. 出射狭缝；9. 聚光透镜；10. 样品池；11. 光电管

3.1.2 主要性能指标

(1) 光源：卤钨灯，12V，30W。

(2) 波长范围：350～800nm。

(3) 波长准确度：±2nm。

(4) 波长重复性：≤1nm。

(5) 透射比准确度：±0.5%T。

(6) 透射比重复性：≤0.2%T。

(7) 光谱带宽：5nm(1nm、2nm、4nm 可选)。

(8) 光度范围：−0.300～3.000A。

(9) 噪声：100%T 稳定性≤0.5%T/3min；
0%T 稳定性≤0.2%T/3min。

(10) 光学系统：光栅分光。

3.1.3　基本操作步骤

安装好仪器后，检查样品池位置，使其处在光路中(拉动拉手应感到每挡的定位)。关好样品室门，打开仪器电源开关，工作方式选择指示灯在透射比位置，使标样点在第一点，显示器显示为"XX.X"，预热后即可进行测量。具体操作步骤按不同模式分述如下。

1. 透射比测量

(1) 在样品池中放置空白及样品。

(2) 按需要调节波长旋钮，使显示窗显示所需波长值。

(3) 按"方式选择"键使透射比指示灯亮，并使空白溶液处在光路中。

(4) 按"100%T"键调 100%，待显示器显示"100.0"时即表示已调好 100%T。

(5) 在样池架上放挡光块，拉入光路，关好样品室门，观察显示是否为"0.0"，如不为"0.0"则按"0%T"调零。

(6) 取出挡光块，放入空白溶液，关好样品室门，显示器应显示"100.0"，若不为"100.0"则应重调 100%T，即重复(3)。

(7) 拉动样品拉手使被测样品依次进入光路，则显示器上依次显示样品的透射比值。

2. 吸光度测量

吸光度测量与透射比基本相同，只是有两点要注意：

(1) 在选择方式"100%T"时应使吸光度指示灯亮。

(2) 在选择方式"0%T"调零时应在透射比功能下("方式选择"指示灯放在透射比挡，调零后再将"方式选择"指示灯放回吸光度挡)。

3. 浓度直读

1) 建曲线

建曲线有三种方法：一点法、二点法和三点法，现以二点法为例介绍：

(1) 先将配好的两个浓度标准液及空白液放入样池架。

(2) 按需要调整波长。

(3) 按"方式选择"键至透射比挡，将空白液拉入光路，按"100％T"键调100.0。

(4) 在样池中放挡光块，拉入光路，关好样品室门，按"0％T"调零，调零后需检查100.0，若有变化应重调"100％T"。

(5) 按"方式选择"键至建曲线挡，按"选择标样点"键至第二点，显示器应显示"500"。

(6) 将第一点标样拉入光路，按"置数加"或"置数减"键，使显示器显示标样浓度，按"确认"键，确认此组数据。

(7) 将第二点标样拉入光路，按"置数加"或"置数减"键，使显示器显示第二点标样浓度，按"确认"键，确认此组数据。

2) 浓度测量

(1) 将标准样品取出，将空白液及被测样品放入样品室内。

(2) 按"方式选择"键至透射比挡。

(3) 在空白液时调100％T及0％T(方法同透射比测量)。

(4) 按"方式选择"键至浓度挡。

(5) 拉样品至光路中，显示应为样品在二点曲线下的浓度值。

3.1.4 注意事项

(1) 不同比色皿之间存在色差，建议测量过程中固定用一只比色皿盛放参比溶液，另一只比色皿盛放待测溶液。比色皿中溶液体积以2/3～4/5为宜。

(2) 比色皿的前后有两个光滑面，是用来对准光路的，左右有两个粗糙面，手只能接触比色皿的粗糙面，不能接触光滑面。比色皿的内部只能用水润洗，使用完毕应先用自来水将比色皿内外冲洗干净，然后用蒸馏水润洗，最后将其粗糙面朝下斜靠在培养皿中。

(3) 每次改变波长后均应重新进行100％T和0％T调节。

(4) 若连续测量时间过长，光电管会因疲劳造成读数漂移。因此，每次读数后应随手打开样品池盖，使光闸自动关闭。

3.2 紫外-可见分光光度计

TU-1810紫外-可见分光光度计是一种通用型紫外分光光度计，在有机化学、生物化学、药品分析、食品检验、医药卫生、环境保护、生命科学等各个领域的科研、生产中得到广泛应用。

3.2.1 工作原理和仪器构造

TU-1810 紫外-可见分光光度计的工作原理与分光光度计的工作原理一样，只是在光源上增加了紫外光源，其基本构造也相似。仪器外观如图 1-3-21 所示。

图 1-3-21 TU-1810 紫外-可见分光光度计

3.2.2 主要性能指标

(1) 光源：氘灯及溴钨灯。

(2) 波长范围：190～1100nm。

(3) 波长准确度：±0.3nm(开机自动校准)。

(4) 波长重复性：≤0.1nm。

(5) 光谱带宽：2nm(固定狭缝)；0.5nm、1.0nm、2.0nm、5.0nm(可变狭缝)。

(6) 杂散光：<0.3%*T*(220nm，NaI；340nm，$NaNO_2$)。

(7) 光度方式：透过率、吸光度、能量。

(8) 光度范围：-0.300～3.000A。

(9) 光度准确度：±0.002Abs(0～0.5A)；±0.004Abs(0.5～1.0A)；±0.3%*T*(0%～100%*T*)。

(10) 光度重复性：0.001A(0～0.5A)；0.002A(0.5～1.0A)；0.15%*T*(0%～100%*T*)。

(11) 基线平直度：±0.0015A(190～1100nm)。

(12) 基线漂移：0.001A/h(500nm，0A 预热 2h 后)。

(13) 光度噪声：±0.001A(500nm，0A 2nm 光谱带宽)。

3.2.3 基本操作步骤

打开 TU-1810 紫外-可见分光光度计的电源，仪器开始初始化，一切正常后进入主界面。根据界面的提示按相应的数字进入不同的测量界面，下面以光谱测量为例说明。

(1) 按数字“1”键，进入光谱测量界面，按 F1 进行参数设置。①光度方式：A；②扫描速度：快；③采样间隔：1.0s；④波长范围：400～200nm；⑤纵坐标的范围：0.000～1.000。

(2) 按“RETURN”键，返回光谱测量界面，放入空白样品，按“AUTO ZERO”键进行基线校正。然后，放入待测样品，按“START”键，进行光谱扫描。所得吸收光谱曲线显示在主机屏幕上,按 F2,输入阈值,按“确认”,系统将自动检索并显示峰值。根据吸收曲线选择最佳测定波长,按 F4,可打印谱图。

(3) 在主界面上选“定量测定”,按 F1,进行参数设置。①标样法;②测量波长:输入测定波长;③浓度单位:输入浓度单位。

(4) 按 F1 键,进入标样法参数设置。①按“1”,输入标样数:5;②按“2”,标样序号依次输入 1～5 号标样的浓度;③在一号池中放入空白样,按“AUTO ZERO”键,进行空白自动校零;④按“3”,将样品放入一号池中,按“START”键,测定吸光度;⑤重复④中的操作,直到 5 个样品测完;⑥按“4”,绘制工作曲线。

(5) 按“RETURN”键,返回定量测定界面,放入空白样品,按“AUTO ZERO”键进行空白自动校零。然后,放入待测样品,按“START”键,进行样品吸光度测量。界面自动显示测量结果。

(6) 按“RETURN”键,返回主界面,关闭主机电源。

3.2.4 注意事项

(1) 不同比色皿之间存在色差,建议测量过程中固定用一只比色皿盛放参比溶液,另一只比色皿盛放待测溶液。比色皿中溶液体积以 2/3～4/5 为宜。

(2) 样品在测量前可进行全波长扫描,以准确找出最大吸收波长及适宜测量范围。

(3) 若待测样品挥发性比较强,应选择带盖子的比色皿。

3.3 荧光分光光度计

3.3.1 荧光分光光度计的工作原理

在室温下分子大都处于基态的最低振动能级,当受到光的照射时,便吸收与其特征频率相一致的光线,其中某些电子由原来的基态能级跃迁到第一电子激发态或更高电子激发态中的各个不同振动能级。跃迁到较高能级的分子很快通过振动弛豫、内转换等方式释放能量后回到第一电子激发态的最低振动能级,能量的这种转移形式称为无辐射跃迁。接着,处于第一电子激发态最低振动能级的分子回到基态的任何振动能级,并以光的形式放出其所吸收的能量,所发射的光称为荧光。

荧光分析法是测定物质吸收一定频率的光以后,物质本身所发射的光的强度。物质吸收的光称为激发光,物质受激后所发射的光称为发射光或荧光。将激发光用单色器分光后,连续测定相应的荧光强度所得到的曲线称为该荧光物质的激发光谱。实际上荧光物质的激发光谱就是它的吸收光谱。在激发光谱的最大吸收波长处，固定波长和强度检测物质所发射荧光的波长和强度，所得曲线为该物质的荧光发射光谱，简称荧光光谱。在建立荧光分析法时，需根据荧光光谱来选择适当的测定波长。激发光谱和荧光光谱是荧光物质定性的依据。根据荧光光谱和荧光强度对物质进行定性分析或定量分析的方法称为荧光分析法。对于某一荧光物质的稀溶液，在一定波长和一定强度的入射光照射下，当液层的厚度不变时该溶液的荧光强度和浓度成正比，这是荧光定量分析的基础。

测定荧光可用荧光计或荧光分光光度计，二者的结构复杂程度不同，但基本结构是相似的。

3.3.2　F93荧光分光光度计

F93荧光分光光度计是手动波长调节型荧光分光光度计，具有高检测灵敏度、高选择性，可以进行便捷、快速的高精度荧光强度测量，适用于材料研究、药品分析、生化及临床检验、水质分析控制、食品安全检测等领域的定性定量分析。

F93荧光分光光度计采用冷光源和更换式干涉滤光片系统，接收器采用高性能光电倍增管检测器，发射单色器采用1200线光栅、大孔径非球面反射镜分光系统。仪器外观如图1-3-22所示。

图1-3-22　F93荧光分光光度计

1. 主要性能指标

(1) 光源：高强度冷光源。

(2) 带宽：激发10～20nm，发射12nm。

(3) 激发波长选择范围：360～600nm；标配为365nm激发波长。

(4) 发射波长范围：360～650nm。

(5) 波长准确度：±2nm。

(6) 波长重复性：≤1nm。

(7) 灵敏度：硫酸奎宁检测极限为1×10^{-9}。

(8) 测量线性：优于0.995。

(9) 零线漂移：±0.3(10min内)。

(10) 峰值强度重复性：≤1.5%。

2. 基本操作步骤

(1) 打开仪器总电源,预热30min。

(2) 旋转“波长调节”旋钮,至标准样品荧光发射光谱峰值波长处。

(3) 按“模式选择”键,使荧光值指示灯亮,执行荧光测定功能。

(4) 按“灵敏度调节”键,调节至4位LED数据显示窗显示荧光值为“10～100”,记下此时的灵敏度挡位。

(5) 打开样品室盖,将样品池置于样品座上,关闭样品室盖,然后按“调零”调节键,仪器自动调整0%,至4位LED数据显示窗显示“(0.0±0.1)%”。如分析0%有漂移,继续按下“调零”键,直至4位LED数据显示窗显示“(0.0±0.1)%”为止。

(6) 测定标准样和待测样品的荧光值,绘制标准曲线并计算结果。

(7) 测定结束后关机。

3.3.3 Cary Eclipse 荧光分光光度计

Cary Eclipse 荧光分光光度计可测量化合物的荧光发射、激发光谱、磷光光谱和化学/生物发光,具有自动控温设备,可进行浓度测定和动力学测定,广泛应用于化学、生命科学、石油化工、环境保护等领域。仪器外观如图1-3-23所示。

图1-3-23　Cary Eclipse 荧光分光光度计

1. 主要性能指标

(1) 扫描速度:最高24 000nm·min^{-1}。

(2) 数据采集速率:80Hz。

(3) 波长范围:190～1100nm。

(4) 光谱带宽:1.5nm、2.5nm、5nm、10nm和20nm五挡切换。

(5) 控温范围:10～80℃。

(6) 控温精度:±0.1℃。

2. 基本操作

(1) 开启仪器和计算机电源,点击软件图标进入主菜单。

(2) 编辑方法,设置测定参数。

(3) 样品测试,打印结果和报告。

(4) 测定完成后,退出软件,关闭仪器和计算机电源。

3.4　红外光谱仪

红外吸收光谱广泛应用于有机化合物的定性鉴定、结构分析和定量分析。由于红外吸收带的波长位置与吸收强度能反映分子结构的特点，因此可以用于未知物结构组成的鉴定或化学基团的确定。而吸收谱带的吸收强度与分子的组成或化学基团的含量有关，因此也可用于定量分析和纯度鉴定。配合适当的附件，红外光谱仪还可直接测定气体样品、液体样品和固体样品。

3.4.1　工作原理和仪器构造

利用物质的分子对红外辐射的吸收，得到与分子结构相应的红外光谱图，从而鉴别分子结构的方法，称为红外吸收光谱法，其中应用最广的是中红外光谱。通常使用波数描述红外光谱，对中红外光谱，相应波数范围为 4000～400cm^{-1}。

傅里叶变换红外光谱仪(FT-IR)是根据光的相干性原理设计的，是一种干涉型光谱仪，主要由光源(硅碳棒、高压汞灯)、干涉仪、检测器、计算机和记录系统组成。大多数傅里叶变换红外光谱仪使用了迈克尔逊(Michelson)干涉仪，因此实验测量的原始光谱图是光源的干涉图。通过计算机对干涉图进行快速傅里叶变换计算，可以得到以波长或波数为函数的光谱图。因此，谱图称为傅里叶变换红外光谱，仪器称为傅里叶变换红外光谱仪。图 1-3-24 为 Nicolet Nexus 470 型 FT-IR 红外光谱仪的外观图，图 1-3-25 为 FT-IR 红外光谱仪的工作原理图。

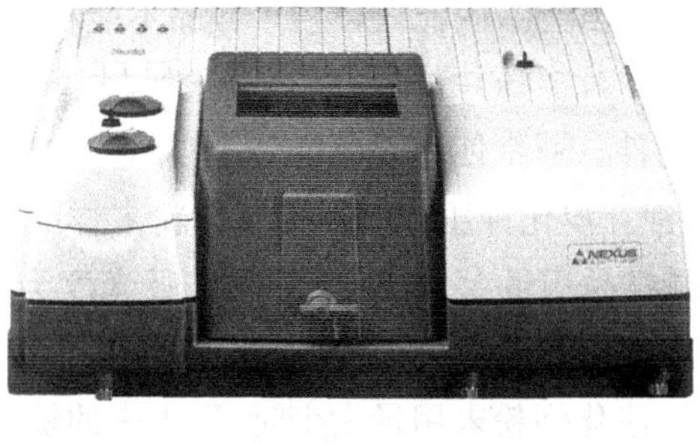

图 1-3-24　Nicolet Nexus 470 型 FT-IR 红外光谱仪

3.4.2　红外光谱样品的制备

对于不同的样品采用不同的红外制样方法，对于同一样品，也可以采用不同的制样方法。采用不同的制样方法测试同一样品时，可能会得到不同的光谱。因此，要根据测试目的和测试要求采用合适的制样方法，这样才能得到准确可靠的测试数据。

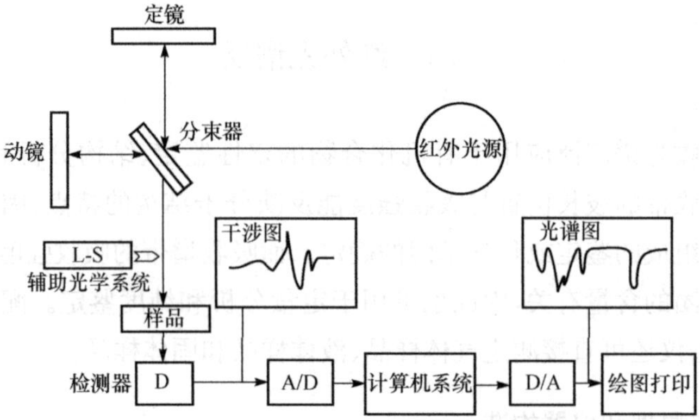

图 1-3-25　FT-IR 红外光谱仪工作原理图

1. 固体样品的制备

固体样品以各种不同的形态存在,有粉末样品,有粒状、块状样品,也有薄膜、板材样品;有硬度小的样品,也有硬度大的样品;有很脆的样品,也有非常坚韧的样品。因此,应根据固体样品的形态和测试目的选用不同的制样方法和测试方法。固体样品的常规透射光谱制样方法分为压片法、糊状法和薄膜法。

1) 压片法

压片法是一种传统的红外光谱制样方法,简便易行,是红外光谱实验室常用的制样方法。因为粉末样品粒度大,所以不能压出透明的薄片,红外光散射严重。即使能压出透明的薄片,但由于样品用量多,会出现红外光全吸收的现象,也不能得到正常的红外光谱图,因此固体粉末样品不能直接用来压片,必须用稀释剂稀释、研磨后才能压片。压片法只需要稀释剂、玛瑙研钵、压片模具和压片机,不需要其他红外附件。通常使用溴化钾作为样品的稀释剂。

(1) 样品和溴化钾。溴化钾压片法需要固体粉末样品 1mg 左右,溴化钾粉末 150mg 左右。如果样品用量太少,测得的光谱吸光度会太低,光谱的信噪比不能满足要求,水的吸收峰干扰也会比较严重。样品用量太多,光谱的有些谱带会出现全吸收。此外,溴化钾粉末用量太少时,压出来的锭片容易碎裂。溴化钾用量太多时,不容易压出透明的薄片。对于某些含强极性基团的样品,如含羰基的化合物,尤其是脂肪酸类化合物,以及含氰根的化合物、碳酸盐、硫酸盐、硝酸盐、磷酸盐、硅酸盐等,其用量只需 0.5mg 左右,因为这些样品具有很强的吸收峰。潮湿的样品不能直接用于压片,因为潮湿的样品不能压出透明的薄片,而且在光谱中会出现水的吸收峰。潮湿的样品应经过真空干燥,或置于 40℃烘箱中干燥。在空气中极易吸潮的样品不能采用溴化钾压片法制样。溴化钾粉末容易吸附空气中的水蒸气,因此在使用之前应经过 120℃烘干,并置于干燥器中备用,或长期保存在 40℃烘箱中。

(2) 研磨。将样品和溴化钾一起置于玛瑙研钵中,一边研磨一边转动玛瑙研钵,使样品和溴化钾混合均匀。普通样品研磨 4~5min,非常坚硬的样品可先研磨样品,因为样品量少,容易研磨细,然后再加入溴化钾一起研磨。研磨时间过长,样品和溴化钾容易吸附空气中的水蒸气。研磨时间过短,不能将样品和溴化钾研细。

(3) 压片。压片需要使用压片模具和压片机。用不锈钢小扁铲将研磨好的样品和溴化钾混合物转移到压片模具中并铺平。如果混合物没有铺平,压出来的锭片会出现局部透明,而其他地方不透明的情况。压片模具每次使用之后都要清洗。用镊子夹着潮湿的纸巾或镜头纸将压片模具里面残留的溴化钾擦掉,然后用洗耳球吹干。如果模具里面残留有溴化钾,在压另一个片时就很难将压杆从模具中拔出。溴化钾长期残留在压片模具中,吸潮后会腐蚀模具。因此,压片工作结束后一定要将压片模具擦洗干净,并将其保存在干燥器中。

(4) 样品的测试。锭片从压片模具中取出来后要及时测试,因为锭片置于空气中容易吸潮,从而变得不透明。如果不能及时测试,应将锭片暂时存放在干燥器中。

(5) 溴化钾压片法存在的缺点。采用溴化钾压片法制样存在两个缺点:一是无机化合物和配位化合物通常都含有离子,样品和溴化钾研磨,尤其是施加压力,会发生离子交换,使样品的谱带发生位移和变形;二是采用溴化钾压片法制样时,在 $3400cm^{-1}$左右和 $1640cm^{-1}$左右会出现水的吸收峰,这是由溴化钾粉末研磨时吸附空气中的水蒸气造成的。

2) 糊状法

糊状法是在玛瑙研钵中将待测样品和糊剂一起研磨,使样品微细颗粒均匀地分散在糊剂中。最常用的糊剂有石蜡油(液体石蜡)和氟油。将石蜡油或氟油与样品一起研磨的方法又称为石蜡油研磨法或氟油研磨法。石蜡油研磨法可以有效地避免溴化钾压片法存在的两个缺点。石蜡油研磨法既不会发生离子交换,也不会吸附空气中的水蒸气。采用石蜡油研磨法还有另外两个优点,一是制样速度快,二是样品和石蜡油一起研磨时,石蜡油在样品表面形成薄膜,保护样品使之与空气隔绝。但石蜡油压片法也存在缺点,一是在光谱中会出现碳氢吸收峰,二是样品用量比溴化钾压片法用量多,至少需要几毫克样品。

制备样品时,将样品放在玛瑙研钵中,滴加半滴石蜡油研磨。研磨好后,用硬质塑料片将糊状物从玛瑙研钵中刮下,均匀地涂在两片溴化钾晶片之间测定红外光谱。

3) 薄膜法

固体样品采用溴化钾压片法或糊状法制样时,稀释剂或糊剂对测得的光谱会产生干扰。由于薄膜法制样得到的样品是纯样品,因此红外光谱中只出现样品的信息。薄膜法主要应用于高分子材料红外光谱的测定,其中溶液制膜法经常使用。

将样品溶解于适当的溶剂中,然后将溶液滴在红外晶片(如溴化钾、氯化钠、氟化钡等)、载玻片或平整的铝箔上,待溶剂完全挥发后即可得到样品的薄膜。溶液制膜法所选用的溶剂应是容易挥发的溶剂。溶剂极性比较弱,与样品不发生作用。样品在溶剂中的溶解度要足够大,从而使溶液浓度可以调节。所配制的溶液浓度要适中,一般为 1%～3%(质量分数)。浓度过低,制得的薄膜会太薄;浓度过高,制得的薄膜又会太厚。如果配制 2%的溶液,加 1～2 滴溶液,膜的直径为 13mm 左右,膜的厚度为 5～10μm,这样制得的膜适合红外光谱测定。

2. 液体样品的制备

液体样品必须装在红外液池中才能进行红外测定。液池的种类很多,大体上可以分为三类:可拆式液池、固定厚度液池和可变厚度液池。液体样品分为纯有机液体样品和溶液样品。溶液样品又分为有机溶液样品和水溶液样品。

1) 纯有机液体样品的制备

纯有机液体样品的测试采用液膜法,即在两块窗片之间夹一层薄薄的液膜。液膜法是一种最简便、最快捷的红外光谱测试法。测试纯有机液体样品最好选用溴化钾窗片。窗片底座与窗片之间一定要垫上橡皮垫片或纸垫片,以防将晶片压裂。

对于糨糊状的黏稠样品,首先取少量样品置于溴化钾晶片中间,然后用另一片晶片压紧,使样品形成均匀的薄膜即可测试。样品的厚度可以通过液池的螺丝来调节。对于黏度小、流动性好的液体样品,可以用滴管将一小滴液体样品滴在溴化钾晶片中间,再放上另一块溴化钾晶片。液池架的螺丝不能拧得太紧,因为晶片之间没有垫片,拧得太紧会使液膜太薄。液膜的厚度为 5～10μm 时,测得的光谱吸光度比较合适。对于容易挥发的液体样品,则应在溴化钾晶片上滴一大滴样品,马上盖上另一块晶片,并尽快测试光谱。

2) 有机溶液样品的制备

有机溶液样品的红外光谱测试方法和纯有机液体样品的测试方法相同。纯的有机液体可以直接测定红外光谱,没有必要配成有机溶液测试。固体有机物可以采用溴化钾压片法或其他方法测试,也没有必要配成有机溶液测试。如果要研究有机溶液中的相互作用对光谱的影响,固态物质的光谱与固态物质在有机溶液中光谱之间的差别，鉴定两种样品是否为同一种物质，或者专门研究溶剂效应，需要配成有机溶液测试，否则没有必要配制成有机溶液测试。

测试有机液体的溶液光谱或者固体物质的有机溶液光谱时，溶剂的选择非常重要。要选择在中红外区吸收峰少的溶剂，如极性非常弱的四氯化碳和二硫化碳。

3）水溶液样品的制备

水在中红外区有非常强的吸收谱带，这些谱带会干扰和掩盖溶质的吸收峰。由于水的吸收峰非常强，而且溶液中水的光谱与纯水的光谱也有差别，因此，即使使用光谱差减技术，也不可能将水的吸收峰彻底减掉。

测定水溶液光谱，窗片材料最好选用氟化钡晶片，氟化钡晶片低频端可以测到 800cm^{-1}。一般采用液膜法测定水溶液光谱。

3. 气体样品的制备

气体红外光谱的测试需要有气体池，将需要测试的气体充进气体池后才能测试。气体池分为短光程气体池和长光程气体池。短光程气体池指的是气体池长度为 10～20cm 的气体池。长光程气体池指的是红外光路在气体池中经过的路程达到米级以上的气体池。长光程气体池主要用于大气污染气体的测试或局部环境有害气体的测试。

3.4.3　主要性能指标

(1) 分辨率：优于 0.1cm^{-1}。

(2) 光谱范围：4000～350cm^{-1}。

(3) 波数精度：优于 0.01cm^{-1}。

(4) 标准线性度：优于 0.07%。

(5) 灵敏度：$<9.65\times10^{-5}$A。

(6) 信噪比：优于 45 000∶1。

3.4.4　基本操作步骤

(1) 开启计算机和红外光谱仪电源。

(2) 启动 OMNIC 软件，进入操作界面。

(3) 点击“collect”设置测定参数。

扫描次数：32；

分辨率：4cm^{-1}；

纵坐标格式：透过率；

背景扫描次数:64;

文件名:根据需要输入。

(4) 背景测定。

(5) 样品测定。

(6) 根据需要处理和保存数据,打印图谱。取出样品,退出程序,关机。

3.4.5 注意事项

(1) 保持仪器室温度 18~25℃,湿度<60%。在样品仓中放入干燥剂并定期更换。

(2) 仪器在测定前需预热 1h 以上,以保证实验结果的准确。

(3) 测定完成后,清洗压片磨具、擦拭窗片等,用红外灯烘干后存于干燥器中。

(4) 样品仓窗门应轻开轻关,避免仪器振动受损。

(5) 测定有异味的样品后,需用氮气进行吹扫。

3.5 原子吸收分光光度计

原子吸收分光光度计能检测 70 多种金属元素和部分非金属元素的含量。火焰原子吸收法和石墨炉原子吸收法的检出限分别可达到 10^{-9} g · mL^{-1} 和 10^{-13} g · mL^{-1} 数量级。借助氢化物发生器可对 8 种挥发性元素,如汞、砷、铅、硒、锡、碲、锑和锗进行微量测定和痕量测定。原子吸收分光光度计广泛应用于环保、医疗卫生、冶金、地质、食品和石油化工等部门。

3.5.1 工作原理和仪器构造

原子通常处于能量最低的基态,当辐射通过原子蒸气,且辐射频率相当于原子中的电子由基态跃迁到较高能态所需能量的频率时,原子从入射辐射中吸收能量,发生共振吸收,产生原子吸收光谱。原子吸收光谱是电子在原子基态和第一激发态之间跃迁的结果,原子能级是量子化的,因此在所有情况下,原子对辐射频率的吸收都是有选择性的。每一种原子都有其自身所特有的能级结构,产生反映该种原子结构特征的原子吸收光谱。

原子吸收光谱法也称原子吸收分光光度法,是通过蒸气相中待测元素的基态原子对其共振辐射的吸收强度来测定试样中该元素含量的一种仪器分析方法。在确定的实验条件下,蒸气相中的原子数与试样中被测元素的含量成正比。在实验条件一定时,吸光度与试样中被测元素的含量成正比,这是原子吸收光谱分析的定量基础。常用的定量分析方法主要有标准曲线法、标准加入法和内标法等。

原子吸收分光光度计主要由光源(空心阴极灯)、原子化器(燃烧器或石墨炉)、分光系统、检测记录系统、数据处理和控制系统组成,图 1-3-26 为 TAS-990 型原子吸收分光光度计的外观图,图 1-3-27 为原子吸收分光光度计的结构示意图。

图 1-3-26　TAS-990 型原子吸收分光光度计

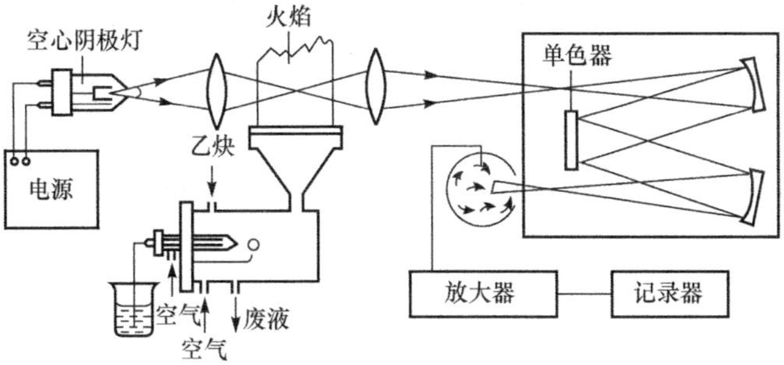

图 1-3-27　原子吸收分光光度计结构示意图

3.5.2　主要性能指标

(1) 波长范围:190～900nm。

(2) 光谱带宽:0.1nm、0.2nm、0.4nm、1.0nm、2.0nm,五挡自动切换。

(3) 波长准确度:±0.25nm。

(4) 波长重复精度:0.15nm。

(5) 分辨率:优于 0.3nm。

(6) 基线漂移:0.005A·$(30min)^{-1}$。

(7) 灯座:8 个。

(8) 背景校正:氘灯背景,可校正 1A 背景;自吸背景,可校正 1A 背景。

3.5.3　基本操作步骤

(1) 开启计算机,打开分光光度计主机,运行 AAWin 软件。

(2) 仪器进入初始化。

(3) 选择元素灯。

(4) 调整测量参数并寻峰。

(5) 开启助燃气和燃烧气,调整原子化器位置。

(6) 进行样品测量设置。

(7) 进行测量参数设置。

(8) 进样测试,测量完成后,储存文件或打印报告。

(9) 测试完毕后,先关闭燃烧气,再关闭助燃气。

(10) 退出软件系统。先关闭仪器主机电源,再关闭计算机,切断总电源。

(11) 盖上仪器罩,打扫室内卫生,并在仪器使用登记本上填写使用记录。

3.5.4 注意事项

(1) 工作环境要求在 15～30℃,相对湿度 30%～70%。

(2) 测试应从空白开始。测定完所有标样后,应用空白溶液重新调零。

(3) 仪器应在排风良好的通风罩下工作,以防有害气体及不完全燃烧的乙炔带来危险。

(4) 实验结束后,立即关闭乙炔钢瓶总阀。乙炔气源附近严禁明火或过热高温物体存在。

3.6 等离子发射光谱仪

电感耦合等离子体原子发射光谱仪(ICP-AES)是一种以等离子体为激发光源的原子发射光谱仪,除了气体和一些非金属元素外,可以测定 70 多种元素,是一种非常有效的元素全分析仪,其特点是定性方便快速、定量准确、对多数元素具有很宽的线性范围。

3.6.1 工作原理和仪器构造

电感耦合等离子体原子发射光谱仪通过载气(氩气)将样品带入雾化系统进行雾化后,样品以气溶胶形式进入等离子体的轴向通道,在高温和惰性气氛中被充分蒸发、原子化、电离和激发,发射出所含元素的特征谱线。根据特征谱线的存在与否,鉴别样品中是否含有某种元素(定性分析),根据特征谱线强度确定样品中相应元素的含量(定量分析)。

Vista MPX 型电感耦合等离子体原子发射光谱仪由 RF 发生器、气路控制系统和光路控制系统三部分组成。该仪器使用高分辨率的中阶梯光栅交叉色散光学系统，且装备了 CCD 固体检测器。图 1-3-28 为仪器外观图。

图 1-3-28 Vista MPX 电感耦合等离子体原子发射光谱仪

3.6.2 主要性能指标

（1）分析速度：73 个元素 · min^{-1}。

（2）波长范围：165～785nm，全波长覆盖。

（3）光学分辨率：<0.004nm。

（4）杂散光：<2.0ppm① As。

（5）RF 发生器频率：40.68MHz。

（6）精密度：RSD<0.5%。

（7）检测器：CCD 检测器。

（8）检出限：ppb①～ppm。

（9）冷却系统：高效半导体制冷。

3.6.3 基本操作步骤

1. 冷开机(从关闭状态下开机)

（1）开启计算机、显示器和打印机，进入操作系统。

（2）开氩气、氮气气源阀，检查并调节减压阀于 0.5MPa 左右(吹扫光路)。

（3）开仪器前部系统电源开关(预热至 35℃)。预热时间夏天 1～2h，冬天约 4h，达 35℃才可点火测试。

（4）打开冷却循环水，调节温度(冬天 20℃，夏天 25℃)，检查压力指示是否为 50～310kPa。

（5）将仪器后部高压电源开关打开。

（6）打开排风系统。

2. 运行软件

（1）运行 ICPExpert，进入 Vista MPX 仪器控制软件。查看点火参数，进行炬管准直扫描校正、波长校正及观察仪器当前状态等。进行炬管准直扫描校正、波长校正均须在点火后进行。

（2）波长校正：一般一年内校正两次，在仪器稳定的状态下(35℃)进行，点

① ppm 和 ppb 为非法定单位，量级分别为 10^{-6} 和 10^{-9}。

火后校正。

(3) 炬管校正:按泵快速吸入 5ppm 的 Mn,依次进行水平方向炬扫描、垂直方向炬扫描。每拆卸一次炬管都要进行炬管准直校正。

3. 进入 Worksheet(工作表格)

(1) 测定方法:优化条件参数,使信背比越大越好。默认的是标准曲线法,可手动选择标准加入法。

(2) 编辑方法。

元素:选定待测的几种元素,按"元素名称"→"应用"。

功率:无机物 1~1.2kW,有机物 1.3~1.5kW。

等离子气:无机物 15L·min^{-1},有机物 20L·min^{-1}。

辅助气:无机物 2.25L·min^{-1},有机物 2.5L·min^{-1}。

雾化器流量:0.75~1.25L·min^{-1}。

一次读数时间:5s(读 3 次)。

4. 进入"顺序"页面,设置顺序参数

(1) 设置进样方式为"手动"。

(2) 输入样品信息:"样品数量"和"类型"。

(3) 选择"顺序编辑",设置"样品数量"及"标准曲线校正",再按"确定"。

(4) 选择"顺序参数"减去制备空白,再按"确定"。

5. 分析前仪器的优化和检查

(1) 检查炬管安装是否正确。

(2) 关闭炬室门,确认锁紧杆完全到位。

(3) 检查进样管路是否安装正确,取样管、废液管、蠕动泵管的安装是否正常。

(4) 点燃等离子体。

(5) ICP 观测位置优化:在点燃状态可进行炬管准直扫描。

6. 标准系列及样品的分析测量

进入"分析"页后,选择"样品标签",按下绿色键开始分析、进样、确认,直到分析结束。

7. 打印结果

选择打印项目,按"打印"键,将分析结果打印出来。

8. 关机

(1) 清洗进样雾化室数分钟。

(2) 将等离子体熄灭。等离子体熄灭后，蠕动泵将自动停止转动。

(3) 将仪器前部系统电源开关关闭(绿色指示灯灭)。

(4) 将仪器后部高压电源开关关闭(向下)。

(5) 关闭循环水，关闭气源。

(6) 为延长蠕动泵管的使用寿命，放松蠕动泵上的泵管，并将蠕动泵压臂松开。

(7) 退出 Vista 软件，关闭计算机、打印机等。

注：在较长时间内不使用仪器时，建议冷关机。

3.6.4 注意事项

(1) 仪器长时间不用时应将废液排尽，并在废液管中注满清水，以防废液管长时间浸泡在酸中，加速老化，造成废液泄漏。

(2) 电源前面的防尘网每隔两个月应清理一次。

(3) 仪器在测定前应充分预热。

3.7 原子荧光分光光度计

原子荧光光谱分析是在 20 世纪 60 年代被提出并发展起来的新型光谱分析技术，具有原子吸收光谱和原子发射光谱两种技术的优势并克服了两者某些方面的缺点，具有分析灵敏度高、干扰少、线性范围宽、可多元素同时分析等特点，是一种优良的痕量分析技术。目前，氢化物发生原子荧光法已成为食品卫生、饮用水、矿泉水中重金属检测的国家标准方法，是环境监测的标准推荐方法。原子荧光分光光度计已成为国内众多分析测试实验室的常规测试仪器。

3.7.1 工作原理和仪器构造

原子荧光是原子蒸气受到具有特征波长的光源照射后，其中一些自由原子被激发跃迁到较高的能态，然后去活化回到某一能态(常是基态)而发射出特征光谱的物理现象。当激发辐射的波长与产生的荧光波长相同时，称为共振荧光，它是原子荧光分析中最主要的分析线。各元素都有其特定的原子荧光光谱，根据原子荧光强度可测得试样中待测元素含量。原子荧光光谱分析主要针对一些挥发性元素的测定，这些元素与合适还原剂(如硼氢化钾等)发生反应，其中砷、

锑、铋、锡、硒、碲、铅、锗等可形成气态氢化物,汞可生成气态原子态汞,镉、锌可生成气态组分。例如

$$NaBH_4 + As^{3+} + HCl + 3H_2O \longrightarrow AsH_3\uparrow + NaCl + H_3BO_3 + H_2\uparrow + 3H^+$$

$$2AsH_3 \longrightarrow 2As + 3H_2\uparrow$$

AFS-930 型全自动双道原子荧光光度计主要由原子荧光光度计主机、AS-30 自动进样器、SIS-100 顺序注射氢化物发生及气液分离系统、数据处理系统等部分组成。原子荧光光度计主机由原子化系统、光学系统、电路系统、气路系统四部分构成。图 1-3-29 为 AFS-930 原子荧光分光光度计的外观图。

图 1-3-29 AFS-930 型原子荧光分光光度计

3.7.2 主要性能指标

(1) 可同时测定两种金属元素。

(2) 检测元素:砷(As)、汞(Hg)、硒(Se)、锗(Ge)、锡(Sn)、铋(Bi)、碲(Te)、锑(Sb)、镉(Cd)、铅(Pb)、锌(Zn)11 种元素。

(3) 检出限:As、Te、Se、Pb、Bi、Sb、Sn$\leqslant$0.01$\mu g \cdot L^{-1}$;Hg、Cd$<$0.001$\mu g \cdot L^{-1}$;Ge$<$0.05$\mu g \cdot L^{-1}$;Zn$<$1$\mu g \cdot L^{-1}$。

(4) 相对标准偏差:<1.0%。

(5) 线性范围:大于三个数量级。

(6) 具有自动稀释溶液和配制溶液的功能。

3.7.3 基本操作步骤

(1) 开启计算机,打开分光光度计主机,运行 AFS-930 软件。

(2) 仪器进入初始化。

(3) 进行仪器条件的设置。

(4) 进行测量参数设置。

(5) 预热 30min 后,打开氩气,测量。测量完成后,储存文件或打印报告。

(6) 运行仪器清洗程序。关闭载气,放松泵管。

(7) 测试完毕后,从系统指定的出口退出系统。先关闭主机电源,再关闭计

算机，切断总电源。

3.7.4　注意事项

(1) 所用的试剂，如硫脲-抗坏血酸溶液、硼氢化钠-氢氧化钠溶液等均需现用现配，不能过夜使用。

(2) 所用的试剂，如盐酸、氢氧化钠等均应为优级纯，所用的水应为严格意义上的重蒸水。

(3) 仪器室中温度应保持恒定。

(4) 在仪器测量前，一定要开启载气。

(5) 一定要注意各泵管无泄漏，定期向泵管和压块间滴加硅油。

(6) 实验时注意气液分离器中不要有积液，以防溶液进入原子化器。

(7) 测试结束后，一定要在空白溶液和还原剂容器内加入蒸馏水，在顺序注射系统页面运行仪器清洗程序。关闭载气，放松泵管。

(8) 更换元素灯时，一定要在主机电源关闭的情况下，不得带电插拔元素灯。

3.8　电　泳　仪

电泳是指带电粒子在电场中的运动。不同物质由于所带电荷及相对分子质量不同，在电场中的运动速度也不同，根据这一特征，应用电泳法可以对不同物质进行定性分析或定量分析，或将一定混合物进行组分分析或对单个组分提取制备。电泳仪正是基于上述原理设计制造的。图 1-3-30 为电泳仪电源部分的外观图。

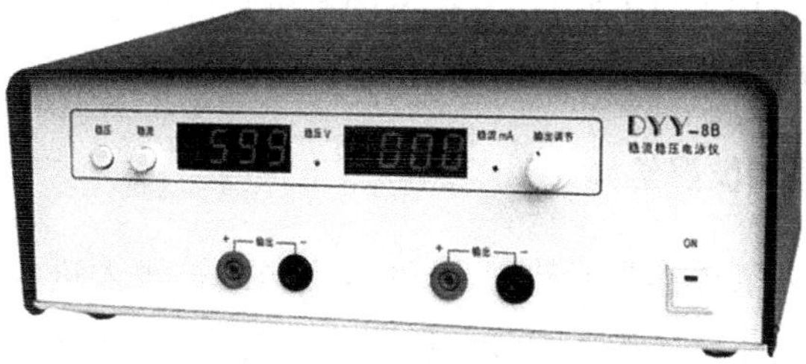

图 1-3-30　电泳仪电源部分外观图

3.8.1　基本操作步骤

(1) 首先用导线将电泳槽的两个电极与电泳仪的直流输出端连接，注意极性不要接反。

(2) 将电泳仪电源开关调至关的位置,电压旋钮转到最小,根据工作需要选择稳压稳流方式及电压电流范围。

(3) 接通电源,缓缓旋转电压调节钮直至所需电压为止,设定电泳终止时间,此时电泳即开始进行。

(4) 工作完毕后,应将各旋钮、开关旋至零位或关闭状态,并拔出电泳插头。

3.8.2 注意事项

(1) 电泳仪通电进入工作状态后,禁止人体接触电极及其他可能带电部分,也不能到电泳槽内取放物品。取放物品时应先断电,以免触电。同时要求仪器必须有良好的接地端,以防漏电。

(2) 仪器通电后,不要临时增加或拔除输出导线插头,以防短路现象发生。虽然仪器内部附设有保险丝,但短路现象仍有可能导致仪器损坏。

(3) 由于不同介质支持物的电阻值不同,电泳时所通过的电流不同,其泳动速度及泳至终点所需时间也不同,因此不同介质支持物的电泳不能同时在同一电泳仪上进行。

(4) 在总电流不超过仪器额定电流(最大电流范围)时,可以多槽关联使用,但要注意不能超载,否则容易影响仪器寿命。

(5) 某些特殊情况下需检查仪器电泳输入情况时,允许在稳压状态下空载开机,但在稳流状态下必须先接好负载再开机,否则容易造成机器损坏。

(6) 使用过程中发现异常现象,要立即切断电源,进行检修,以免发生意外事故。

3.9 气相色谱仪

气相色谱仪适用于对低沸点、易挥发的有机物进行分离、定性分析和定量分析,广泛应用于化工、食品、医药、农药、生物、环保、石油、电子等行业。

3.9.1 工作原理和仪器结构

气相色谱仪以气体作为流动相(载气),当样品被送入进样器后由流动相携带进入色谱柱。由于样品中各组分在色谱柱中的流动相(气相)和固定相(液相或固相)间的分配系数或吸附系数不同,在载气的冲洗下,各组分在两相间经过反复分配,达到分离,然后由接在柱后的检测器根据组分的物理化学特性,将各组分按顺序检测出来。图 1-3-31 为 Aglient 7890 型气相色谱仪的外观图。气相色谱仪由气路系统、进样系统、色谱柱、检测器和数据处理系统组成,如图 1-3-32 所示。

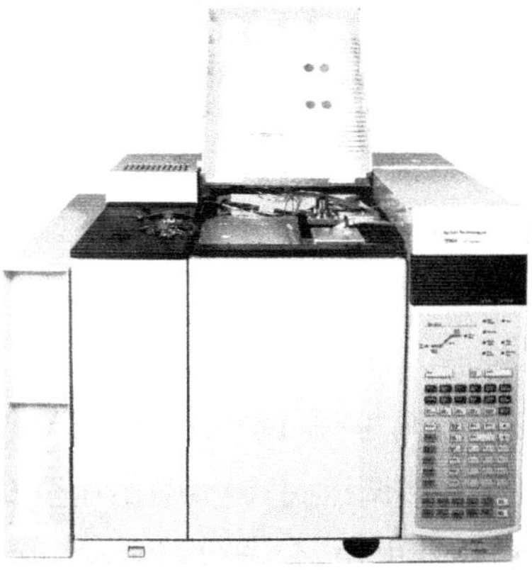

图 1-3-31　Aglient 7890 型气相色谱仪

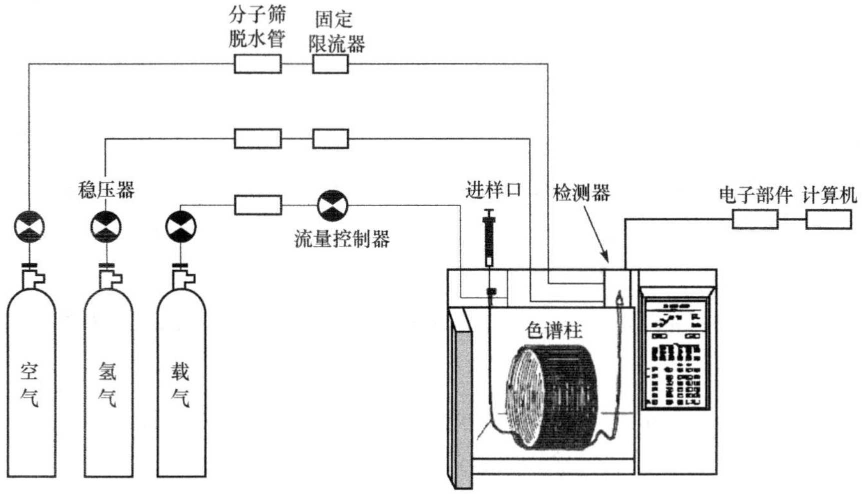

图 1-3-32　气相色谱仪流程图

3.9.2　主要性能指标

(1) 电子流量控制(EPC):所有流量、压力均实行电子控制,压力调整精度 0.001psi①。

(2) 炉箱:操作温度在室温以上 4～450℃,温度准确度±1%,程序升温 20 阶每 21 平台,双通道色谱柱流失补偿。

(3) 进样口:毛细管分流/不分流进样口,电子参数设定压力、流速和分流比。

(4) 火焰离子化检测器(FID):自动灭火检测、自动点火、自动调节点火气

① psi 为非法定单位,1psi=6.894 76×10^3Pa。

流,最低检出限<1.8pgC · s^{-1}(十三烷),线性范围>10^7。

(5) 电子捕获检测器(ECD):最低检出限<6fg · s^{-1}(林丹),线性范围>5×10^4(林丹)。

3.9.3 基本操作步骤

1. 开机

(1) 开启载气(氮气)调节调压阀,调节至约 0.6MPa。启动空压机,调节输出压至 0.4MPa。开启氢气调节调压阀,调节输出压至 0.4MPa。

(2) 打开计算机,开启仪器电源,仪器进行自检。点击工作站图标,使仪器和工作站连接。

2. 方法编辑

(1) 从"Method"菜单中选择"Edit Entire Method",根据需要勾选项目"Method Information"(方法信息)、"Instrument/Acquisition"(仪器参数/数据采集条件)、"Data Analysis"(数据分析条件)、"Run Time Checklist"(运行时间顺序表),确定后单击"OK"。出现"Method Commons"窗口,如有需要输入方法信息(方法用途等),单击"OK"。

(2) 进入"Select Injection Source/Location"(进样器设置),选择需要的选项,单击"OK"。

(3) 进入"Agilent GC Method:Instrument 1"(方法参数设置)。

(4) "Inlet"参数设置。输入"Heater"(进样口温度)、"Septum Purge Flow"(隔垫吹扫速度);拉下"Mode"菜单,选择分流模式、不分流模式、脉冲分流模式或脉冲不分流模式之一。如选择分流模式或脉冲分流模式,输入"Split Ratio"(分流比),完成后单击"OK"。

(5) "CFT Setting"参数设置。选择"Control Mode"(恒流模式或恒压模式),如选择恒流模式,在"Value"输入柱流速,完成后单击"OK"。

(6) "Oven"参数设置。选择"Oven Temp On"(使用柱温箱温度),输入恒温分析或者程序升温设置参数;如有需要,输入"Equilibration Time"(平衡时间)、"Post Run Time"(后运行时间)和"Post Run"(后运行温度),完成后单击"OK"。

(7) "Detector"参数设置。勾选"Heater"(检测器温度)、"H_2 Flow"(氢气流速)、"Air Flow"(空气流速)、"Makeup Flow"(尾吹速度 N_2)、"Flame"(点火)和"Electrometer"(静电计),并对前四个参数输入分析所要求的量值,完成后单击"OK"。

(8) 如勾选了"Data Analysis",在弹出"Signal Detail"窗口后,接受默认选

项，单击“OK”；在弹出“Edit Integration Events”窗口后，根据需要优化积分参数后单击“OK”；在弹出“Specify Report”窗口后，选择“Report Style”为“Quantitative Results”后单击“OK”。

(9) 如勾选了“Run Time Checklist”，在弹出“Run Time Checklist”窗口后，至少勾选“Data Acquisition”(数据采集)后单击“OK”。

(10) 方法编辑完成后，储存方法。单击“Method”菜单，选中“Save Method As”，输入新建方法名称，单击“OK”完成。

3. 数据采集

(1) 从“Run Control”菜单中选择“Sample Info”选项，输入操作者。在“Data File”-“Subdirectory”(子目录)输入保留文件夹名称，选择“Manual”或“Prefix/Counter”，并输入相应信息。

(2) 待工作站提示“Ready”，且仪器基线平衡不乱后，从“Run Control”菜单中选择“Run Method”选项，开始进样并采集数据。

4. 关机

(1) 在测定完毕后，将检测器熄火，关闭空气、氢气，将炉温降至 50℃以下，检测器温度降至 100℃以下。

(2) 关闭进样口、炉温，断开检测器加热开关，关闭载气。

(3) 退出工作站软件，关闭主机。

(4) 最后关闭载气钢瓶阀门，切断总电源。

3.9.4 注意事项

(1) 新买的毛细管柱或放置比较久的毛细管柱用前需进行老化。如果毛细管柱长时间不使用，两端要密封。

(2) 气体应满足纯度要求，所有气体都必须是色谱纯(99.9995%)或更高纯度，空气为零级或更好。

(3) 前处理样品所用试剂必须是色谱纯或优级纯，样品溶液必须均匀，无颗粒或浑浊。

(4) 仪器室应保持良好通风，室温控制在 20～27℃，湿度控制在 50%～60%。

3.10 高效液相色谱仪

高效液相色谱法(HPLC)适合于分析沸点高、不易挥发、受热不稳定易分解、相对分子质量大、不同极性的有机化合物,生物活性物质和多种天然产物,合成的高分子化合物和天然的高分子化合物等,涉及石油化工、食品、合成药物、生物化工产品及环境污染物的分离与分析等。

3.10.1 工作原理和仪器构造

高效液相色谱仪的系统由储液器、泵、进样器、色谱柱、检测器、记录仪等几部分组成。储液器中的流动相被高压泵打入系统,样品溶液经进样器进入流动相,被流动相载入色谱柱(固定相)内。样品溶液中的各组分在两相中具有不同的分配系数,在两相中做相对运动时,经过反复的吸附-解吸分配过程,各组分在移动速度上产生较大的差别,被分离成单个组分依次从柱内流出,通过检测器时,样品浓度被转换成电信号传送到记录仪。图 1-3-33 为 Varian ProStar 210 型高效液相色谱仪的外观图。图 1-3-34 为高效液相色谱仪的流程图。

图 1-3-33 Varian ProStar 210 型高效液相色谱仪

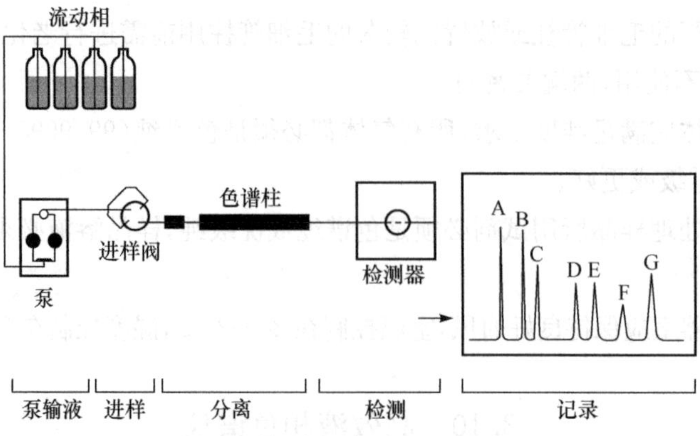

图 1-3-34 高效液相色谱仪流程图

3.10.2 主要性能指标

(1) 恒温温度:室温至40℃。

(2) 流量范围:0.01～5mL·min^{-1}。

(3) 泵头最高耐压:8000psi。

(4) 紫外-可见检测器波长范围:190～700nm。

(5) 可选配视差折光检测器等其他类型的检测器。

3.10.3 基本操作步骤

1. 开机

(1) 点击“View/Edit Method”建立新方法,出现方法编辑界面。

(2) 选择“Pump and CIM”,进入泵的参数设置界面。

(3) 在“%A”和“%B”中输入两种溶剂的比例,在“Flow”中输入流速,在“A/nm”中输入检测波长。“Scale Run Time”可以更改方法的运行时间,也可通过“Add Run Time”或“Subtract Run Time”增加或减少运行时间。“Ramp on Activation”可设置方法激活时的梯度爬行时间,“Ramp on Completion”可设置方法结束后的梯度回落时间,“Data Acquisition”内可输入样品采集的时间间隔和检测时间,在“Set Configuration”内选择无关机方法、立即关机或运行结束后关机。

(4) 方法保存后退出方法编辑界面。

2. 样品分析

(1) 点击“Active A Method”,激活方法,泵开始运行。

(2) 按检测器控制面板上的“Lamp”按钮打开检测器灯。

(3) 按检测器控制面板上的“Range”按钮,按光标的上下箭头选择合适的吸收光度范围,其范围值为0.0005～20.000AUFS(满刻度吸光单位)。

(4) 点击“Inject Single Sample”,编辑样品名并存储文件夹。

(5) 仪器状态“Ready”后可进样分析。将进样器扳到“Load”状态注射,再扳到“Inject”状态进样。

3. 分析结束

(1) 分析结束后,最好用水：甲醇(水：乙腈)=10：90的混合溶液清洗20～30min(采用进样分析的流速)。如果分析中使用缓冲溶液,还需先用大比例的水相清洗系统,再逐渐增加有机相的比例。

(2) 清洗结束后,在仪器控制界面上点击"Stop Pump"停泵。

(3) 关闭和退出工作站。

(4) 按检测器控制面板上的"Lamp"按钮关闭检测器灯。

(5) 关闭泵和检测器的电源,关闭计算机。

3.10.4 注意事项

(1) 避免压力和温度的急剧变化及任何机械振动。

(2) 应逐渐改变溶剂的组成。

(3) 色谱柱不能反冲。

(4) 选择适宜的流动相。若使用缓冲溶液尤其需注意其 pH 和浓度。

(5) 避免将基质复杂的样品尤其是生物样品直接注入柱内,需要对样品进行预处理或者在进样器与色谱柱之间连接一保护柱。

(6) 经常用强溶剂冲洗色谱柱,清除可能保留在柱内的杂质。

(7) 色谱柱失效通常最先发生在柱端部分,在分析柱前装一根与分析柱具有相同固定相的短柱(5~30mm),可起到保护作用,延长色谱柱的使用寿命。

3.11 离子色谱仪

离子色谱法是一种从液相色谱法中独立出来的色谱分离技术,目前已在能源、环境、冶金、电镀、半导体、水文地质等方面得到广泛应用,并开始进入与生命科学有关的分析领域。

3.11.1 工作原理和仪器构造

离子色谱法以低交换容量的离子交换树脂为固定相,以电解质溶液为流动相(淋洗液)对离子性物质进行分离。电导检测器是其最常用的检测器之一。离子色谱分析过程由进样(样品环进样)、分离(离子交换柱分离)、抑制(抑制器)、检测(电导检测器)四个环节组成,如图 1-3-35 所示。离子色谱仪由输液系统、进样系统、分离系统、检测系统和数据处理系统等部分组成,如图 1-3-36 所示。

3.11.2 主要性能指标

(1) 设计流量:0.5~4.5$mL \cdot min^{-1}$。

(2) 最大泵压:4000psi(28MPa)。

(3) 电动全 PEEK 材料高压六通阀。

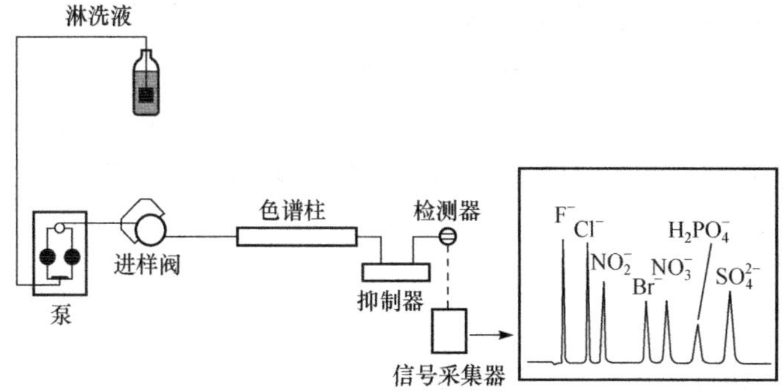

图 1-3-35 离子色谱分析流程图

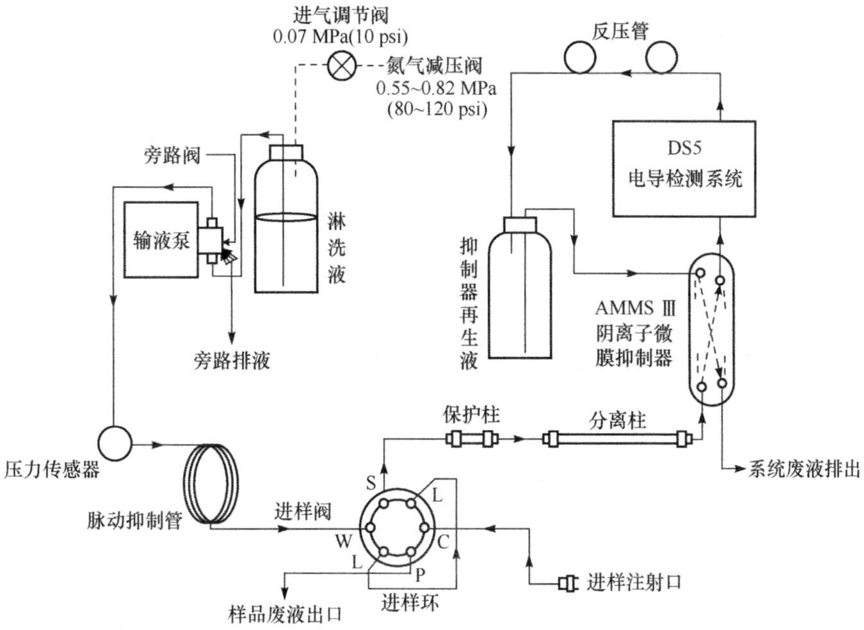

图 1-3-36 ICS-90 型离子色谱仪结构示意图

(4) USB 高速通信接口，具有自动识别功能。

3.11.3 基本操作步骤

1. 开机前准备

根据样品的检测条件和色谱柱的条件配制所需淋洗液和再生液。

2. 开机

(1) 依次打开计算机、进入操作系统，打开氮气钢瓶总阀，调节钢瓶减压阀分压表指针为 0.2MPa 左右，再调节色谱主机上的减压表指针为 5psi 左右，确认离子色谱仪与计算机数据线连接正常,打开离子色谱主机电源。

(2) 点击“Chromeleon”图标,启动工作站主程序。

(3) 打开操作控制面板,选中“Connected”使软件与离子色谱仪联动;打开泵头废液阀,排除泵和管路里的气泡,接着关闭泵头废液阀,开泵启动仪器,查看基线,待基线稳定后方可进样分析。

3. 样品分析

(1) 建立程序文件“program file”。
(2) 建立方法文件“method file”。
(3) 建立样品表文件“sequence(using wizard)”。
(4) 加样品到自动进样器或手动进样。
(5) 启动样品表。
(6) 若是手动进样,按系统提示逐个进样分析。

4. 数据处理

(1) 建立标准曲线。
(2) 打印标准曲线和待测样品分析报告。

5. 关机

(1) 关闭泵,关闭操作软件。
(2) 关闭离子色谱主机电源。关闭氮气钢瓶总阀并将减压表卸压,最后关闭计算机。

3.11.4 注意事项

(1) 更换阴离子、阳离子系统时,必须取下保护柱、分析柱和抑制器,连接全部管路,冲洗相应的酸溶液和碱溶液。

(2) 切记不能让碱性溶液进入阳离子保护柱、分析柱和抑制器,不能让酸溶液进入阴离子保护柱、分析柱和抑制器。

(3) 离子色谱仪最好一周运行一次,若超过 1 个月未用,抑制器必须活化。取下抑制器从四个小孔中注入 10～30mL 高纯水,放置 30min,重新连接后再使用,否则容易损坏抑制器。

(4) 若柱压超过正常值 200～300psi,则有可能造成管路及柱堵塞。这时应取下抑制器,依次从保护柱接头开始,断开各接头,冲洗管路、柱及检测器进出口,检查堵塞之处。

(5) 若抑制器漏液，有可能是连接电导检测器的进口管或出口管堵塞，使得液体流不出去，撑破了抑制器。这时应立即取下抑制器，短接通管路，观察电导检测器的进口管或出口管是否通畅出液。若管道堵塞，则应更换管路和疏通，然后连接抑制器。

3.12　元素分析仪

元素分析仪作为一种实验室常规仪器，可同时对有机固体中 C、H、N、S 等元素的含量进行定量分析测定，在研究有机材料及有机化合物的元素组成等方面具有重要作用。元素分析仪可广泛应用于化学和药物学产品中 C、H、O、N 和 S 等元素含量的测定，得到有用信息，从而揭示化合物性质变化，是开展科学研究的有效手段。

3.12.1　工作原理和仪器构造

EA-1112 型元素分析仪采用动态闪烧-色谱分离法。样品经过粉碎研磨后，通过锡囊包裹，经自动进样器进入燃烧反应管中，向系统中通入少量的纯氧以帮助样品燃烧，燃烧后的样品经过进一步催化氧化还原过程，其中的 C、H、N、S 和 O 元素全部转化为各种可检测气体。混合气体经过分离色谱柱进一步分离，最后通过 TCD 热导检测器完成检测过程。图 1-3-37 为 EA-1112 型元素分析仪的外观图。

图 1-3-37　EA-1112 型元素分析仪

3.12.2　主要性能指标

(1) 测定精确度：≤0.3%(C、H、N)，≤0.5%(S)。

(2) 测量范围：1%～100%。

(3) 天平最小读数 0.1μg，最大量程 2.1g。

3.12.3 基本操作步骤

1. 开机前准备

(1) 实验室温度应保持在15～35℃,相对湿度30%～85%。
(2) 打开微量电子天平的稳压电源,使其稳定。

2. 开机

(1) 打开气体钢瓶阀门,调节好氧气和氦气的流量。
(2) 打开计算机电源开关,打开主机的电源开关。
(3) 双击桌面上的"Eager 300 for EA1112"图标进入EA分析系统。

3. 编辑分析方法

(1) 在工作主界面上选择编辑分析方法菜单。
(2) 设定合适的炉温、柱温及气体的流量,打开检测器。
(3) 保存所编辑的方法。
(4) 对系统进行检漏测试,调节检测器信号值,保持在1000μV左右。

4. 样品分析与数据输出

(1) 等天平稳定后,才能开始称量。
(2) 将称好的样品按顺序放入自动进样器中。
(3) 根据要求设置好样品表格。
(4) 把样品的名称、类型、质量填入表格中。
(5) 点击"RUN",进入自动进样分析状态。

5. 报告输出

(1) 在工作主界面上选择分析数据表,进入数据分析界面。
(2) 选择数据处理方法,对所要处理的数据进行处理。
(3) 打印结果报告。

6. 关机

(1) 将炉温降到400℃以下。
(2) 退出工作系统。
(3) 依次关闭主机电源和计算机电源。
(4) 关闭气源和总电源。

3.12.4 注意事项

(1) 当仪器用左炉分析样品测试C、H、N、S、O元素时，不能对右炉设定任何温度。

(2) 在CHNS模式下，TCD设定在"positive"状态；在CHN-O和CHNS-O模式下，TCD设定在"negative"状态。

(3) 在使用石英管为反应管时不可以测定含F元素的样品。

3.13 气相色谱-质谱联用仪

质谱分析法是通过对被测样品离子质荷比(m/z)的测定进行定性鉴定的一种分析方法，但无法对混合物进行分析。色谱分析法侧重于分离，定性能力很弱。将二者结合起来，则能发挥各自专长，使分离和鉴定同时进行。气相色谱-质谱分析法是将气相色谱仪与质谱仪串联，建立的一种分离和鉴定混合物的分析方法，无论在定性分析还是在定量分析方面其功能都十分强大。目前，该方法已广泛应用于化学、化工、材料、环境、地质、能源、药物、刑侦、生命科学、运动医学等各领域。

3.13.1 工作原理和仪器构造

当混合物样品进入气相色谱仪后，在合适的色谱条件下被分离成多个单一组分并逐一进入质谱仪，经离子源电离得到具有样品信息的离子，再经分析器、检测器得到每个化合物的质谱。这些信息由计算机储存，根据需要可以得到混合物的色谱图、单一组分的质谱图和质谱的检索结果等。同时，根据色谱图还可以进行定量分析。图1-3-38为Aglient气质联用仪的外观图。

气相色谱-质谱联用仪(gas chromatography-mass spectrometer，GC-MS)主要由色谱仪、质谱仪和数据处理系统三部分组成，图1-3-39为气相色谱-质谱联用仪的组成框图。色谱仪包括柱箱、气化室和载气系统，也带有分流/不分流进样系统，程序升温系统，压力、流量自动控制系统等，一般不再有色谱检测器，而是利用质谱仪作为色谱的检测器。在色谱仪中，混合样品在合适的色谱条件下被分离成单个组分，然后进入质谱仪进行鉴定。GC-MS的质谱仪大多选用四极杆质谱仪，离子源主要是EI源和CI源。质谱仪包括真空系统、进样系统、离子源、质量分析器、检测器和计算机控制与数据处理系统(工作站)，如图1-3-40所示。

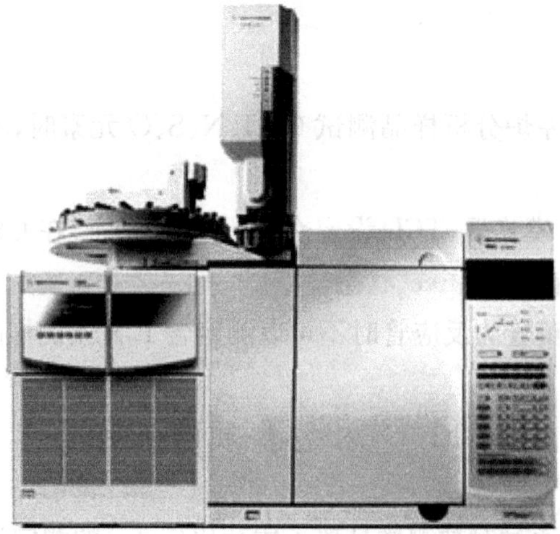

图 1-3-38 Aglient 气质联用仪

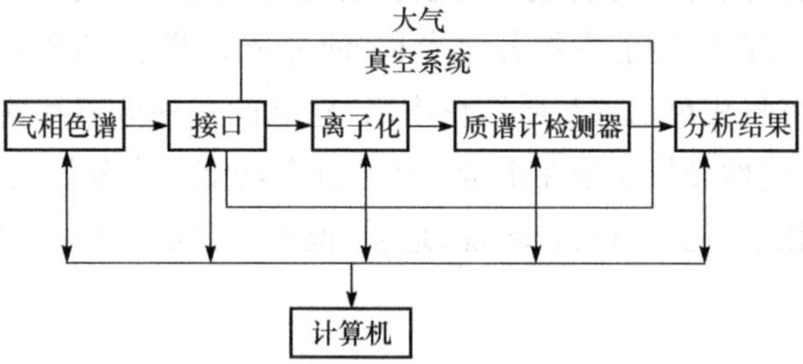

图 1-3-39 GC-MS 联用仪组成框图

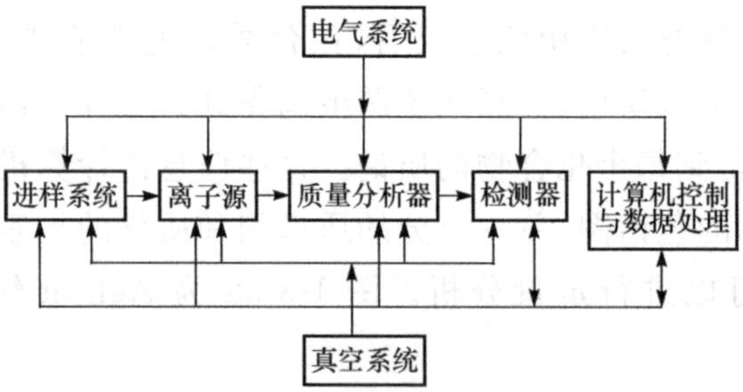

图 1-3-40 质谱仪工作方框图

色谱仪在常压下工作,而质谱仪需要高真空。因此,如果色谱仪使用填充柱,必须经过一种接口装置——分子分离器去除载气,使样品进入质谱仪。如果使用毛细管柱,则可将毛细管直接插入质谱仪离子源,因为毛细管载气流量比填充柱小得多,不会破坏质谱仪的真空。

3.13.2 主要性能指标

(1) 操作温度:室温以上 4～450℃。

(2) 质量数范围：1.6～1050u，以0.1u递增。

(3) 质量轴稳定性：优于0.10u/48h。

(4) 全扫描灵敏度(电子轰击源EI)：

氦气作载气，1pg八氟萘(OFN)，信噪比≥400 : 1(分子涡轮泵)，信噪比≥200 : 1(扩散泵)；

氢气作载气，1pg八氟萘(OFN)，信噪比≥100 : 1(分子涡轮泵)，信噪比≥50 : 1(扩散泵)。

(5) 最大扫描速率：12 500u · s^{-1}。

(6) 动态范围：全动态范围为10^6。

(7) 选择离子模式检测(SIM)最多可有100组，每组最多可选择60个离子。

(8) 具有全扫描/选择离子检测同时采集功能。

(9) 离子化能量：5～241.5eV。

(10) 离子源温度：独立控温，150～300℃可调。

(11) 分析器：整体镀金双曲面四极杆，独立温控，106～200℃。

(12) 检测器：三轴HED-电子倍增检测器，带长效高能量电子倍增器。

3.13.3 基本操作步骤

1. 色谱柱装卸

(1) 色谱柱采用MS专用柱，规格为：0.25mm×0.25μm×(15～50)m(内径×膜厚×长度)。

(2) 装柱时依次将进样接头、进样口石墨密封圈穿过色谱柱，用专用切割工具切去一小段柱头(注意使截面平齐)，保持柱端伸出石墨密封圈，伸入气气化室并拧紧接头。柱子另一端与MS接口连接时，依次将接口专用接头、接口专用石墨密封圈穿过色谱柱，同样切去一小段柱头。将色谱柱穿过专用定位管，接头与定位管上的螺纹连接，调整色谱柱伸出长度使之露出定位管。保持密封圈的位置，取下定位管，将柱子穿过接口并拧紧专用接头。

(3) 卸柱应在降温关机后进行。卸柱前先慢慢拧开质谱放空阀，确认无压差后再进行卸柱操作。

2. 开机

(1) 确认电源及通信连接准确无误，连通氦气。

(2) 打开位于仪器正面下部的色谱和质谱电源开关，机械扩散泵立即工作，达到一定真空度后分子扩散泵也开始工作。

(3) 启动计算机,双击“GC/MS”图标进入数据采集界面,双击“GC/MS 数据分析”图标进入数据处理界面。

3. 定性操作

(1) 定性采样操作在 GC/MS 界面进行。用“方法”菜单下的“调用方法”命令调用通用方法,进行采样分析。

(2) 特殊样品如需特殊方法可在通用方法界面内更改操作参数。例如,变动气化室温度、变动柱温参数等可通过单击仪器菜单下的“GC 编辑参数”来进行设置与更改。变动质谱参数单击仪器菜单下的“MS 温度”、“MS 视窗”等来进行参数的设置与更改等。

(3) 单击“样品信息”按钮弹出样品信息对话框,输入相关样品信息,单击“确定”并运行方法。待出现“等待远过程控制-开始运行”提示后,进样并按“Start”键仪器开始采样,而后弹出对话框,询问分析者在溶剂延迟期间是否采样,如在溶剂延迟期间内采样选“Yes”,不采样则选“No”(如果之前并未设置溶剂延迟时间则不会出现这个对话框)。

(4) 采样结束后在 GC/MS 数据分析界面从文件菜单选“调用数据文件”命令,在对话框中找到对应文件号调入数据文件。采样期间也可在 GC/MS 数据分析界面从文件菜单点击“抓屏”调入当前所采集的数据。

(5) 调入数据后,上部显示 TIC 图,在组分峰处双击鼠标右键,下部显示 MS 采集的组分质谱图。在平坦基线处双击鼠标右键,则下部显示本底,从谱图菜单点击“相减”,下部显示扣除本底后的组分质谱图。

(6) 在组分质谱图内双击鼠标右键,系统进行谱库检索显示最相似的化合物及标准谱图。

(7) 系统配备有 NIST 标准谱库,检索时需指定。具体方法为从谱图菜单选择谱库,在弹出的对话框中点击“浏览”,选中“NIST 数据库”。

4. 关机

在 GC/MS 界面,从方法菜单调用关机方法,待辅助通道与前进样口温度降到 100℃以下,从视图菜单选“调谐和真空控制”进入调谐界面,点击真空菜单下的“放空”,仪器进入进一步的降温过程,同时启动放空。待涡轮泵转速降至 0,同时离子源和四极杆温度降至 100℃以下(大约 40min),则 MS 工作站将提示放空与降温结束并自动关闭。关闭 MS 数据分析界面,并依次关闭 GC 电源、MSD 电源,最后关闭载气和计算机。

3.13.4　注意事项

(1) 老化色谱柱时采取分段老化的方法。按温度从低到高分段，程序升温老化。例如，HP-5 柱，先以 5～6℃/min 升温至 250℃，反复数次；再升温至 280℃，反复数次；接到 MS 上看基线情况，270℃以后基线提高为正常；再老化到 300℃半小时。无论何种方式，载气必须充足。

(2) 进样口用红色或灰色隔垫，可减少隔垫流失。

(3) GC/MS 接口处必须用 vesper 垫圈，注意安装方向(大的一端朝向质谱仪)。

(4) 新色谱柱安装时无方向性，但一经使用，就不要再改变方向。

(5) 使用纯度高于 99.999%的反应气。

(6) 衬管和进样部位要经常更换和清洗。

(7) 在一个色谱峰的出峰时间内最好能有 7 或 8 次质谱扫描，如此可得到比较圆滑的离子流色谱图，扫描速度可设定为每次 0.5～2s。

3.14　X 射线粉末衍射仪

X 射线被发现以来已广泛应用于各领域。从简单的物质系统到复杂的生物大分子，X 射线均可提供很多关于物质结构的信息。X 射线衍射测定能得到有关晶体完整性的大量信息，具有不损伤样品、无污染、快捷和测量精度高等优点。

3.14.1　工作原理和仪器构造

XRD-6100 型 X 射线衍射仪是在大气条件下分析晶体状态的 X 射线衍射仪。通过 X 射线照射安装在测角仪轴上的样品，测定、记录 X 射线被样品衍射后的强度，同时随样品旋转角度绘出衍射强度与衍射角相关的峰形谱图，即为样品的 X 射线衍射图。由计算机对谱图中的衍射峰位置及衍射强度进行分析，从而实现样品的定性分析、晶格常数测定或应力分析。根据衍射峰的高度(强度)或面积还可以进行定量分析。衍射峰的角度及峰形可用于测定晶粒的直径及结晶度，还可用于进行精密的晶体结构分析。图 1-3-41 是岛津 XRD-6100 型 X 射线衍射仪的外观图。X 射线衍射仪主

图 1-3-41　岛津 XRD-6100 型 X 射线衍射仪

要由X射线衍射管(图1-3-42)、测角仪、检测器、数据处理系统和显示系统构成,其结构如图1-3-43所示。

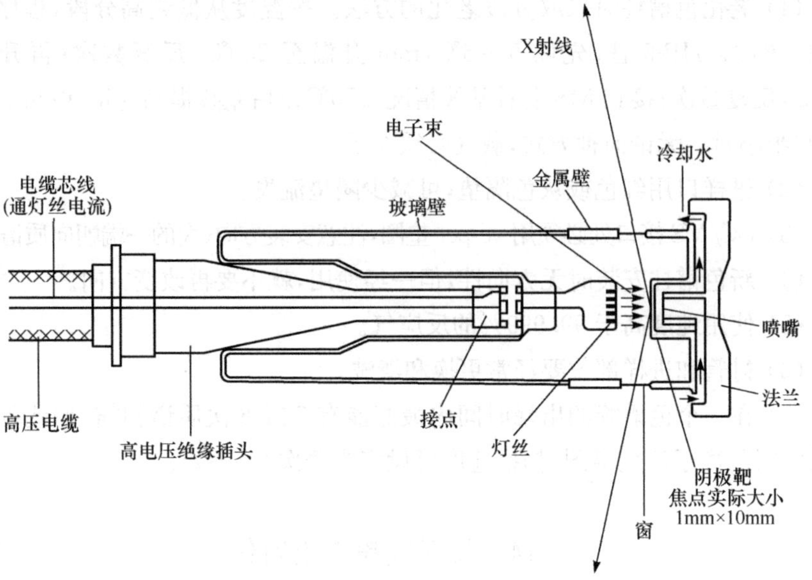

图1-3-42 X射线衍射管的结构

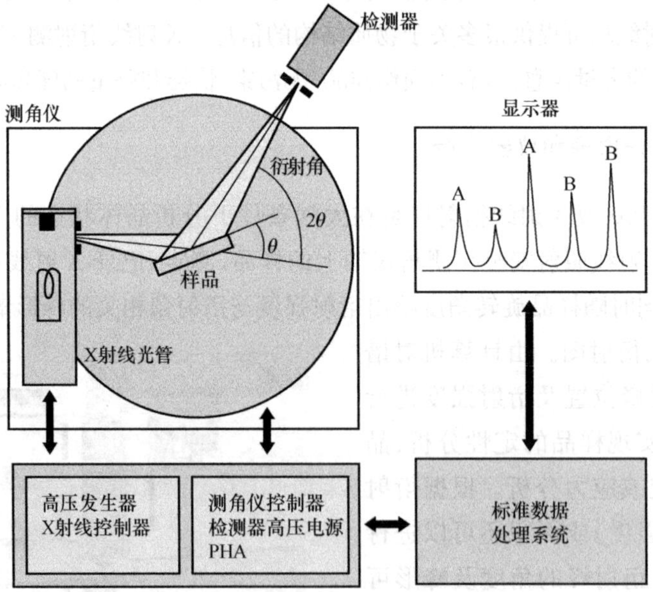

图1-3-43 X射线衍射仪的结构

3.14.2 主要性能指标

岛津XRD-6100型X射线衍射仪主要性能指标见表1-3-7。

表 1-3-7　岛津 XRD-6100 型 X 射线衍射仪主要性能指标

X 射线光管	型号	BF(Cu 靶)	LFF(Cu 靶)	NF(Cu 靶)
	焦斑	2.0mm×12mm	0.4mm×12mm	1.0mm×10mm
	功率	2.7kW	2.2kW	2.0kW
X 射线发生器	最大功率	3.0kW		
	最大管电压	60kV		
	最大管电流	80mA		
	电压步宽	1kV		
	电流步宽	1mA		
	X 射线保护	低电压、过负荷、过电压、过电流、冷却水异常		
测角仪	测角仪半径	185mm		
	扫描角度范围	−6°～163°		
	扫描模式	$\theta/2\theta$ 联动模式；θ、2θ 独立驱动模式		
	操作模式	连续、步进扫描模式，标定，定位，θ 轴回摆功能		
	回转速度	1000°/min(2θ)		
	扫描速度	0.1°～50°/min		
X 射线防护	安全机构	门锁联动机构(闭锁后 X 射线才能发生)，紧急关机		
	独立 X 射线光管控制系统	确保只在测试条件下有射线发生		

3.14.3　基本操作步骤

1. 开机前的准备和检查

开启循环水泵，使冷却水流通，并达到设定的温度和压力；将制备好的试样插入衍射仪样品台，关闭仪器窗口；接通总电源和稳压电源。

2. 开机

开启衍射仪总电源，打开和仪器连接的计算机，进入操作软件，开启仪器主机，进入测试程序，调试仪器。打开 X 射线光管电源，升高管电压和管电流分别至 20kV 和 20mA。老化 30min 后，按照设定程序升高管电压和管电流分别至 45kV 和 44mA。

3. 测试

设置合适的衍射条件及参数，包括发散狭缝(DS)、防散射狭缝(SS)和接收狭缝(RS)的选择。确定扫描范围与扫描速度。在设定的条件下扫描测试，收集数据。

4. 关机

测量完毕,放置 15min 后,依次缓慢降低管电压和管电流分别至 20kV 和 20mA,关闭 X 射线光管电源,取出试样;依次关闭衍射仪主机、计算机、仪器总电源、稳压电源及线路总电源。最后关闭循环水泵电源。

3.14.4 注意事项

1. 安全防护

X 射线对人体有害,因此,使用此类设备时必须注意安全,避免受到 X 射线的辐射,绝对不可受到直接照射。更换样品时必须注意 X 射线的出射窗口是否关闭,实验时防护罩必须四周关严。

X 射线衍射仪也是一种高压设备,因而使用中要注意高压的防护。维修时必须切断电源并使高压电容放电。

2. 仪器保养

X 射线衍射仪是大型精密的机械电子仪器,每一位操作者都应注意对它的爱护及保养。首先必须保证冷却水的畅通,其次要注意最大衍射角不可超过 160°,最低起始角不得小于 2°,各开关应轻开轻关,严格按照操作规程进行。实验完毕后要将样品台上的粉末清理干净,以防粉末掉入轴孔损坏轴及轴承等。

3.15 核磁共振波谱仪

核磁共振波谱自应用于测定有机化合物的结构以来,已成为测定有机化合物结构、构型和构象的重要手段之一,广泛应用于化学、生物、医学、临床等领域的研究工作。表 1-3-8 列出了各种 NMR 谱图的作用。

表 1-3-8 各种 NMR 谱图的作用

项目	作用
^{1}H 谱	根据峰化学位移、偶合常数和积分值确定分子中氢的种类和个数比及相互关系
^{13}C 谱	根据峰化学位移及峰数确定分子中碳的种类和个数
^{15}N 谱	根据峰化学位移、强度和裂分确定氮原子个数和化学环境
^{19}F 谱	根据峰化学位移、强度和裂分确定氟原子个数和化学环境
^{31}P 谱	根据峰化学位移、强度和裂分确定磷原子个数和化学环境
DEPT	与 ^{13}C 谱比较,根据峰正反区分伯碳、仲碳、叔碳、季碳

续表

项目	作用
HH-COSY	确定氢原子之间通过化学键的连接关系
TOCSY	确定分子内核是否属于同一自旋体系
NOESY	确定有关核之间的位置关系
HMBC	高灵敏度观察氢原子和碳原子之间的远程偶合关系
HMQC	高灵敏度观察氢原子和碳原子之间的连接关系
HETCOR	确定氢原子和碳原子之间的连接关系

3.15.1　工作原理和仪器构造

将含自旋量子数不为零的原子核样品置于核磁共振波谱仪磁场中，样品管周围是射频线圈，连续改变射频频率进行扫描，当频率与两个自旋态的能量匹配时，就发生共振，射频的能量被样品吸收，使一部分原子核的自旋反转，发生能级跃迁，吸收的能量由射频接收器检测，经信号放大后形成核磁共振谱图。

Brucker AVⅡ 400 型核磁共振波谱仪(图 1-3-44)是脉冲傅里叶变换核磁共振波谱仪，仪器主要由超导磁体、射频发射系统、射频接收系统、脉冲程序控制系统、数据采集与处理系统等部分组成，如图 1-3-45 所示。

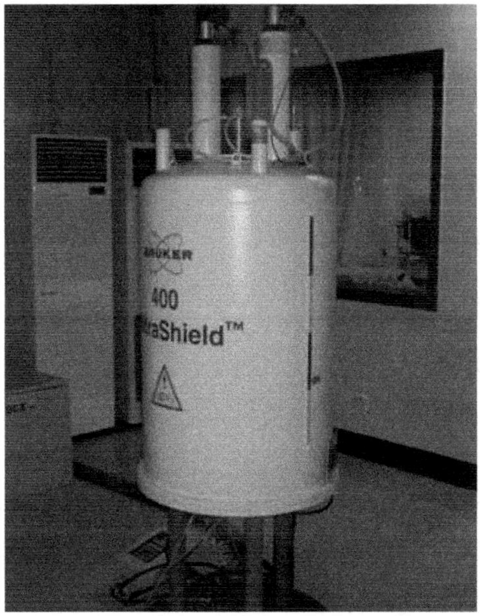

图 1-3-44　Brucker AVⅡ 400 型核磁共振波谱仪

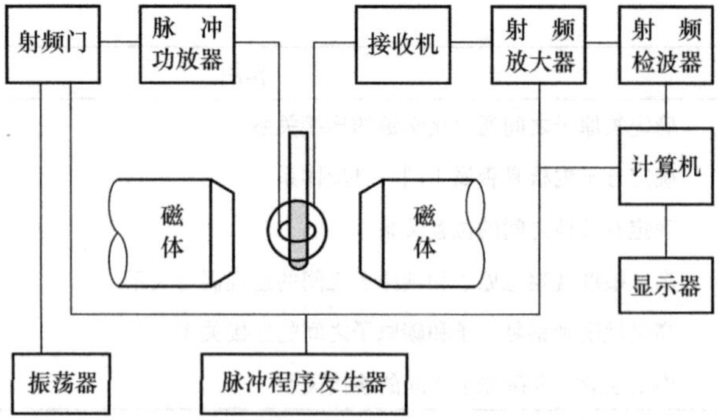

图 1-3-45 脉冲傅里叶变换核磁共振波谱结构仪器示意图

3.15.2 主要性能指标

Brucker AVⅡ 400 型核磁共振波谱仪的主要性能指标如下。

(1) 工作磁场:9.40T。

(2) 共振频率:对^{1}H 核 400.13MHz。

(3) 磁场漂移:<4.0Hz·h^{-1}。

(4) BBO 探头:

^{1}H 分辨率(溶于氘代丙酮的 3%$CHCl_3$)<0.30Hz;

^{1}H 灵敏度(溶于氘代氯仿的 0.1%乙基苯)>290;

^{13}C 分辨率(溶于氘代苯的 *p*-二氧六环)<0.10Hz;

^{13}C 灵敏度(溶于氘代苯的 *p*-二氧六环)>190。

(5) MAS 探头:

^{13}C 分辨率(甘氨酸)<4.50Hz;

^{13}C 灵敏度(甘氨酸)>65;

^{15}N 灵敏度(甘氨酸)>18。

3.15.3 基本操作步骤

1. 样品的准备

(1) 取一定量的样品放入干净的样品管中,一般^{1}H 谱取 5mg 左右,^{13}C 谱取 50mg 左右。

(2) 加入一支氘代试剂(约 0.5mL)。

(3) 盖上样品管,轻轻摇动使其溶解。

(4) 将样品管插入转子中,用定深量筒控制样品管的高度。

2. 开空压机

打开空压机电源，当压力达到要求后可听到有放气的声音，打开排气口。

3. 开机

开机后运行 TOPSPIN 软件。在命令行中输入“new”，跳出一窗口，根据实际情况修改以下参数：“Name”（实验名称）、“Solvent”（溶剂）、“Experiment Dirs”（标准实验的路径）、“Experiment”（标准实验）、“Title”（样品的名称）。

4. 放入样品

(1) 打开样品腔的上盖。

(2) 在命令行中输入“ej”（打开气流），等待听到有气流的声音，把准备好的样品放入样品腔。

(3) 输入“ij”（关闭气流），等待片刻，当样品的状态窗口显示为“SAMPLE”时，说明样品放在了合适的位置。

5. 采样前准备

(1) 在命令行中输入“lock 溶剂”进行锁场，确保静磁场的稳定性，不发生漂移。

(2) 在命令行中输入“atma”，自动调谐探头的谐振调谐（tuning）与阻抗匹配（matching）。

(3) 在命令行中输入“ts”，进行自动匀场，确保相同的原子核在磁场内的不同位置具有相同的磁场强度。

(4) 在命令行中输入“ased”，设置与脉冲相关的采样参数：脉冲序列、扫描次数、空扫次数等。

(5) 在命令行中输入“getprosol”，设定 90°脉冲宽度、脉冲功率等实验参数。

(6) 在命令行中输入“rga”（自动增益），调整仪器的增益。

6. 样品采集

(1) 在命令行中输入“zg”（开始采样），得到 FID 信号。

(2) 在命令行中输入“tr”，在采样过程中保存 FID，继续采样。

(3) 在命令行中输入“stop”，停止采样，不保存 FID。

7. 数据处理

对原始数据(FID信号)进行傅里叶变换、相位校正、标峰和积分等。

(1) 在命令行中依次输入“efp”进行傅里叶变换,输入“apk”进行自动相位校正。

(2) 点击工具栏中的标峰图标,进入标峰窗口进行标峰,点击存盘图标,保存结果,退出。

(3) 点击积分图标,进入积分窗口。从谱图的左边第一个谱峰开始积分,按住鼠标左键,拖动光标到谱峰右边,然后释放鼠标,重复积分剩余的谱峰。点击存盘图标,保存结果。

8. 数据输出

1) 图形格式(pdf格式)

点击工具栏中的“xwp”图标,进入画图界面。在谱图显示区点击鼠标右键,选“EDIT”或“1D/2D-EDIT”可进行图形的编辑。

点击“file”菜单栏下的“export”图标,保存谱图到指定的位置,保存为pdf格式。

2) 数据形式(txt格式)

在命令行中输入“convbin2asc”,可将原始数据转化为txt格式。

在命令行中输入“expl”,可调出该文件,文件名为“ascii-spec. txt”,复制即可。

3.15.4 注意事项

1. 样品测试过程中的注意事项

(1) 实验前空压机必须打开,保证气流流畅。

(2) 打开气流前查看样品腔的上盖是否取下。

(3) 尽量不要带具有磁性的物质靠近磁体。

2. 内部区域(从磁体中心到1mT线之间的距离)的注意事项

(1) 绝对不允许在这个区域放置或移动具有铁磁性的重物。

(2) 铝合金或木制的梯子是非铁磁性材料。

(3) 补充液氮、液氦的杜瓦瓶必须是非磁性材料制成的。

(4) 小金属件(如螺丝刀、螺帽)等不要放在磁体附近的地面。

(5) 不能佩戴机械手表。

3. 外部区域(从 1mT 到 3mT 之间的区域)的注意事项

(1) 磁场可以消除存储在磁带或者磁盘上的信息。
(2) 银行卡、餐卡、公交卡等含有磁条的设备会被损坏。
(3) 光盘不受影响,但光盘驱动器中可能有部件会受影响。
(4) 计算机彩色显示器的颜色显示会变形。

4. 关于深冷液体液氮、液氦的注意事项

(1) 在处理深冷液体时,必须佩戴手套、长袖衬衫或实验服。
(2) 按时检查并确认蒸发的气体可以顺利流出磁体。
(3) 为防止室内充满氦气或氮气,必须保持房间通风良好。

3.16　同步热分析仪

同步热分析仪(STA)将热重分析(TG)与差热分析(DTA)或差示扫描量热(DSC)结合在一起,在同一样品的单次测量中可同步得到热重与差热等信息,主要用于研究材料的 DSC-TG 熔融过程、结晶温度与结晶度、比热容、固化、相变与转换热、纯度、玻璃化温度、相容性等,目前已广泛应用于陶瓷、玻璃、金属/合金、矿物、催化剂、含能材料、塑胶高分子、涂料、医药、食品等各领域。

3.16.1　工作原理和仪器结构

差示扫描量热法是将样品处于一定的温度程序控制下,观察样品和参比物之间的热流差随温度或时间的变化过程。热重分析法是将样品处于一定的温度程序控制下,观察样品的质量随温度或时间的变化过程。同步热分析仪将两者结合为一体,相比单独的 TG 或 DSC 测试,具有如下优点:①消除称量、样品均匀性、温度对应性等因素的影响;②根据某一热效应是否对应质量变化,可以判别该热效应所对应的物理化学过程;③在反应温度处知道样品的当前实际质量,有利于反应热的准确计算。

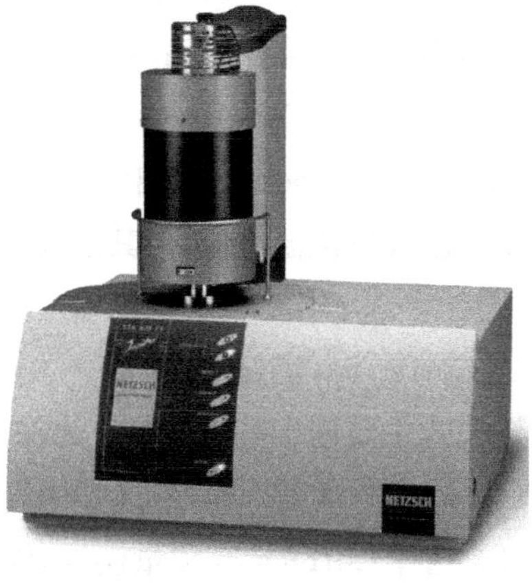

图 1-3-46　Netzsch STA449C 同步热分析仪

同步热分析仪主要包含炉体(样品和坩埚)、微量天平、温度程序器、数据采集和处理系统等部分。图 1-3-46

为 Netzsch STA449C 同步热分析仪的外观图。

3.16.2 主要性能指标

(1) 温度范围:-150～2000℃。

(2) 升温速率:0.001～50℃ · min^{-1}。

(3) 最大称量:35 000mg。

(4) 分辨率:称量解析度:0.1μg。

(5) DSC 解析度:<1μW。

(6) 真空度:1Pa。

(7) 测量气氛:惰性,氧化,还原,静态,动态。

3.16.3 基本操作步骤

1. 开机

(1) 开机过程无先后顺序。为保证仪器测试的精确性,除长期不使用外,所有仪器为避免频繁开机关机可不必关机。STA449C 的天平主机最好一直处于开机状态。恒温水浴于测试前 3h 打开,其他仪器应至少提前 1h 打开。

(2) 开机后,首先调整保护气和吹扫气体输出压力及流速并待其稳定。

(3) 更换样品支架(TG-DSC 换成 TG-DTA 或反之)或由于测试需要更换坩埚类型时,首先要做的就是修改仪器设置(instrument setup)使其与仪器的工作状况相符。

2. 样品测试程序

以使用 TG-DSC 样品支架进行测试为例。

测试前必须保证样品温度达到室温且天平稳定,然后才能开始。升温速度除特殊要求外一般为 10K · min^{-1}。测试程序中的紧急停机复位温度(emergency reset temperature)将自动定义为程序中的最高温度+10℃,也可根据测试需要重新设置该温度值,但其最高定义温度不得超过仪器硬件所允许的极限温度值。

1) Correction 测试模式

该模式主要用于基线测量。为保证测试的精确性,样品测试应使用基线。

(1) 进入测量运行程序,选"File"菜单中的"New"进入编程文件。

(2) 选择 Correction 测量模式,输入识别号,样品名称可输入为空,不需称量,点击"Continue"。

(3) 选择标准温度校正文件，然后打开。

(4) 选择标准灵敏度校正文件，然后打开。仪器进入温度控制编程程序。

(5) 仪器开始测量，直到完成。

2) Sample＋Correction 测试模式

该模式主要用于样品的测量。

(1) 进入测量运行程序。选“File”菜单中的“Open”打开所需的测试基线，进入编程文件。

(2) 选择 Sample＋Correction 测量模式，输入识别号、样品名称并称量，点击“Continue”。

(3) 利用仪器内部天平进行样品称量。将预先进行热处理的两个坩埚置于支架托盘上，关闭炉子，待天平稳定后点击“Tare”，称量窗口栏中变为“0.0000mg”。打开炉子，取出样品坩埚装入待测量样品。将样品坩埚放入样品支架上，关闭炉子，称量窗口栏中将显示样品的实际质量。

(4) 选择标准温度校正文件和标准灵敏度校正文件，选择或进入温度控制编程程序(基线的升温程序)。应注意的是，样品测试的起始温度及各升降温程序和恒温程序段完全相同，但最终结束温度可以等于或低于基线的结束温度(只能改变程序最终温度)。

(5) 仪器开始测量，直到完成。

3.16.4　注意事项

(1) 实验室应尽量远离振动源极大的用电设备，室内应配备空调，以保证温度恒定。

(2) 保护气体在操作过程中对仪器及天平进行保护，防止其受到样品在测试温度下所产生的毒性及腐蚀性气体的侵害。Ar、N_2、He 等惰性气体均可用作保护气体。开机后，保护气体开关应始终为打开状态。

(3) 吹扫气体在样品测试过程中被用作气氛气或反应气。一般采用惰性气体，也可用氧化性气体(如空气、氧气等)或还原性气体(如 CO、H_2 等)。但应慎重考虑使用氧化性气体或还原性气体作气氛气，特别是还原性气体，因为这类气体的使用不仅会缩短样品支架热电偶的使用寿命，还会腐蚀仪器上的零部件。

(4) 恒温水浴用来保证测量天平在恒定的温度下工作。一般情况下，恒温水浴的水温调整应至少比室温高出 2℃。

(5) 测试用的坩埚(包括参比坩埚)必须与仪器设置中所选用的坩埚类型相同。

(6) 测试样品及其分解物绝对不能与测量坩埚、样品支架、热电偶发生反应。

(7) 测试样品为粉末状、颗粒状、片状、块状、固体、液体均可,但需保证与测量坩埚底部接触良好。样品应适量,以便减小在测试中样品的温度梯度,确保测量精度。

(8) 用仪器内部天平进行称样时,炉子内部温度必须恒定在室温,这样天平稳定后的读数才有效。

(9) 为保护仪器,炉温在 500℃以上不得关闭主机电源。

3.17 电化学工作站

电化学工作站可广泛应用于有机电合成、电池材料、生物电化学(传感器)、阻抗测试、电极过程动力学、材料、金属腐蚀、生物医学等多学科领域的研究。

3.17.1 工作原理和仪器构造

电化学工作站是控制和监测电化学池电位与电流及其他电化学参数变化的仪器装置。常见的电化学研究方法主要包括循环伏安法、线性扫描伏安法、示差脉冲伏安法以及其他恒电流技术和电位阶跃技术。

常见的电化学研究系统主要包含三电极电化学池(工作电极、辅助电极、参比电极和电解质溶液)、电化学工作站和计算机(数据接口和软件)。CHI600C 系列为通用电化学工作站,内含快速数字信号发生器、高速数据采集系统、电位电流信号滤波器、多级信号增益、IR 降补偿电路。

3.17.2 主要性能指标

(1) 电位范围:±10V。

(2) 电位上升时间:$<1\mu s$。

(3) 槽压:±12V。

(4) 电流范围:250mA。

(5) 参比电极输入阻抗:$10^{12}\Omega$。

(6) 灵敏度:$0.1\sim10^{-12}A\cdot V^{-1}$,共 12 挡量程。

(7) 输入偏置电流:$<50pA$。

(8) 电流测量分辨率:$<0.01pA$。

(9) CV 的最小电位增量:0.1mV。

(10) 电位更新速率:5MHz。

(11) 快速数据采集:16 位分辨,1MHz。

(12) 电解池控制输出:通氮、搅拌、敲击。

3.17.3 基本操作步骤

CHI600C电化学工作站可进行多种电化学测试，这里以循环伏安法为例介绍其操作步骤。

(1) 打开计算机和工作站电源，启动工作软件，进入主界面。

(2) 选择测定方法，设定实验参数，如电位范围、扫描速度、等待时间、扫描圈数和灵敏度等。

(3) 将三电极系统插入溶液中，将各电极与工作站主机连接。确认工作站主机与计算机连接正常后，点击控制菜单中的“开始实验”。

(4) 实验结束后，可执行“Graphics”菜单中的“Present Data Plot”命令进行数据显示。这时实验参数和结果都会在图的右侧显示出来。

(5) 需要存储实验数据，可执行“File”菜单中的“Save As”命令。文件会以二进制的格式储存。若要打印实验数据，可执行“File”菜单中的“Print”命令。

3.17.4 注意事项

(1) 仪器的电源应采用单相三线，其中地线应接地良好。地线不仅可以起到机壳屏蔽从而降低噪声的作用，而且可以避免由漏电引起的触电。

(2) 仪器不宜时开时关，但晚上离开实验室时应关机。

(3) 使用温度15～28℃，此温度范围外也能工作，但会造成漂移且影响仪器寿命。

(4) 电极夹头由于长时间使用会造成脱落，可自行焊接，但注意夹头不要和同轴电缆外层网状屏蔽层短路。

第二部分
物理化学实验

实验一　恒温槽的安装与性能测试

一、实验目的

(1) 熟悉恒温槽的构造、原理及其应用。

(2) 了解恒温槽的安装、性能测试的基本方法。

(3) 掌握电接点水银温度计的调节与使用。

二、预习要求

(1) 熟悉恒温槽每一部件的名称及其作用。

(2) 熟悉常用的温度测量方法和贝克曼温度计的使用方法。

三、实验原理

物质的物理化学性质，如黏度、密度、蒸气压、表面张力、折光率等物理量都与温度有关。测定这些物理量通常需要在恒温条件下进行。而一些常数，如反应平衡常数、化学反应速率常数等也与温度有关，这些常数的测定也需要在恒温条件下进行。在实验室中，常用恒温槽作为维持温度恒定的装置。因此，恒温槽的安装、调试和使用是必须掌握的物理化学实验技术之一。

恒温槽是一种以液体为介质的常用恒温装置。用液体作介质的优点是热容量大和导热性好，从而可使温度控制的稳定性和灵敏度大大提高。根据温度控制的范围，可分别选用以下液体介质：−60～30℃采用乙醇或乙醇水溶液；0～90℃采用水；80～160℃采用甘油或甘油水溶液；70～200℃则可采用液体石蜡或硅油。

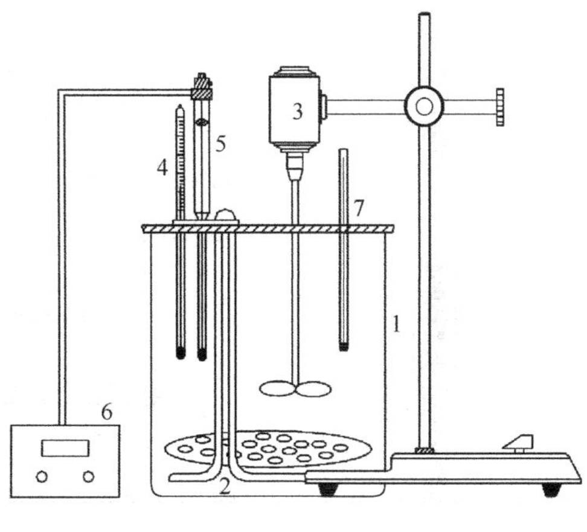

图 2-1-1　恒温槽装置示意图

1. 浴槽；2. 加热器；3. 搅拌器；4. 温度计；5. 电接点温度计；6. 继电器；7. 贝克曼温度计

图 2-1-1 所示为一种典型的恒温槽装置，通常由浴槽、加热器、搅拌器、电接点温度计、继电器和温度计等组成。

1. 浴槽

浴槽包括容器和液体介质,如果需要控制的温度与室温相差不大,可选用敞口大玻璃缸作为容器。对于需要控制的温度较高(或较低)的情况,则应对整个槽体进行保温,以减少热量传递,提高精度。恒温水浴以蒸馏水为工作介质,对整个装置稍加改动并选用其他合适介质,即可在较大的温度范围内使用。

2. 加热器

如果需要控制的温度高于室温,则需不断向槽中供给热量以补偿散失的热量,通常采用电加热器间歇加热来实现恒温控制。选择电加热器的原则是热容量小、导热性好和功率适当。控制恒温时,合适功率的电加热器应为加热时间和停止时间约各占一半。如果浴槽体积为 20L,要求恒温在 20~30℃,可选用 200~300W 的电加热器。室温过低时,则应选用较大功率的电加热器。

3. 搅拌器

搅拌器用于液体介质的搅拌,以保证恒温槽的温度均匀。搅拌器由小型电动机带动,通过变速器或变压器来调节搅拌速度。为了使恒温槽介质温度均匀,需要选择不同的搅拌器,并应尽量使搅拌桨靠近加热器。

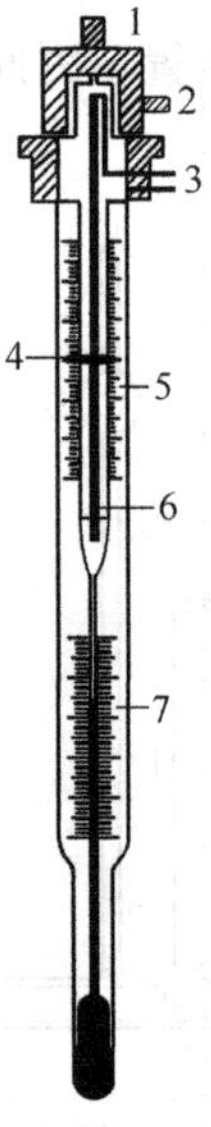

图 2-1-2 电接点温度计

1. 调节帽;2. 固定螺丝;3. 引出线;4. 指示螺母;5. 上标尺;6. 金属触针;7. 下标尺

4. 温度计

通常选用 0.1℃水银温度计准确测量系统的温度。有时也可根据实验需要选用其他更精密的温度计。在实验中,为精确测量恒温槽的温度波动性,应选用高精度的贝克曼温度计测量体系的温度变化。

5. 电接点温度计

电接点温度计又称水银接触温度计,结构如图 2-1-2所示。在水银球的上部焊有金属丝,温度计上部有另一金属丝,两者通过引出线接到继电器的信号反馈端。温度计顶部有磁性螺旋调节帽,可以调节金属丝触点的高低。同时可从温度计调节指示螺母在标尺上的位置估读控温设定值。浴槽温度上升时,水银膨胀并上升至触点,继电器内线圈通电产生磁场，加热线路弹簧片断开，加热器停止加热。浴槽温度下降后，水银收缩并与触点脱开，继电器内线圈断电，磁场消失，加热线路弹簧片弹回并接通，加热器开始工作，系统温度又逐渐上升。通过电接点温度计的反复工作，使系统温度得到控制。

6. 继电器

继电器必须与加热器和电接点温度计相连，才能起到控温作用。

恒温槽的品质一般用其灵敏度来衡量，通常以实测的最高温度与最低温度之差的一半数值来表示，即 $t=\pm\frac{1}{2}(t_{max}-t_{min})$，式中 t_{max}、t_{min}是恒温槽控温曲线上的最高点与最低点的温度值。图 2-1-3 是几种典型的控温灵敏度曲线，其中图 2-1-3(c)和图 2-1-3(d)是在加热功率过大和过小时测得的曲线，图 2-1-3(a)和图 2-1-3(b)则表示加热功率适中的情况，但图 2-1-3(a)所对应的灵敏度较高，而图 2-1-3(b)所对应的灵敏度较低。

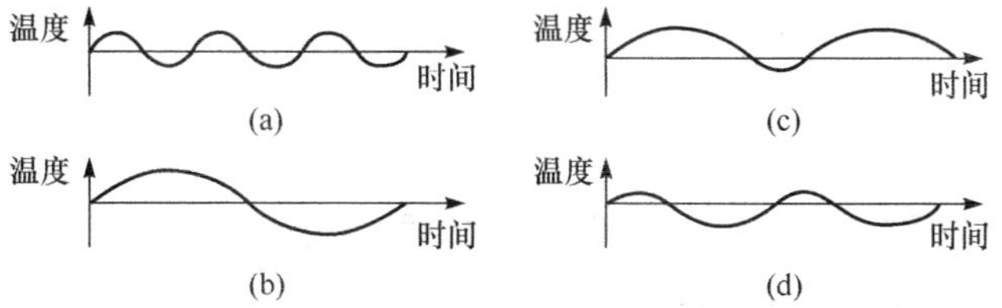

图 2-1-3　恒温槽灵敏度的温度-时间曲线

四、仪器、试剂和材料

仪器：圆形玻璃浴槽、电动搅拌器、加热器、温度计、数字贝克曼温度计、电接点温度计、继电器、秒表。

材料：蒸馏水。

五、实验内容

(1) 按图 2-1-1 安装好仪器，并在玻璃浴槽中加入蒸馏水至槽口约 5cm 处。接通电源，选择合适的搅拌速度，使浴槽中的水形成循环对流。

(2) 调节恒温槽至设定温度。例如，室温为 20℃，欲设定实验温度为 25℃，按如下方法进行：先旋开电接点温度计上端螺旋调节帽的锁定螺丝，再旋动磁性螺旋调节帽，使电接点温度计上的指示螺母位于低于设定实验温度 2～3℃(如 23℃)的位置，开启加热器。此时继电器加热灯亮，表明加热器开始工作，系统温度不断上升，观察水银温度计读数。同时电接点温度计水银柱不断升高，直至水银柱与触针相连,继电器加热指示灯熄灭,停止加热灯亮,表明加热器已停止工作,仔细观察温度计读数。如果读数超过设定温度值,可将触针稍向下旋;如果实际温度低于设定温度可将触针略向上旋,至加热指示灯发光。如此反复调节,直至在设定温度下继电器加热指示灯和停止加热指示灯刚好交替亮熄为止。

(3) 在上述温度下,将数字贝克曼温度计置于温差测量挡,量程设置为与待测温度相差不超过 10℃,再将其温度探头置于恒温槽中测量温度计的附近。

(4) 每隔 25s 记录一次贝克曼温度计的读数,并注意在加热器的一次通断周期中至少记录 6 或 7 个温度值,以便作图。连续测量 5 个周期即可。

(5) 将设定温度提高 10℃,重复上述测量过程。

六、数据记录与处理

(1) 将测量数据以表格形式表示。

(2) 以温度为纵轴,时间为横轴,作出各不同温度时的控温曲线,该曲线的对称点所对应的温度即为设定温度值。

(3) 计算不同温度时恒温槽的控温灵敏度。

七、注意事项

(1) 为使恒温槽温度恒定,当电接点温度计调至某一位置时,应将调节帽上的固定螺丝拧紧,以免发生偏移。

(2) 为使测定的数据具有可比性,在实验过程中应保持恒温槽各部件的相对位置不变,使测定环境保持恒定。

(3) 浴槽中水温不能与设定温度相差太大,以免散热速度过快。

(4) 实验中加热功率不能太大,否则会使加热惯性过大,造成温度变化滞后,灵敏度降低。

八、思考题

(1) 如何设计一套控制温度低于环境温度的恒温装置?

(2) 什么是恒温槽加热器的最佳功率?如何确定最佳加热功率的控温曲线?

(3) 影响恒温槽灵敏度的因素有哪些?怎样提高恒温槽的灵敏度?

(4) 调试时,如果继电器绿灯(加热通电)一直亮着,温度却无法达到设定值,分析可能的原因。

实验二　燃烧热的测定

一、实验目的

(1) 掌握用氧弹量热计测定萘的摩尔燃烧热的原理和方法。

(2) 掌握减压阀的使用方法。

(3) 掌握利用外推法求真实温度 Δt。

二、预习要求

(1) 熟悉氧弹量热计测定燃烧热的基本原理。

(2) 熟悉仪器构造及操作方法。

(3) 熟悉氧气钢瓶及减压阀的正确操作。

三、实验原理

标准燃烧热是指在标准状态下，1mol 物质完全燃烧生成同一温度的指定产物[如 C 和 H 的燃烧产物是 $CO_2(g)$和 $H_2O(l)$]的焓变化，以 $\Delta_c H_m^\ominus$ 表示。在氧弹量热计中可测得物质的定容摩尔燃烧热 $\Delta_c U_m$。如果把气体看成理想气体，且忽略压力对燃烧热的影响，则可将定容摩尔燃烧热换算成标准摩尔燃烧热，公式为

$$\Delta_c H_m^\ominus = \Delta_c U_m + \Delta nRT$$

式中，Δn 为燃烧前后气体物质的量的变化。

在合适的条件下，大多数有机物都能迅速且完全地进行氧化反应，为准确测定其燃烧热提供了可能。为使被测物质能迅速完全燃烧，需要借助强有力的氧化剂，在实验中常使用压力为 2.5～3MPa 的氧气作为氧化剂。用氧弹量热计(图 2-2-4)进行实验时，氧弹放置在装有一定量水的不锈钢水桶中，水桶外是空气绝热层，最外面是温度恒定的水夹套。

样品在体积固定的氧弹中燃烧放出的热，引火丝燃烧放出的热和由氧气中微量的氮气氧化成硝酸的生成热(当氧气纯度较高时，一般可忽略)大部分被水桶中的水吸收，另一部分则被氧弹、水桶、搅拌器及温度计等所吸收。在量热计与环境没有热交换的情况下，可写出如下的热量平衡式

$$-Q_V \cdot m_a - q \cdot m_b = W \cdot h \cdot \Delta t + C_{总} \cdot \Delta t \quad (2\text{-}2\text{-}1)$$

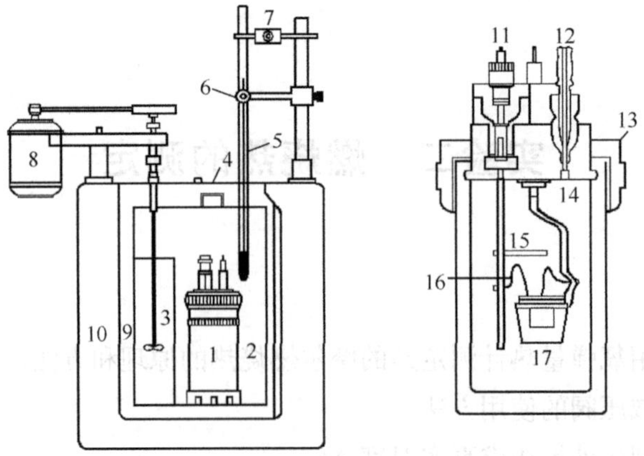

图 2-2-4　氧弹量热计

1. 氧弹;2. 不锈钢水桶;3. 搅拌器;4. 胶木盖;5. 贝克曼温度计;6. 放大镜;7. 振动器;8. 电动机;9. 空气绝热层;10. 水夹套;11. 进气孔;12. 排气孔;13. 氧弹盖;14. 电极;15. 挡板;16. 点火丝;17. 燃烧池

式中,Q_V 为被测物质的定容热值,$J\cdot g^{-1}$;m_a 为被测物质的质量,g;q 为引火丝的热值,$J\cdot g^{-1}$(铁丝为$-6694J\cdot g^{-1}$);m_b 为烧掉的引火丝的质量,g;W 为水桶中水的质量,g;h 为水的比热容,$J\cdot g^{-1}\cdot K^{-1}$;$C_总$ 为氧弹、水桶等的总热容,$J\cdot K^{-1}$;Δt 为与环境无热交换时的真实温差。

如在实验时保持水桶中的水量一定,把式(2-2-1)右端的常数合并得到下式

$$-Q_V\cdot m_a-q\cdot m_b=K\Delta t \tag{2-2-2}$$

式中,$K=(W\cdot h+C_总)\Delta t$,称为量热计常数,$J\cdot K^{-1}$。

实际上,氧弹量热计不是绝对意义上的绝热系统,而且由于传热速度的限制,燃烧后由最低温度达到最高温度需一定的时间,在这段时间里系统与环境难免发生热交换,因而从温度计上读得的温差就不是真实的温差 Δt。因此,必须对读得的温差进行校正,一般采用如下经验公式

$$\Delta t_{校正}=\frac{r+r_1}{2}\cdot n+r_1\cdot n' \tag{2-2-3}$$

式中,r 为点火前每半分钟量热计的平均温度变化值;r_1 为样品燃烧后使量热计温度达到最高点开始下降后,每半分钟的平均温度变化值;n 为点火后温度上升很快(大于每半分钟 0.3℃)的半分钟间隔数(点火后的第一个时间间隔,不管温度升高多少,都计入 n 中);n' 为点火后温度上升较慢(小于每半分钟 0.3℃)的半分钟间隔数。

式(2-2-3)的意义可由图 2-2-5 的温度-时间曲线来说明。

曲线的 AB 段代表初期体系温度随时间曲线变化的规律,BC 代表温度上升

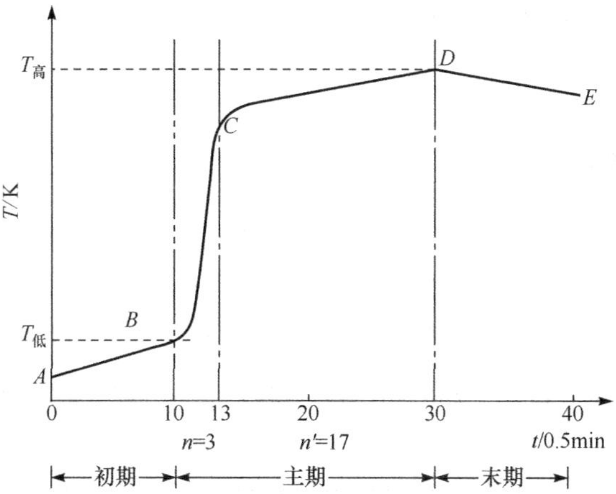

图 2-2-5　温度-时间曲线

很快的阶段，BD 代表主期，DE 代表达到最高温度后的末期。体系温度随时间变化的规律，从 B 点开始点火到最高温度 D 共经历了 $n+n'$ 次读数间隔，在这段时间里，对体系与环境热交换引起的温度变化可作如下估计：体系在 CD 段的温度已接近最高温度，由于热损失引起的温度下降规律应与 DE 段基本相同，因此 CD 段温度共下降 $r_1 \cdot n'$。而 BC 段介于低温和高温之间，只好采取两区域温度变化的平均值来估计，因此 BC 段的温度变化为 $1/2(r+r_1)\cdot n$。因此，总的温度校正即如式(2-2-3)所示。若 AB 和 DE 段的时间间隔为 5min，则 r 和 r_1 可按下式计算

$$r=\frac{t_A-t_B}{10}=\frac{t_A-t_{低}}{10};\quad r_1=\frac{t_D-t_E}{10}=\frac{t_{高}-t_E}{10}$$

在考虑了温差校正后，真实的温差 Δt 应该是

$$\Delta t=t_{高}-t_{低}+\Delta t_{校正}$$

式中，$t_{低}$ 为点火前读得的量热计的最低温度；$t_{高}$ 为点火后量热计达到最高温度后开始下降的第一个读数[1]。

由式(2-2-2)可知，要测得样品的 Q_V，必须知道仪器常数 K。测定的方法是以一定量已知燃烧热的标准物质（常用苯甲酸，其恒容燃烧热 $Q_V=-26.43\text{kJ}\cdot\text{g}^{-1}$）在相同的条件下进行实验，测得 $t_{低}$、$t_{高}$，并用式(2-2-3)算出 $\Delta t_{校正}$ 后，就可按式(2-2-2)计算出 K 值。

四、仪器、试剂和材料

仪器：氧弹量热计（附压片机）、台秤、电子分析天平、微型手钻、万用表、容量瓶。

试剂：苯甲酸（A. R. ）、萘（A. R. ）

材料:棉纱、引火丝、蒸馏水。

五、实验内容

1. 量热计常数的测定

(1) 用洁净的毛巾擦净压片模,在台秤上称约 1g 的苯甲酸,进行压片。样片若被沾污,可用小刀刮净,用微型手钻于药片中心钻一小孔,然后在干净的玻璃板上敲击两三次,再用电子分析天平准确称量。

(2) 打开氧弹盖,将盖放在专用架上,装好专用的不锈钢燃烧池。用移液管取 5mL 蒸馏水装入弹体中。

(3) 剪取约 10cm 引火丝在天平上称量后,将引火丝穿过药片,然后将其两端在引火电极上缠紧,使药片悬在燃烧池上方[2]。引火丝不可接触燃烧池,以防短路,用万用表检查两电极是否处于通路状态(电阻在 10Ω 左右),若不通或处于短路状态,则需查明原因并排除。

(4) 盖好并用手拧紧弹盖,关好出气口,拧下进气管上的螺钉,换接上导气管的螺钉,导气管的另一端与氧气钢瓶上的氧气减压阀连接。打开钢瓶上的阀门及减压阀,缓缓进气,缓慢打开氧弹排气孔,用氧气驱赶弹体中的空气(30~60s),再关闭排气孔继续充气约 30s。当气压达 2.5~3MPa[3]后,关好钢瓶阀门及减压阀,拧下氧弹导气管的螺钉,把原来的螺钉装上。再次用万用表检查氧弹上导电两极的状态,若不通或处于短路状态,则需放出氧气,打开弹盖进行排查,重复上述操作。

(5) 向量热计水夹套中装入自来水。准确量取 3L 自来水装入干净的不锈钢水桶中,水温应较夹套水温低 0.5℃左右。检查搅拌器桨叶是否与器壁相触,在两极上接上点火导线,装上热敏电阻温度计,盖好盖子,开动搅拌器(图 2-2-6)。

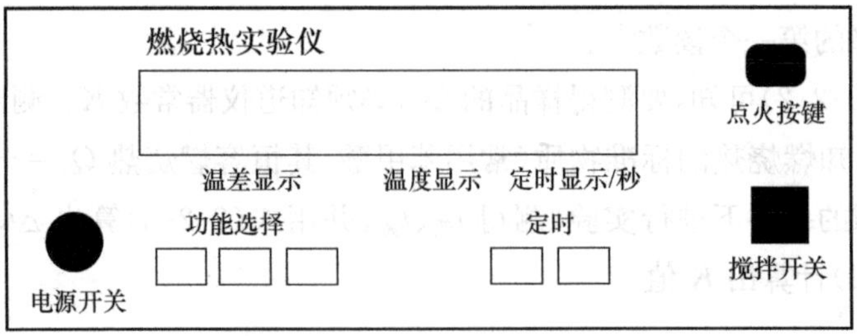

图 2-2-6 氧弹量热计控制面板

(6) 待温度变化基本稳定后,开始读点火前最初阶段的温度,每隔半分钟读一次,共 10 个间隔,读数完毕,立即按电钮点火。指示灯熄灭表示着火,继续每半分钟读一次温度读数，至温度开始下降后，再读取最后阶段的10次读数，便可停止实验。

(7) 停止实验后关闭搅拌器，先取下温度计，再打开量热计盖，取出氧弹并将其拭干，打开放气阀门缓缓放气。放完气后，打开氧弹盖，检查燃烧是否完全，若弹内有炭黑或未燃烧的试样，则实验失败。若燃烧完全，则将燃烧后剩下的引火丝在分析天平上称量，并用少量蒸馏水洗涤氧弹内壁。最后倒去不锈钢水桶中的水，用毛巾擦干全部设备。

2. 萘燃烧热的测定

在台秤上称约0.7g萘进行压片，按上述操作进行实验。

【注释】

[1] 点火后温度升到最高时，体系还未完全达到热平衡，而温度开始下降的第一个读数则更接近于热平衡温度。

[2] 也可取一段已称好质量的棉纱将样片缠上几圈，则很易着火。棉纱热值为$-16.7kJ\cdot g^{-1}$，应扣除。

[3] 对于苯甲酸和萘，充入1.5MPa的氧也能完全燃烧。

六、数据记录与处理

(1) 设计数据表格，记录实验测得的相关数据，按式(2-2-3)计算$\Delta t_{校正}$，按式(2-2-2)计算量热计常数。

(2) 计算萘的标准摩尔燃烧热$\Delta_c H_m^{\ominus}$，并与文献值比较。

计算实例：以苯甲酸为标准物测定量热计常数。

苯甲酸质量1.0280g，引火铁丝质量0.0130g，剩余引火铁丝质量0.0090g，燃烧掉引火铁丝0.0040g。铁丝热值为$-6694J\cdot g^{-1}$，苯甲酸恒容燃烧热$Q_V=-26.43kJ\cdot g^{-1}$。数据记录见下表。

表 2-2-1　数据记录

读数序号（每半分钟）	温度读数	读数序号（每半分钟）	温度读数	读数序号（每半分钟）	温度读数
0	2.283	点火		22	4.525($t_{高}$)
1	2.285	11	2.510 } $n=3$	23	4.524
2	2.287	12	3.500 } $n=3$	24	4.523
3	2.290	13	4.100 } $n=3$	25	4.521

续表

读数序号(每半分钟)	温度读数	读数序号(每半分钟)	温度读数	读数序号(每半分钟)	温度读数
4	2.291	14	4.310 (14–20: $n'=9$)	26	4.520
5	2.293	15	4.430	27	4.518
6	2.295	16	4.503	28	4.517
7	2.297	17	4.520	29	4.515
8	2.300	18	4.525	30	4.514
9	2.301	19	4.527	31	4.512
10	2.304($t_{低}$)	20	4.528	32	4.510
		21	4.528		

$$r=\frac{t_A-t_B}{10}=\frac{2.283-2.304}{10}=-0.0021,\quad r_1=\frac{t_D-t_E}{10}=\frac{4.525-4.510}{10}=0.0015$$

而 $n=3, n'=9$

$$\Delta t_{校正}=\frac{r+r_1}{2}\cdot n+r_1\cdot n'=\frac{-0.0021+0.0015}{2}\times 3+0.0015\times 9=0.0126(℃)$$

$$\Delta t=t_{高}-t_{低}+\Delta t_{校正}=4.525-2.304+0.0126=2.234(℃)$$

$$K=\frac{-Q_V\cdot m_a-q\cdot m_b}{\Delta t}=\frac{26\ 430\times 1.0280+0.0040\times 6694}{2.234}=12.17(kJ\cdot K^{-1})$$

七、思考题

(1) 在使用氧气钢瓶及氧气减压阀时,应注意哪些操作要点?

(2) 写出萘燃烧过程的反应方程式。如何根据实验测得的 Q_V 求出 $\Delta_c H_m^\ominus$?

(3) 简述本实验可能引入的系统误差。

(4) 搅拌速度对准确测量是否有影响?

(5) 测定非挥发性可燃液体的热值时,能否直接放在燃烧池中测定?

实验三　液体的饱和蒸气压

一、实验目的

(1) 了解静态法测定乙醇在不同温度下蒸气压的原理，并学会用图解法求其在实验温度范围内的平均摩尔气化热。

(2) 了解真空泵、恒温槽及气压计的结构，掌握它们的使用方法。

二、预习要求

(1) 明确饱和蒸气压的定义，熟悉静态法测定饱和蒸气压的基本原理。

(2) 熟悉如何检查体系的密闭情况，以及实验操作时抽气和放气的控制。

三、实验原理

在一定温度下，当液体与其蒸气达到平衡时的压力，称为该液体在此温度下的饱和蒸气压(简称蒸气压)。液体蒸气压的大小与液体的种类及温度有关，它与温度的关系可用克劳修斯-克拉贝龙(Clausius-Clapeyron)方程式来表示，即

$$\frac{\mathrm{d}\ln p}{\mathrm{d}T}=\frac{\Delta_{\mathrm{vap}}H_{\mathrm{m}}}{RT^2} \tag{2-3-4}$$

式中，p 为液体在温度 T(K)时的饱和蒸气压；T 为热力学温度；$\Delta_{\mathrm{vap}}H_{\mathrm{m}}$ 为温度 T 时液体的摩尔气化热；R 为摩尔气体常量。若蒸气为理想气体，在实验温度变化不大的范围内，摩尔气化热 $\Delta_{\mathrm{vap}}H_{\mathrm{m}}$ 可视为常数。将式(2-3-4)积分可得

$$\lg p=-\frac{\Delta_{\mathrm{vap}}H_{\mathrm{m}}}{2.303RT}+C$$

式中，C 为积分常数。

通过实验测得各温度下的饱和蒸气压后，以 $\lg p$ 对 $1/T$ 作图得一直线，直线的斜率 k 为

$$k=-\frac{\Delta_{\mathrm{vap}}H_{\mathrm{m}}}{2.303R}$$

由此即可求得摩尔气化热 $\Delta_{\mathrm{vap}}H_{\mathrm{m}}$。

测定液体饱和蒸气压的方法有静态法、动态法、饱和气流法等。静态法是指在某一温度下直接测定液体的饱和蒸气压的方法；动态法则是通过测定在不同外界压力下液体的沸点，从而确定其在某一温度下的饱和蒸气压；饱和气流法通

过将干燥的惰性气流通过被测物质,并使其为被测物质所饱和,然后测定所通过的气体中被测物质蒸气的含量,再根据分压定律计算出此被测物质的饱和蒸气压。

本实验采用静态法测定不同温度下乙醇的饱和蒸气压,其测定装置如图 2-3-7 所示。

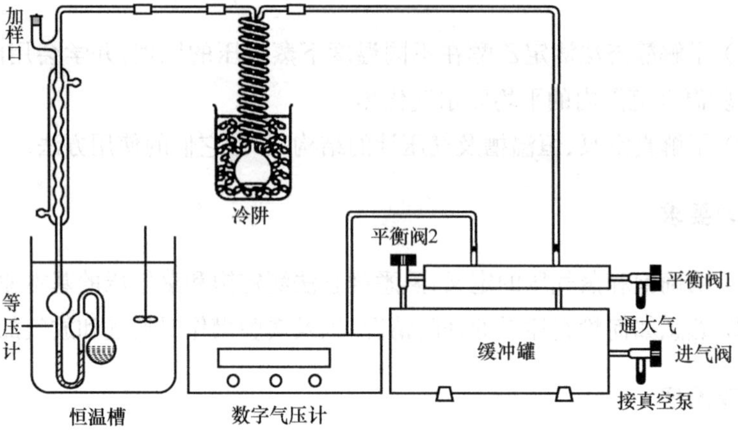

图 2-3-7　液体饱和蒸气压测定装置

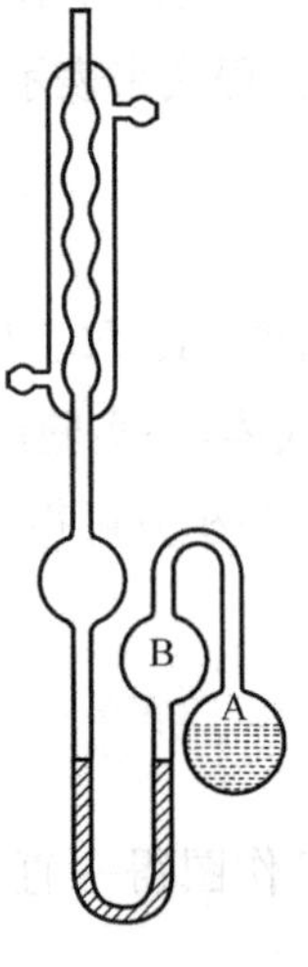

图 2-3-8　等压计结构

测定时,样品加于等压计(图 2-3-8)中。A 小球中盛放被测样品,B 小球为缓冲球,U 形管部分以样品本身作封闭液。

在一定温度下,若 A 小球液面上方仅有被测物质的蒸气,那么在 U 形管右支液面上所受到的压力就是其蒸气压。当这个压力与 U 形管左支液面上的空气的压力相平衡(U 形管两侧液面齐平)时,就可从与等压计相接的气压计测出此温度下的饱和蒸气压。

四、仪器、试剂和材料

仪器:恒温槽、真空泵、蒸气压测定装置、数字式气压计。

试剂:乙醇(A. R.)。

五、实验内容

(1) 按图 2-3-7 安装液体饱和蒸气压测定装置。

(2) 先将干净等压计的盛样球烤热,赶走管内部分空气,再从图 2-3-7 中加样口加入乙醇，使A球内装有2/3的液体，并在U形管两侧保留适量乙醇作封闭液。

(3) 将等压计连接好后置于25℃恒温槽中，在冷阱中加入适量冰水，接通冷凝水。开动真空泵，当数字气压计上显示数值为40～50kPa时，关闭进气阀，关闭真空泵。观察气压计上显示的数值，若5min内无变化，则表明系统气密性符合实验要求。否则，必须逐段排查漏气原因并加以消除，直至系统符合气密性要求，打开进气阀。

(4) 调节恒温槽的温度为(25±0.05)℃，开启真空泵，控制抽气速度，使等压计中液体缓慢沸腾3～4min，让其中空气排尽。当气压计上显示数值为94kPa左右时，关闭进气阀，关闭真空泵，停止抽气。然后缓缓打开平衡阀1放入空气，至U形管两侧液面等高为止，读取此时压力计显示的数值。再次抽气，重复上述操作再测量一次，若两次结果相同，则可认为系统中空气已驱尽，记录测量结果。

(5) 无需再次抽气，调节恒温槽温度，按上法测定30℃、35℃、40℃、45℃时乙醇的蒸气压。在升温过程中，应经常开启平衡阀1，缓慢放入空气，使U形管两臂液面接近相等。如果在实验过程中放入空气过多，可开启平衡阀2借缓冲罐的真空把空气抽出。

(6) 实验完后，缓缓放入空气，至平衡为止。

六、数据记录与处理

(1) 自行设计表格，记录测定所得数据及计算结果。

(2) 根据实验数据作出 $\lg p\text{-}\frac{1}{T}$ 图。

(3) 计算乙醇在实验温度范围内的平均摩尔气化热，并与理论值 $\Delta_{vap}H_m^{\ominus}=40.48kJ\cdot mol^{-1}$ 比较。

七、思考题

(1) 若等压计中A、B球内空气未能被驱除干净，对实验结果有何影响？

(2) 气化热与温度有无关系？

(3) 在体系中安置缓冲罐和应用平衡阀1放气的目的是什么？

(4) 等压计U形管中的液体起什么作用？冷凝器起什么作用？为什么可用液体本身作U形管封闭液？

实验四　二组分金属相图的绘制

一、实验目的

（1）掌握步冷曲线的测定方法和原理。

（2）掌握热分析法测绘 Cd-Bi 二组分金属相图的基本原理和方法。

（3）了解如何确定低共熔点及相应组成。

二、预习要求

（1）熟悉步冷曲线的测定原理。

（2）了解纯物质和混合物的步冷曲线的形状有何不同。

（3）了解相变点的温度的测定方法。

三、实验原理

测绘金属相图常用的实验方法是热分析法，其原理是将一种金属或合金熔融后，使之均匀冷却，每隔一定时间记录一次温度。以温度为纵坐标、时间为横坐标绘制温度与时间关系曲线，称为步冷曲线。当熔融体系在均匀冷却过程中无相变时，其温度将连续均匀下降得到一平滑的冷却曲线。当体系内发生相变时，则因体系产生的相变热与自然冷却时体系放出的热量相抵，冷却曲线就会出现转折或水平线段，转折点所对应的温度即为该组成合金的相变温度。利用步冷曲线所得到的一系列组成和所对应的相变温度数据，以横轴表示混合物的组成，纵轴表示开始出现相变的温度，把这些点连接起来，即可绘出相图。

取一系列组成不同的二元合金，测定它们的冷却曲线，并将相应的转折点连接，即可得到二元合金相图。图 2-4-9 所示即为二元合金的步冷曲线与其对应的相图。

用热分析法测绘相图时，被测体系需要一直处于或接近平衡状态，因此必须保证冷却速度足够慢才能得到较好的效果。此外，在冷却过程中，当出现一个新的固相以前，常会发生过冷现象。轻微过冷有利于测量相变温度，但严重的过冷现象则会使折点发生起伏，使相变温度的确定产生困难，如图 2-4-10 所示。出现此情况时，可延长 dc 与 ab 线相交，交点 e 即为转折点。

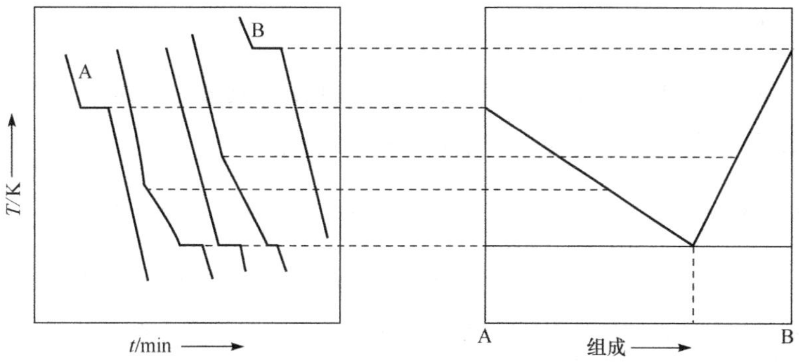

图 2-4-9　二元合金的步冷曲线与其对应的相图

四、仪器、试剂和材料

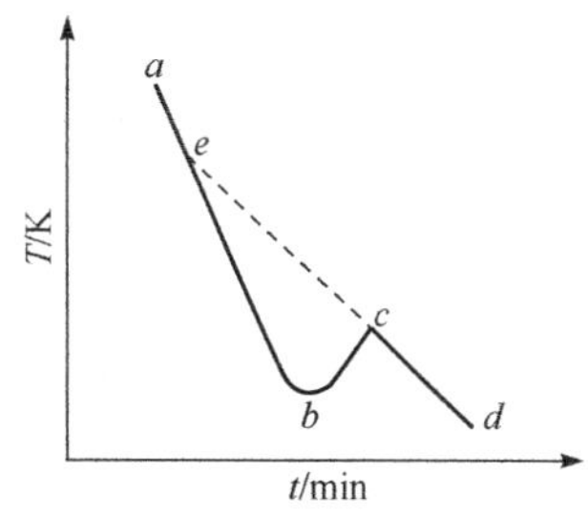

图 2-4-10　出现过冷现象时的步冷曲线

仪器：JX-3DA 型金属相图(步冷曲线)测定实验装置。

材料：Cd(C. P.)、Bi(C. P.)、石蜡油。

五、实验步骤

(1) 称取不同质量的样品，分别置于样品管中，并加入少量石蜡油，以免合金氧化。样品中组分比例如下：

①100g Bi；②85g Bi＋15g Cd；③75g Bi＋25g Cd；④60g Bi＋40g Cd；⑤45g Bi＋55g Cd；⑥25g Bi＋75g Cd；⑦15g Bi＋85g Cd；⑧100g Cd

(2) 安装连接升降温电炉与温度控制器。

(3) 设置温度和时间实验参数，将升温上限设定为 350℃，升温速度为 10℃ · min^{-1}，时间间隔为 40s。

(4) 将仪器加热挡位调整到对应位置，开启电炉加热，温度上升到设定上限温度后开启仪器上的风扇。当样品温度下降到设定温度时，读取不同样品管的温度，每 40s 记录一次温度数据，直到仪器温度降到 60℃时，停止记录，实验结束。

(5) 关闭仪器，切断电源。

六、数据处理

(1) 找出各步冷曲线中的拐点和平台对应的温度值。

(2) 以温度为纵坐标，以组成为横坐标，绘出 Cd-Bi 合金相图。

七、思考题

(1) 对于不同成分的混合物的步冷曲线,其水平段有什么不同?

(2) 为什么在实验过程中冷却速度不宜过快?

【附 1】 JX-3DA 型金属相图(步冷曲线)测定实验装置的使用说明

整个装置由金属相图加热装置(8 头加热单元)、计算机、控制器及其他附件组成(图 2-4-11)。加热装置用于对样品的加热;计算机用于对采集的数据进行分析、处理和曲线绘制;控制器连接计算机与加热装置,用于控制加热、采集和数据传输。

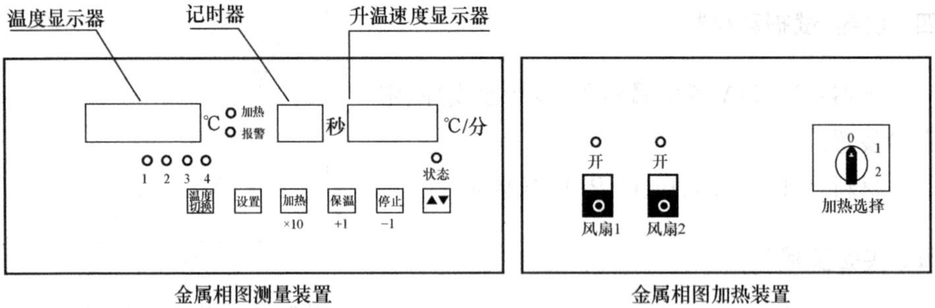

图 2-4-11　JX-3DA 型金属相图(步冷曲线)测定实验装置

仪器的操作方法如下:

1. 操作前准备工作

检查各接口连接是否正确,设定加热装置上的加热选择挡位(装置分三挡控制,"0"挡表示不加热,"1"挡对 1～4 号样品管加热,"2"挡对 5～8 号样品管加热),在相应样品管中插入热电偶,然后接通电源,打开仪器开关(在控制器背板上),预热仪器 10min 后开始实验。

2. 控制器各按钮功能

(1) "温度切换"按钮用于切换 4 个温度探头,使温度显示器显示指示灯对应的探头温度。若需自动循环显示 4 个探头的温度,可按下"温度切换"按钮,依次显示完 4 个探头温度后,再按一次"温度切换"按钮让 4 个指示灯同时亮一下,即进入自动循环显示状态。若需停止自动循环显示,则再按一次"温度切换"按钮即可。

(2) "设置"按钮用于设置实验参数。在设置状态下,按下按钮功能发生改变，具体见参数设置部分说明。

(3) “加热”按钮用于开启加热器，使加热器按设定功率工作。在设置状态下，此按钮功能变为“×10”。

(4) “保温”按钮用于使加热器按设定的保温功率工作。在设置状态下，此按钮功能变为“+1”。

(5) “停止”按钮用于使加热器停止工作。在设置状态下，此按钮功能变为“−1”。

(6) “▲▼”用于控制时钟的开启与关闭。在设置状态下，此按钮用于设定计时。

3. 设置仪器工作参数

(1) 按下“设置”按钮后，面板上“状态”指示灯点亮，升温速度显示器上显示“o”，可设定目标温度，仪器最高设定温度为 500℃，可在 100～500℃调节。按“+1”增加，按“−1”减少，按“×10”数值左移一位即表示扩大 10 倍。

(2) 再按一次“设置”按钮，升温速度显示器上显示“b”，可设定保温功率，最高设定功率为 50W，可调范围为 1～50W。同样，按“+1”增加，按“−1”减少，按“×10”数值左移一位即表示扩大 10 倍。

(3) 当再次按下“设置”按钮时，升温速度显示器上显示“c”，可设定升温速度。按“+1”增加，按“−1”减少，按“×10”数值左移一位即表示扩大 10 倍。“▲▼”用于设定计时，可在 0～99s 范围内循环。

(4) 设置完成后，按下“加热”按钮，面板上“状态”指示灯熄灭，加热器开始加热。启动数据采集系统后开始采集数据。数据采集完成后，按软件使用说明即可绘制相应曲线。

4. 注意事项

(1) 温度探头已经过校准，实验时不可互换使用。

(2) 仪器不可在强电磁场干扰环境下使用。

(3) 仪器不可叠放使用，为保证精度，实验时不要用手触摸仪器外壳。

【附 2】 JX-3DA 型绘图软件使用说明

该软件配套上述仪器使用，可完成金属相图实验数据采集，以及步冷曲线和相图的绘制。

1. 系统连接

用仪器附带的串口线连接计算机和仪器(端口在控制器的背板上)。

2. 系统安装

将软件光盘插入光驱,运行 SETUP. EXE,按提示进行安装。点击“开始”菜单中“金属相图”按钮后,系统运行。

3. 软件功能说明

1) 进行实验

连接计算机与控制器后,打开计算机,运行系统。同时开启仪器预热,进行各种参数设置。点击“打开串口”按钮,根据串口连接方式选择正确串口,此时会在软件左上方文本框中显示仪器所测得的温度数值。

点击“坐标设定”按钮,设置图形框中所显示的温度最大值、最小值和测定的时间范围。点击“开始实验”按钮,输入本次实验数据保存的文件名,而后开始进行实验数据记录。实验数据将以图形方式显示在屏幕上,红色线表示通道 1 的数据、绿色线表示通道 2 的数据、蓝色线表示通道 3 的数据、紫色线表示通道 4 的数据。

实验结束后,点击“实验结束”按钮,保存本次实验数据,数据可以通过点击“步冷曲线”按钮再次调入。

2) 步冷曲线绘制

实验数据全部采集完毕后,便可绘制步冷曲线。点击“坐标设定”按钮,设置步冷曲线的温度和时间范围。点击“步冷曲线”按钮,将实验数据添加至图形上,重复多次可将所需数据全部加入。

3) 相图绘制

根据步冷曲线读取每一组成所对应的拐点温度和水平温度,点击“相图绘制”按钮,分别输入“拐点温度”、“样品成分”等数据,输入数据需按照组分之一含量的递增或递减顺序进行。

4) 打印结果

点击“打印”,将打印程序所显示的图形。

实验五　二组分完全互溶体系气-液平衡相图的绘制

一、实验目的

(1) 用沸点仪测定标准压力下环己烷-异丙醇双液系的气-液平衡相图。

(2) 绘制温度-组成图，并找出恒沸混合物的组成及恒沸点的温度。

(3) 了解用沸点仪测量液体沸点的方法。

(4) 熟悉阿贝折光仪的测量原理和使用方法。

二、预习要求

(1) 熟悉气-液平衡相图绘制的基本原理。

(2) 了解沸点仪的构造和使用。

(3) 了解阿贝折光仪的使用方法。

三、实验原理

两种在常温时为液态的物质混合而成的二组分体系称为双液系。两种液体若能按任意比例互相溶解，称为完全互溶的双液系；若只能在一定比例范围内互相溶解，则称部分互溶双液系。对于双液系，沸点不仅与外压有关，而且和双液系的组成有关。通常用几何作图的方法将在一定外压下双液系的沸点对其气相、液相组成作图，称为双液系气-液平衡相图，它表明了沸点与液相组成、气相组成之间的关系。

图 2-5-12 是一种最简单的完全互溶双液系的气-液平衡相图，如苯-甲苯体系。图中纵轴表示温度(沸点)T，横轴表示液体 B 的摩尔分数 x_B；下面的一条曲线是液相线，上面的一条曲线是气相线。对应于同一沸点温度的两条曲线上的两个点，就是互相平衡的气相点和液相点。图 2-5-12 中对应于温度 T 的气相点为 v，液相点为 l，这时的气相组成就是 v 点对应的横轴读数 $x_B(v)$，液相组成是 l 点对应的横轴读数 $x_B(l)$。可见，具有这种类型相图的双液系可以用普通蒸馏的方法使两液体分

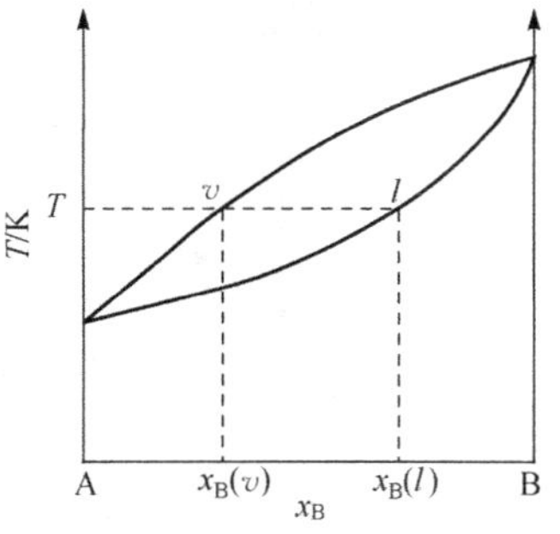

图 2-5-12　完全互溶双液系的气-液平衡相图

离。因为从图 2-5-12 可以看出 $x_B(v)$恒小于 $x_B(l)$,所以气相中 A 的含量恒大于液相中 A 的含量,将此气相与液相分离后冷凝下来,再重新蒸馏,所得到的气相中含 A 将更多,如此反复蒸馏,就可达到分离的目的。

图 2-5-13 是两种具有恒沸点的完全互溶双液系气-液平衡相图,图中所注符号与图 2-5-12 相同。这两种相图的特点是出现极小值或极大值,因此就不能用普通蒸馏的方法将 A 和 B 完全分开。相图中出现极值的那一点的温度称为恒沸点,该点的气相组成和液相组成完全相同,在整个蒸馏过程中的沸点恒定不变。对应于恒沸点的溶液称为恒沸混合物。外压不同时,同一双液系的相图也不相同,因此恒沸点和恒沸混合物的组成还与外压有关。

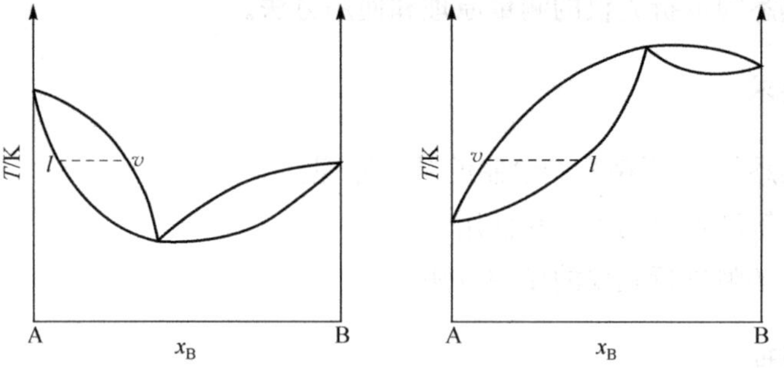

图 2-5-13　具有恒沸点的完全互溶双液系相图

绘制具有恒沸点的双液系相图时,要求同时测定溶液的沸点及气-液平衡时两相的组成。实验常用回流冷凝法测定双液系不同组成时的沸点。本实验采用图 2-5-14 所示的沸点仪,它是一只带有回流冷凝管的长颈圆底烧瓶 7,冷凝管底部有一球形小室 2,用以收集冷凝下来的气相样品,液相样品则通过烧瓶上的支管 6 抽取,图中 5 是一根电热丝,直接浸在溶液中加热溶液,这样可减少溶液沸腾时的过热现象,同时防止暴沸。温度计的安装位置是:使水银球的一半浸在液面下,一半露在蒸气中。

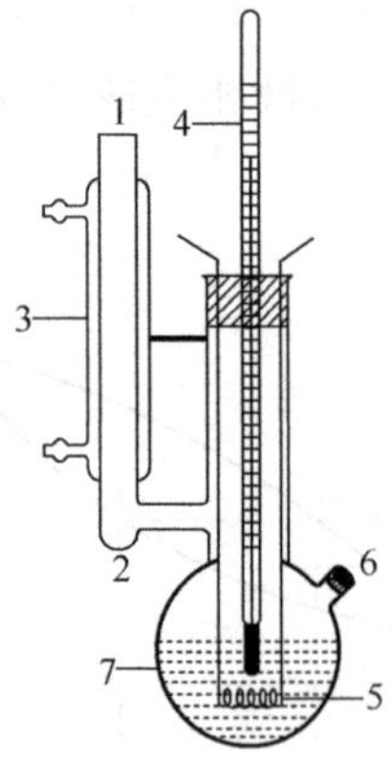

图 2-5-14　沸点仪

1. 气相取样口;2. 球形小室;3. 冷凝管;4. 温度计;5. 电热丝;6. 支管;7. 烧瓶

本实验中,溶液的组成采用测定其折光率的方法确定。一定温度下的折光率是物质的一个特征性质,而溶液的折光率则与其组成有关。因此,测定一系列已知浓度的溶液折光率,作出一定温度下溶液的折光率-组成工作曲线,根据未知溶液的折光率,按内插法确定其组成。由于本实验所用两种溶剂环己烷和异丙醇的折光率相差较大,且折光率法所需样品量较少,用于测定气相和液相的组成较合适。

四、仪器、试剂和材料

仪器：沸点仪、阿贝折光仪、超级恒温槽、恒流电位仪、温度计、烧杯。

试剂：环己烷(A. R.)、异丙醇(A. R.)、丙酮(A. R.)。

材料：二次蒸馏水。

五、实验内容

1. 溶液配制

配制含异丙醇约5%、10%、25%、35%、50%、75%、85%、90%、95%(质量分数)的环己烷溶液。

2. 安装沸点仪

将干燥的沸点仪如图2-5-14安装好。检查装置气密性，加热用的电热丝要靠近烧瓶底部的中心，温度计水银球的位置要在支管6之下且稍高于电热丝。

3. 准备折光仪

调节通入阿贝折光仪的恒温水温度为(25.0±0.2)℃，用二次蒸馏水测定校正阿贝折光仪的读数(水的折光率 $n_D^{20}=1.332\ 99$)。校正后擦净阿贝折光仪备用。

4. 测定沸点

将配制好的样品注入沸点仪中，液体量应盖过加热丝，处在温度计水银球的中部。打开冷凝水，接通电源，设定工作电流约为1A，否则会烧断加热丝。当液体沸腾、温度稳定后(一般在沸腾后10～15min可达平衡)，记下沸腾温度及环境温度。

5. 测定折光率

切断电源，停止加热。将内盛冷水的250mL烧杯套在沸点仪底部，冷却烧瓶内的液体。用一支细长的干燥滴管自冷凝管口伸入小球2，吸取冷凝液并测定其折光率。另用一支短干燥滴管自支管6吸取烧瓶内的溶液并测定其折光率。上述两样品分别代表平衡时的气相样品和液相样品。在吸取样品的过程中，动作应迅速而仔细，以防止液体蒸发而改变成分。每份样品需重复测定两次，取其平均值。当沸点仪内的溶液冷却后，将其溶液自支管6倒向指定的试剂瓶。

重复步骤 4 和步骤 5，分别测定所有溶液的沸点和平衡时气相、液相的组成，并测定纯的环己烷和异丙醇的沸点。

6. 记录大气压

实验前后记录大气压力，取其平均值作为实验时的大气压。

六、数据处理

(1) 按表 2-5-2 中的数据，用坐标纸绘出 n_D^{20} 与异丙醇摩尔分数的标准工作曲线。

表 2-5-2　20℃下不同浓度异丙醇-环己烷溶液的折光率

异丙醇的摩尔分数	n_D^{20}	异丙醇的质量分数	异丙醇的摩尔分数	n_D^{20}	异丙醇的质量分数
0	1.4263	0	0.4040	1.4077	0.3261
0.1066	1.4210	0.0785	0.4604	1.4050	0.3785
0.1074	1.4181	0.1279	0.5000	1.4029	0.4165
0.2000	1.4168	0.1554	0.6000	1.3983	0.5172
0.2834	1.4130	0.2202	0.8000	1.3882	0.7405
0.3203	1.4113	0.2517	1.0000	1.3773	1.0000
0.3714	1.4090	0.2967			

(2) 根据气相和液相样品的折光率，从折光率-组成的标准工作曲线上查得相应组成。

(3) 溶液的沸点与大气压有关。应用特鲁顿规则及克劳休斯-克拉贝龙方程可得溶液沸点因大气压变动而变动的近似校正式为

$$T'_B = T_B + \frac{T_B(p - p_0)}{10 \times 101\ 325}$$

式中，T'_B为校正后的沸点；T_B 为标准大气压下的沸点(异丙醇的沸点为 355.5K)；p 为实验时的大气压；p_0 为标准大气压。计算纯的异丙醇在实验大气压条件下的校正沸点，与温度计所测数据比较后确定温度计的修正值，并逐一修正所有溶液的沸点。

(4) 将由标准工作曲线查得的溶液组成及校正后的沸点填入下表，并绘制环己烷-异丙醇的气-液平衡相图。由相图确定该体系最低恒沸点及恒沸混合物的组成。

表 2-5-3　实验数据记录表　　室温/℃____　大气压/Pa ____

溶液编号	沸点/℃	液相		气相	
		n_D^{20}	异丙醇的摩尔分数	n_D^{20}	异丙醇的摩尔分数

七、注意事项

(1) 沸点仪中没有装入溶液之前绝对不可通电加热，否则易导致沸点仪炸裂。

(2) 必须在停止通电加热后取样进行分析。

(3) 沸点仪中蒸气的分馏作用会影响气相的平衡组成，使得气相样品的组成与气-液平衡时气相的组成产生偏差。本实验所用的沸点仪是将平衡的蒸气冷凝在小球 2 内，在容器中的溶液不会溅入小球 2 的前提下，尽量缩短小球 2 与原溶液的距离，以达到减少气相的分馏作用。

(4) 使用阿贝折光仪时，棱镜不能触及硬物(如滴管)。每次加样前，必须先将折光仪的棱镜面洗净，可用数滴丙酮淋洗，再用擦镜纸轻轻吸去残留在镜面上的溶剂。在使用完毕后，也必须将阿贝折光仪的镜面处理干净，并在棱镜中夹上一片擦镜纸。

八、思考题

(1) 沸点仪中小球的体积大小对测量结果有何影响？

(2) 若在测定时存在过热或分馏作用，将使测得的相图图形产生什么变化？

(3) 按所得相图讨论环己烷-异丙醇溶液蒸馏时的分离情况。

(4) 如何判定气-液相已达平衡？

(5) 讨论实验中可能的误差来源。

实验六　强电解质溶液无限稀释摩尔电导率的测定

一、实验目的

(1) 通过对稀盐酸溶液电导率的测定，计算其无限稀释摩尔电导率。

(2) 掌握用电导率仪测定电导率的原理和方法。

二、预习要求

(1) 阅读第一部分 2.4 节内容。

(2) 了解用电导率仪测定电导率的原理和方法。

(3) 了解溶液的电导率、摩尔电导率的定义。

三、实验原理

电导率是电解质溶液的特性。溶液电导的测定在化学领域中应用广泛，不仅可评价电解质溶液的导电能力、检验水的纯度，还可用于计算水的离子积、弱电解质的解离度、解离平衡常数、难溶盐的溶解度和溶度积等；在化学反应动力学中，常通过测定反应系统的电导随时间的变化来建立转化速率方程；在分析化学中，常通过电导测定确定滴定终点，即电导滴定。

1. 电解质溶液的电导、电导率、摩尔电导率

对于电解质溶液，常用电导表示其导电能力的大小。电导 G 是电阻 R 的倒数，即

$$G=\frac{1}{R}$$

电导的单位是西门子，常用 S 表示。

根据物理学知识，电导与导体的面积 A 成正比，与导体的长度 l 成反比，即

$$G=\kappa\frac{A}{l}$$

式中，κ(读音卡帕)为电导率或比电导，$S\cdot m^{-1}$，表示电极面积为 $1m^2$、电极间距为 1m 的 $1m^3$ 的立方导体的电导。

对电解质溶液，常用两片固定在玻璃上的平行的电极组成电导池，浸入待测的电解质溶液中测定其电导，因此将 $\frac{l}{A}$ 称为电导池常数，用 K_{cell} 表示，所以

$$\kappa = GK_{\text{cell}} \qquad (2\text{-}6\text{-}5)$$

K_{cell}可用已知电导率的电解质溶液标定。

摩尔电导率 Λ_m 是指将含有 1mol 电解质的溶液置于相距 1m 的两平行电极间的电导，单位为 $S \cdot m^2 \cdot mol^{-1}$。它与电导率的关系为

$$\Lambda_m = \frac{\kappa}{c}$$

式中，c 为电解质溶液的浓度，$mol \cdot m^{-3}$。

当溶液的浓度逐渐降低时，由于溶液中离子间的相互作用力减弱，所以摩尔电导率逐渐增大。科尔劳施根据实验得出强电解质溶液的摩尔电导率 Λ_m 与浓度 c 有如下关系

$$\Lambda_m = \Lambda_m^\infty - A\sqrt{c}$$

式中，A 为经验常数；Λ_m^∞ 为电解质溶液在浓度 $c \approx 0$ 时的摩尔电导率，称为无限稀释的摩尔电导率。可见，以 Λ_m 对$\sqrt{c}$作图应得一直线，其截距即为 Λ_m^∞。

当溶液处于无限稀释时，离子间相互影响可以忽略不计，因此可认为每一种离子都是独立运动的，与溶液中其他离子的性质无关，则此时溶液的摩尔电导率可看作是独立的正、负离子的摩尔电导率之和，即

$$\Lambda_m^\infty = \Lambda_{+,m}^\infty + \Lambda_{-,m}^\infty$$

2. 溶液电导率的测定

溶液的电导率一般用电导率仪配合电导池测定，电导池又称为电导电极。

由式(2-6-5)可知，为测得溶液的电导率，还必须知道电导池常数 K_{cell}(电极间距 l 与面积 A 的商)。电导池常数一般用已知电导率的溶液标定，常用的溶液是各种标准浓度的 KCl 溶液。

已知 0.01mol · L^{-1}KCl 标准溶液在不同温度时的电导率如下

t/℃	κ/($S \cdot m^{-1}$)
25	0.1413
30	0.1552

使用电导率仪时，只需将电导池浸入标准 KCl 溶液中，由已知电导率数值标定出电导池常数，然后洗净拭干电极，将电导池浸入待测溶液中即可直接测得该溶液的电导率。

四、仪器、试剂和材料

仪器：DDS-11A 型电导率仪、恒温槽、铂黑电导电极。

试剂：0.01mol · L^{-1}KCl 标准溶液、0.015mol · L^{-1}HCl 溶液。

材料:去离子水、吸水纸等。

五、实验内容

(1) 调节恒温槽温度为(25.0±0.1)℃。在一试管中加入约 25mL 0.01mol·L^{-1} KCl 标准溶液。插入电导电极后置于恒温槽中,待恒温后测定电导电池的电池常数。

(2) 在另一试管中用移液管移入 25mL 浓度约为 0.015mol·L^{-1}的 HCl 溶液,待恒温后,用上述电导电极测定其电导率。

(3) 在试管中再加入 25mL 去离子水,稀释 HCl 溶液浓度为原来的一半,用步骤(2)测定其电导率。

(4) 用专用的"稀释"移液管从试管中移去 25mL 溶液弃去,再用"水"移液管移入 25mL 去离子水,使 HCl 溶液浓度为最初的 25%,测定其电导率。

(5) 同步骤(4),使溶液浓度变为最初浓度的 12.5%,测定其电导率。

(6) 实验结束后,用去离子水洗净电导电极,并将其浸入去离子水中。

六、数据记录与处理

(1) 计算不同浓度 HCl 溶液的摩尔电导率 Λ_m,并将所测数据与计算结果列表。

(2) 以 Λ_m 对$\sqrt{c}$作图,由所得直线的截距计算 HCl 溶液无限稀释时的摩尔电导率 Λ_m^∞,并与按离子独立运动定律计算的 Λ_m^∞ 值相比较,求出相对误差。

已知

t/℃	$\Lambda_{H^+,m}^\infty/(S\cdot m^2\cdot mol^{-1})$	$\Lambda_{Cl^-,m}^\infty/(S\cdot m^2\cdot mol^{-1})$
25	0.034 98	0.007 634
30	0.037 43	0.008 24

七、思考题

(1) 何谓溶液的电导率、摩尔电导率?何谓电导池常数?

(2) 为什么实验中要用标准 KCl 溶液标定法求取电导池常数?用电极间距 l 除以电极面积 A 计算有何不妥?

(3) 实验中为什么加入的 KCl 溶液体积不必很准确,而加入的 HCl 溶液必须是精确的 25mL?

(4) 为什么强电解质溶液的摩尔电导率随溶液浓度的减小而增大?

实验七　原电池电动势的测定及应用

一、实验目的

（1）掌握电池电动势的测量原理及电位差计的使用方法。

（2）学会常见电极和盐桥的制备方法。

（3）通过测定原电池电动势计算有关热力学函数的变化值。

二、预习要求

（1）阅读第一部分 2.3 节内容。

（2）了解电池电动势的测量原理及电位差计的使用方法。

（3）了解通过原电池电动势的测定计算有关热力学函数的原理。

三、实验原理

原电池是将化学能转变为电能的装置，由两个半电池组成，每一个半电池中都包含一个电极和相应的电解质溶液，由不同半电池可组成各种原电池。在电池放电反应中，正极发生还原反应，负极发生氧化反应，电池反应是两个电极反应的总和。原电池的电动势为正负两电极的电势之差，即

$$E=\varphi_{+}-\varphi_{-}$$

式中，E 为电池电动势；φ_{+} 为正电极的电势；φ_{-} 为负电极的电势。

电极电势的绝对值无法测得，手册上所列的电极电势都是相对电极电势，即以标准氢电极为标准且规定其电极电势为零。将标准氢电极与待测电极组成电池，所测电池电动势就是待测电极的电极电势。由于氢电极不便使用，常用一些易制备、电极电势稳定的电极作为参比电极，如甘汞电极、银-氯化银电极等。通过与标准氢电极比较的方法，它们的电极电势已精确测出。

电池电动势的测量必须在可逆条件下进行，即所测原电池必须为可逆电池，否则就无热力学价值。而可逆电池需要满足的条件为：①电池反应可逆，即电极上的化学反应可向正反两个方向进行；②电池必须在可逆的情况下工作（如充放电），即工作时电池应在接近平衡状态下工作，也即所通过的电流必须无限小；③电池中所进行的其他过程可逆，如溶液间无扩散、无液接电势等。因此，在制备可逆电池、测定可逆电池的电动势时应满足上述条件。而在测量精确度要求不高时，则常用正负离子迁移数比较接近的强电解质盐类构成盐桥，以消除液接

电势。但要使工作电流为零,则必须使电池在接近热力学平衡条件下工作。因此,不能直接用伏特计测量电池电动势,因为此方法在测量过程中有电流通过伏特计,电池处于非平衡状态,无法测得电池的电动势。实验中常采用根据对消法原理设计的电位差计来测量电池的电动势,可以满足通过电池的电流无限小的条件。

电池电动势的测量在物理化学研究中有着广泛应用,如热力学函数的改变值、反应平衡常数、电解质解离常数、溶度积常数、配位常数以及溶液酸碱度等的计算。

1. *求难溶盐 AgCl 的溶度积常数 K_{sp}*

利用 Ag-AgCl 电极和甘汞电极设计组成如下电池

$$(-)Ag, AgCl(s)\,|\,HCl(溶液)\,||\,AgNO_3(溶液)\,|\,Ag(+)$$

电池反应为

$$Ag^+ + Cl^- \xlongequal{} AgCl$$

电池电动势为

$$E = E^\ominus - \frac{RT}{F}\ln\frac{1}{a_{Ag^+}\cdot a_{Cl^-}} \tag{2-7-6}$$

而

$$E^\ominus = \frac{RT}{F}\ln K = \frac{RT}{F}\ln\frac{1}{K_{sp}} = -\frac{RT}{F}\ln K_{sp} \tag{2-7-7}$$

将式(2-7-7)代入式(2-7-6),简化后则有

$$\ln K_{sp} = \ln a_{Ag^+} + \ln a_{Cl^-} - \frac{EF}{RT} \quad 或 \quad \lg K_{sp} = \lg a_{Ag^+} + \lg a_{Cl^-} - \frac{EF}{2.303RT}$$

测得电池电动势并计算出相应的 a_{Ag^+} 和 a_{Cl^-},即可求得 K_{sp}。

2. *求电池反应热力学函数的改变值*

在恒温恒压、可逆条件下,各热力学函数与电池电动势有如下关系

$$\Delta_r G_m = -nFE \tag{2-7-8}$$

$$\Delta_r S_m = nF\left(\frac{\partial E}{\partial T}\right)_p \tag{2-7-9}$$

$$\Delta_r H_m = -nFE + nFT\left(\frac{\partial E}{\partial T}\right)_p \tag{2-7-10}$$

式中,F 为法拉第常量;n 为电极反应中的电子转移数;E 为可逆电池的电动势。由式(2-7-8)、式(2-7-9)和式(2-7-10)可知,只要在恒温恒压下测出该可逆电池的电动势 E,即可求算出各热力学函数。

3. *测定溶液的 pH*

利用各种氢离子指示电极与参比电极组成电池,即可根据电池电动势计算出溶液的 pH。常用的有氢电极、醌氢醌电极和玻璃电极等。下面以醌氢醌(Q/QH_2)电极为例介绍其测定原理。Q/QH_2 是醌(Q)与氢醌(QH_2)的 1∶1

混合物，在水中溶解度很小，可发生部分分解，即

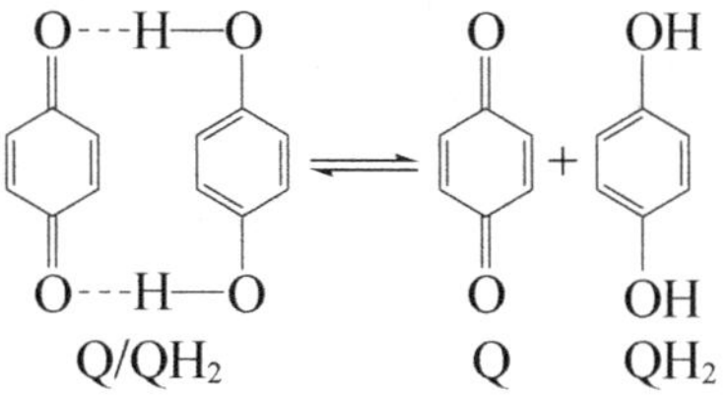

向待测 pH 的溶液中加入 Q/QH$_2$ 并形成饱和溶液，再插入一支光亮的 Pt 电极即构成 Q/QH$_2$ 电极，可用它与甘汞电极构成如下电池

(－)Hg，Hg$_2$Cl$_2$(s)|KCl(饱和溶液)||待测溶液(Q/QH$_2$ 饱和溶液)|Pt(＋)

Q/QH$_2$ 的电极反应可表示为 $Q+2H^+ +2e^- \rightleftharpoons QH_2$，由于在稀溶液中 $a(H^+)=c(H^+)$，所以 Q/QH$_2$ 的电极电势 $\varphi_{Q/QH_2}=\varphi^{\ominus}_{Q/QH_2}-\dfrac{2.303RT}{F}\mathrm{pH}$，构成电池的电动势为

$$E=\varphi_+ -\varphi_- =\varphi_{Q/QH_2}-\varphi_{饱和甘汞}=\varphi^{\ominus}_{Q/QH_2}-\frac{2.303RT}{F}\mathrm{pH}-\varphi_{饱和甘汞}$$

改写后为

$$\mathrm{pH}=\frac{2.303RT}{F}(\varphi^{\ominus}_{Q/QH_2}-E-\varphi_{饱和甘汞})$$

根据已知的 $\varphi^{\ominus}_{Q/QH_2}$ 和 $\varphi_{饱和甘汞}$，在测得电池电动势 E 后，即可计算得知溶液的 pH。由于 Q/QH$_2$ 在碱性溶液中易氧化，因此待测溶液的 pH 不可大于 8.5。

四、仪器、试剂和材料

仪器：数字电位差计、恒温水浴、原电池装置(含盐桥)、标准电池、精密稳压电源、电流计、滑线变阻器、银电极、铂电极、饱和甘汞电极。

试剂：饱和 KCl 溶液、琼脂、KNO_3、0.1mol · L^{-1} $AgNO_3$、1mol · L^{-1} HCl、0.1mol · L^{-1} HCl、6mol · L^{-1} HNO_3、pH 待测溶液。

材料：金相砂纸。

五、实验内容

1. 电极的制备

(1) 银电极的制备：将两支银电极用细砂纸轻轻打磨至露出新鲜的金属光泽，以蒸馏水洗净后浸入 6mol · L^{-1} HNO_3 溶液中 3min，取出用蒸馏水洗净后备用。

(2) Ag/AgCl 电极制备：以一支新处理后的银电极作为正极，以 Pt 电极作为负极，在 1mol · L^{-1} HCl 溶液中电镀，线路如图 2-7-15 所示。控制电流为

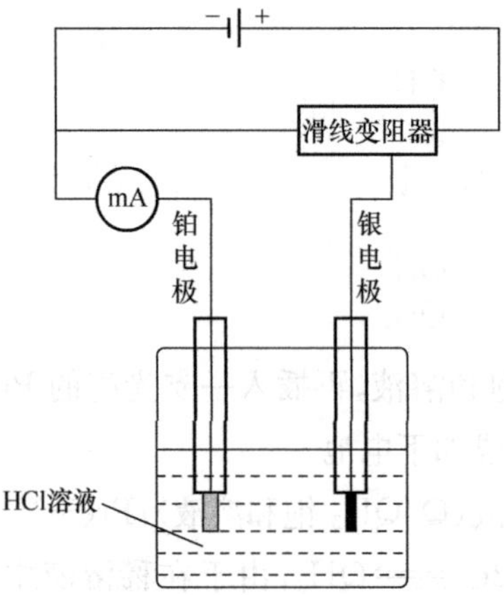

图 2-7-15　AgCl 电极制备电镀图

2mA 左右，电镀 30min，可得褐色的 Ag-AgCl 电极，该电极不用时应保存在 KCl 溶液中，储藏于暗处。

2. 盐桥的制备

以琼脂：KNO_3：H_2O=1.5：20：50 的比例加入到锥形瓶中，于热水浴中加热溶解至溶液呈澄清透明，然后用滴管将溶液滴加到洁净的 U 形盐桥管中。在 U 形盐桥管中以及两端不能留有气泡，冷却后待用。

3. 电池电动势的测定

(1) 根据惠斯通标准电池电动势的温度校正公式，计算出室温下标准电池的电动势值。

$$E_t = 1.018\ 625 - [39.94(t-20) + 0.929(t-20)^2 - 0.009(t-20)^3 + 0.000\ 06(t-20)^4] \times 10^{-6}$$

(2) 根据要求正确连接好数字电位差计和测量电路。根据第一部分 2.3 节介绍的方法，标定电位差计的工作电流。调节超级恒温水浴的温度为(25.0±0.1)℃。

(3) 按图 2-7-16 所示构成原电池，分别测定下列两个原电池的电动势。

① (−)Hg，Hg_2Cl_2(s)|KCl(饱和溶液)||待测溶液(Q/QH_2 饱和溶液)|Pt(+)

② (−)Ag，AgCl(s)|HCl(0.1mol·L^{-1})||$AgNO_3$(0.1mol·L^{-1})|Ag(+)

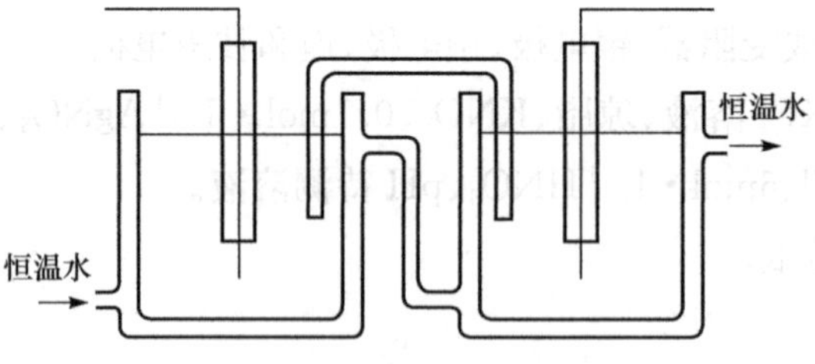

图 2-7-16　测量电池装置图

测量时应在夹套中通入 25℃恒温水，待热平衡后测定电池电动势，当数值稳定在±0.1mV 之内时即可认为电池已达平衡。对原电池②还需测定 30℃、35℃、40℃、45℃、50℃时的电动势，但每一次升温都需热平衡后才能测定。

六、注意事项

(1) 数字电位差计和标准电池的使用要严格按照操作规程进行。在搬动和使用标准电池时，不要使其倾斜和倒置，要放置平稳。接线时正接正、负接负，两极不允许短路。

(2) 数字电位差计配置了内置标准电池，测定时也可采用内标法进行。

(3) 制备电极时，避免将正负极接错，并需严格控制电镀电流。

(4) 实验操作时，需注意铂电极的使用和存放，避免将铂片折断。实验完毕后，先关掉所有的电源开关，拆除所有接线，清洗电极、盐桥管。

七、数据记录及处理

(1) 根据电极的电极电势温度校正公式，计算出25℃时的电极电势(式中t为温度，℃)。

$$\varphi_{饱和甘汞}=0.2412-6.61\times10^{-4}(t-25)-1.75\times10^{-6}(t-25)^2-9.16\times10^{-10}(t-25)^3$$

$$\varphi^{\ominus}_{Q/QH_2}=0.6994-0.00074(t-25)$$

(2) 计算有关电解质的离子平均活度系数$\gamma_\pm$(25℃)如下

$0.1000mol\cdot L^{-1}\ AgNO_3$　　　$\gamma_{Ag^+}=\gamma_\pm=0.734$

温度为t(℃)时$0.1000mol\cdot L^{-1}$ HCl的$\gamma_\pm$可按下式计算

$$-\lg\gamma_\pm=-\lg0.8027+1.620\times10^{-4}t+3.13\times10^{-7}t^2$$

(3) 根据原电池①的测定结果，计算待测溶液的pH。

(4) 根据原电池②在25℃的测定结果，计算25℃时AgCl的K_{sp}。

(5) 以温度T为横坐标，电动势E为纵坐标，将原电池②在不同温度时的测定数据绘制成图，根据曲线求出直线斜率$\frac{\partial E}{\partial T}$，计算电池反应在不同温度时的$\Delta_r G_m$、$\Delta_r S_m$和$\Delta_r H_m$。

八、思考题

(1) 为什么需待温度稳定后才能测定原电池的电动势?

(2) 对消法测电动势的基本原理是什么? 为什么不能采用伏特表来直接测定电池电动势?

(3) 参比电极应具备什么条件? 它有什么作用?

(4) 盐桥有什么作用? 选用盐桥应有什么原则?

(5) 若在测量的时候将电池的电极接反了，会产生什么后果?

实验八　蔗糖水解反应速率常数的测定

一、实验目的

（1）了解蔗糖水解反应的反应物与旋光度的关系。

（2）学习旋光仪的使用。

（3）测定蔗糖在酸催化条件下的水解速率常数。

二、预习要求

（1）阅读第一部分 2.5 节内容。复习旋光度、旋光性的概念。

（2）掌握旋光度与蔗糖水解反应速率常数的关系。

（3）思考 Guggenheim 法处理数据的优点。

（4）了解旋光仪的基本原理，掌握旋光仪的正确使用方法。

三、实验原理

蔗糖水溶液在酸性条件下将发生水解反应，即

$$\underset{\text{蔗糖}}{C_{12}H_{22}O_{11}} + H_2O \xrightarrow{H^+} \underset{\text{葡萄糖}}{C_6H_{12}O_6} + \underset{\text{果糖}}{C_6H_{12}O_6}$$

蔗糖、葡萄糖、果糖都是旋光性物质，它们的比旋光度为$[\alpha_{蔗}]_D^{20}=66.6°$、$[\alpha_{葡}]_D^{20}=52.5°$、$[\alpha_{果}]_D^{20}=-91.9°$。$\alpha$ 表示在 20℃用钠光谱的 D 线作光源测得的旋光度，正值表示右旋，负值表示左旋。由于蔗糖的水解反应是可以完全进行的，且果糖的左旋度远大于葡萄糖的右旋度，因此在反应进程中，溶液的旋光度将逐渐从右旋变为左旋。

蔗糖溶液较稀时，蔗糖全部水解所消耗水的量也是有限的，因而可将 H_2O 的浓度近似为常数，而 H^+ 作为反应催化剂，其浓度不变，因此蔗糖水解反应为准一级反应。反应的速率方程可表示为

$$-\frac{dc}{dt}=kc$$

式中，c 为时间 t 时的反应物浓度；k 为反应速率常数。积分后可得

$$\ln\frac{c_0}{c}=kt \qquad (2\text{-}8\text{-}11)$$

式中，c_0 为反应开始时反应物浓度。

一级反应的半衰期为

$$t_{1/2}=\frac{\ln 2}{k}=\frac{0.693}{k}$$

在不同时间测定反应物的浓度，可以求出反应速率常数 k。设 α_0、α_t 和 α_∞ 分别表示反应在起始时刻、t 时刻和无限长时体系的旋光度。而体系的旋光度与溶液中具有旋光性物质的浓度成正比，因此有

$$\alpha_0=K_{反}\cdot c_0 \quad (t=0,\text{蔗糖尚未发生水解}) \tag{2-8-12}$$

$$\alpha_\infty=K_{生}\cdot c_0 \quad (t=\infty,\text{蔗糖已完全水解}) \tag{2-8-13}$$

$$\alpha_t=K_{反}\cdot c_0+K_{生}\cdot(c_0-c) \tag{2-8-14}$$

由式(2-8-12)、式(2-8-13)和式(2-8-14)可推导出

$$c_0=\frac{\alpha_0-\alpha_\infty}{K_{反}-K_{生}}=K'(\alpha_0-\alpha_\infty)$$

$$c=\frac{\alpha_t-\alpha_\infty}{K_{反}-K_{生}}=K'(\alpha_t-\alpha_\infty)$$

将 c_0、c 的结果代入式(2-8-11)即可得到

$$\ln(\alpha_t-\alpha_\infty)=\ln(\alpha_0-\alpha_\infty)-kt \tag{2-8-15}$$

由式(2-8-15)可知，通过实验测得 α_∞、α_t，以 $\ln(\alpha_t-\alpha_\infty)$ 对 t 作图可得到一条直线，直线斜率即为 $-k$，进而可求出反应的半衰期。

通常有两种方法测定 α_∞：一种是将反应液放置 48h 以上，让其反应完全后测得 α_∞；另一种是将反应液在 50～60℃水浴中加热 0.5h 以上，再冷却到实验温度测得 α_∞。前一种方法时间太长，而后一种方法容易产生副反应，使溶液颜色变黄。本实验采用 Guggenheim 法处理数据，可以不必测 α_∞。

将在 t 和 $t+\Delta$（Δ 代表一定的时间间隔）测得的旋光度分别用 α_t 和 $\alpha_{t+\Delta}$ 表示，则有

$$\alpha_t-\alpha_\infty=(\alpha_0-\alpha_\infty)\mathrm{e}^{-kt}$$

$$\alpha_{t+\Delta}-\alpha_\infty=(\alpha_0-\alpha_\infty)\mathrm{e}^{-k(t+\Delta)}$$

两式联立后有

$$\alpha_t-\alpha_{t+\Delta}=(\alpha_0-\alpha_\infty)\mathrm{e}^{-kt}(1-\mathrm{e}^{-k\Delta})$$

两边同取对数后有

$$\ln(\alpha_t-\alpha_{t+\Delta})=\ln[(\alpha_0-\alpha_\infty)(1-\mathrm{e}^{-k\Delta})]-kt \tag{2-8-16}$$

从式(2-8-16)可知，只要 Δ 保持不变，右端 $\ln[(\alpha_0-\alpha_\infty)(1-\mathrm{e}^{-k\Delta})]$ 的值为常数，以 $\ln(\alpha_t-\alpha_{t+\Delta})$ 对 t 作图可得到一条直线，直线斜率即为 $-k$。

Δ 一般可选取半衰期的 2～3 倍，或反应接近完成时间的一半。本实验取 $\Delta=30\text{min}$，每隔 5min 取一次读数。

四、仪器、试剂和材料

仪器:旋光仪、超级恒温水浴、秒表、台秤、容量瓶、移液管、锥形瓶、烧杯。

试剂:$4mol \cdot L^{-1}$ HCl 溶液、蔗糖。

材料:擦镜纸、蒸馏水。

五、实验内容

1. 仪器准备

了解旋光仪的结构、原理,阅读本书第一部分 2.5 节内容,掌握其使用方法。调节超级恒温水浴的温度为(25.0±0.1)℃。

2. 仪器零点校正

蒸馏水为非旋光物质,其旋光度 $\alpha=0$,可用于校正仪器零点。具体校正方法为:将空的或装满蒸馏水的旋光管置于旋光仪暗匣内,开亮光源,眼对目镜,旋转检偏镜,同时调整焦距,直至视野亮度均匀,观察此时读到的旋光度是否为零,如不是零,需调整到零。

3. 溶液准备

于小烧杯中称取蔗糖约 5g,用少量蒸馏水溶解,倾入 25mL 容量瓶中,稀释至刻度,摇匀后转入 100mL 锥形瓶中。再用 25mL 移液管吸取 $4mol \cdot L^{-1}$ HCl 溶液置于另一 100mL 锥形瓶中。将分别装有 25mL 蔗糖溶液和 25mL $4mol \cdot L^{-1}$ HCl 溶液的 100mL 锥形瓶放入恒温槽中恒温 15min。

4. 测定旋光度

将恒温好的 HCl 溶液倒入蔗糖溶液中,当 HCl 溶液倒出一半时开始计时(注意:秒表一经启动,不可停止,直至实验结束)。在两锥形瓶间来回倾倒溶液 3 或 4 次使之混合均匀,并用此溶液荡洗旋光管 2 或 3 次。然后立即将反应混合液装满旋光管,盖上玻璃片(注意:勿使管内存在气泡),旋紧管帽并擦净后立即放置在旋光仪中。按照规定时间每隔 5min 测定一次溶液的旋光度,1h 后停止实验。

六、注意事项

(1) 旋光仪的钠光灯不可长时间开启,否则会影响其寿命,但必须在测量数据前预热 10min，以保证光源稳定。

(2) 实验结束后，应洗净旋光管并擦干，防止酸腐蚀旋光管箱。尤其注意旋光管两端的玻璃片，防止损坏或遗失。

(3) 测定旋光度时一定要恒温至实验温度条件下进行。如采用的不是恒温旋光管，则需要将旋光管置于恒温槽中，待读数时间将到时，取出旋光管并擦净，迅速置于旋光仪中读数，然后再立即将旋光管置于恒温槽中恒温。

七、数据记录及处理

(1) 取 Δ 为 30min，每 5min 取一次数据，列出记录表格。

表 2-8-4 旋光度测定及结果处理

t/min	α_t	$(t+\Delta)$/min	$\alpha_{t+\Delta}$	$\alpha_t-\alpha_{t+\Delta}$	$\ln(\alpha_t-\alpha_{t+\Delta})$
5		35			
10		40			
15		45			
20		50			
25		55			
30		60			

(2) 以 $\ln(\alpha_t-\alpha_{t+\Delta})$ 对 t 作图，从所得直线斜率计算反应速率常数 k。

(3) 计算半衰期 $t_{1/2}$。

八、思考题

(1) 蔗糖水解反应速率常数与哪些因素有关？

(2) 如果实验所用蔗糖不纯，对实验是否有影响？

(3) 本实验是否一定需要校正旋光计的零点？

(4) 混合溶液时，是否可以将蔗糖溶液加入到 HCl 溶液中？为什么？

实验九　乙酸乙酯皂化反应速率常数的测定

一、实验目的

（1）学习电导法测定乙酸乙酯皂化反应的级数、速率常数和活化能的原理和方法。

（2）了解二级反应的特征，掌握图解法求二级反应的速率常数。

（3）进一步认识电导测定的应用，掌握电导率仪的测量原理和使用方法。

二、预习要求

（1）阅读本书第一部分 2.4 节内容，熟悉电导率仪的测量原理和使用方法。

（2）了解电导法测定乙酸乙酯皂化反应速率常数的原理。

三、实验原理

乙酸乙酯的皂化反应是一个典型的二级反应，反应式为

$$CH_3COOC_2H_5+OH^-=\!=\!=CH_3COO^-+C_2H_5OH$$

如果反应初始时，反应物乙酸乙酯和碱（NaOH）的起始浓度相同，均为 a，则其反应的动力学方程式为

$$\frac{dx}{dt}=k(a-x)^2$$

式中，x 为 t 时刻反应生成物的浓度，积分得

$$k=\frac{1}{t}\left[\frac{x}{a(a-x)}\right]$$

通过实验测得不同 t 时刻的生成物浓度 x 的值，按上式计算相应的 k。如果 k 为常数，则反应为二级反应。以 $\frac{x}{a-x}$ 对 t 作图，若所得为直线，同样表明反应为二级反应，并可从直线斜率求算出反应速率常数。

测定反应进程中任意 t 时刻的浓度有多种方法，本实验采用电导法测定。在乙酸乙酯皂化反应体系中，乙酸乙酯和乙醇不具有明显的导电性，它们浓度的改变不致影响溶液电导率的数值。而体系中 OH^- 电导率大，CH_3COO^- 的电导率小，溶液的电导率等于组成溶液各电解质的电导率之和，因此溶液的电导率随着 OH^- 的消耗而逐渐变小，且电导率的降低与反应混合物中 OH^- 浓度的减少

成正比。

若 κ_0 为反应起始时溶液的电导率，κ_t 为 t 时刻溶液的电导率，κ_∞ 为反应终了时溶液的电导率，则存在如下关系式

$$\kappa_0 = A_1 a \tag{2-9-17}$$

$$\kappa_\infty = A_2 a \tag{2-9-18}$$

$$\kappa_t = A_1(a-x) + A_2 x \tag{2-9-19}$$

式中，A_1、A_2 分别为两电解质电导率与浓度关系的比例常数。由式(2-9-17)、式(2-9-18)和式(2-9-19)可得

$$x = \frac{\kappa_0 - \kappa_\mathrm{t}}{\kappa_0 - \kappa_\infty} a$$

代入速率方程后有

$$\kappa_t = \frac{1}{ak}\left(\frac{\kappa_0 - \kappa_t}{t}\right) + \kappa_\infty$$

因此，以 κ_t 对 $\frac{\kappa_0 - \kappa_t}{t}$ 作图，若所得为一直线即表明反应为二级反应，并可从直线斜率求得速率常数 k。

温度对反应速率的关系一般符合阿伦尼乌斯方程，即

$$\frac{\mathrm{d}\ln k}{\mathrm{d}T} = \frac{E_\mathrm{a}}{RT^2}$$

式中，E_a 为反应表观活化能。对上式积分得

$$\lg k = -\frac{E_\mathrm{a}}{2.303RT} + C$$

式中，C 为积分常数。

显然，在不同温度下测得速率常数 k，作 $\lg k$ 对 $1/\mathrm{T}$ 图应得一直线，由直线的斜率可算出该反应的表观活化能的值。若表观活化能是常数，测得两个不同温度的速率常数，即可求出该反应的表观活化能 E_a

$$E_\mathrm{a} = 2.303R\frac{T_1 T_2}{T_2 - T_1}\lg\frac{k_2}{k_1}$$

四、仪器、试剂和材料

仪器：电导率仪、恒温水浴、秒表、双管皂化池、容量瓶、移液管、刻度吸管、洗耳球。

试剂：乙酸乙酯、NaOH。

材料：吸水纸、新鲜蒸馏水。

五、实验内容

1. 调节恒温水浴温度

调节超级恒温水浴的温度为(25.0±0.1)℃。

2. 溶液配制

1) 配制浓度约为0.02mol·L^{-1}的乙酸乙酯溶液

先在50mL容量瓶中加入约2/3体积的水,然后加入5滴乙酸乙酯,摇匀后称量。由两次质量之差确定乙酸乙酯的准确质量(为防止乙酸乙酯挥发,称量时必须盖好瓶口),并进一步算得乙酸乙酯的物质的量浓度。

2) 配制与乙酸乙酯相同浓度的NaOH溶液

以高浓度的NaOH标准溶液稀释配制所需浓度的NaOH溶液,浓度与上一步配制的乙酸乙酯溶液相同。

3. κ_0的测定

将上述配制的NaOH溶液用容量瓶准确稀释一倍,一部分倒入试管(近1/2高度)中,铂黑电导电极经余下的溶液淋洗后插入试管中,并置于恒温浴中恒温10min左右测定其电导率,直至稳定不变时为止。DDS-11A型电导率仪的使用方法见本书第一部分2.4节。

4. κ_t的测定

将干燥洁净的双管皂化池(图2-9-17)置于恒温浴中并夹好,用移液管取已稀释好的NaOH溶液20mL放入a管;用另一支移液管取20mL乙酸乙酯溶液放入b管,塞好塞子,以防挥发。将铂黑电极经电导水洗后,用滤纸小心吸干电极上的水(千万不要碰到电极上的铂黑),然后将电导电极插入a管(此管不要塞紧)。恒温10min后将b管换上带洗耳球的塞子,用洗耳球鼓气,将乙酸乙酯溶液迅速压入a管(不要用力过猛使溶液溅出)与NaOH溶液混合,当乙酸乙酯溶液压入一半时开始计时。反复压几次即可混合均匀。开始每隔2min读一次数据,以后时间间隔可逐渐增加,直至电导率基本不变时停止实验(约需测定1h)。实验完后,将电导电极用电导水洗净,并插入装有蒸馏水的试管中。

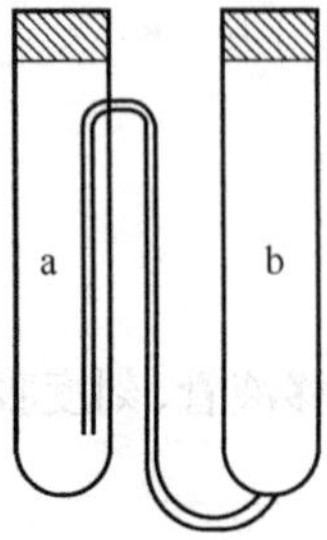

图2-9-17　双管皂化池

5. 测定另一温度下的反应数据

调节超级恒温水浴的温度为(35.0±0.1)℃，重复上述步骤测定此条件下的 κ_0、κ_t。

六、注意事项

(1) 本实验中所用蒸馏水应是新煮沸的，所配溶液也应该是新配制的。因为空气中的 CO_2 会溶入蒸馏水和 NaOH 溶液而使溶液浓度发生改变，且乙酸乙酯溶液久置后也会缓慢发生水解。

(2) 乙酸乙酯皂化反应是吸热反应，混合后体系温度降低，会使在反应开始的几分钟内所测得的数据偏低，因此可在反应开始 6min 后再测定，否则所得结果偏移较多。

(3) 电极不使用时应浸泡在蒸馏水中，使用时用吸水纸轻轻吸干，千万不可擦拭电极上的铂黑，以免影响电导池常数。

七、数据记录及处理

(1) 将实验数据记录于下表中。

表 2-9-5　电导率测定记录及计算

25℃	κ_0=________			35℃	κ_0=________		
t/min	κ_t	$\kappa_0-\kappa_t$	$(\kappa_0-\kappa_t)/t$	t/min	κ_t	$\kappa_0-\kappa_t$	$(\kappa_0-\kappa_t)/t$

(2) 以 κ_t 对 $(\kappa_0-\kappa_t)/t$ 作图，由直线的斜率求出相应温度下的反应速率常数 k 值。

(3) 根据不同温度下的反应速率常数 k 值，计算反应活化能。

八、思考题

(1) 配制乙酸乙酯溶液时，为什么在容量瓶中要事先加入适量的蒸馏水？

(2) 若乙酸乙酯与 NaOH 的起始浓度不等，应如何计算速率常数？

(3) 为什么乙酸乙酯与 NaOH 溶液浓度必须足够稀？

(4) 为什么 κ_0 可以认为是 $0.01mol \cdot L^{-1}$ NaOH 溶液的电导率？

实验十　丙酮的碘化反应

一、实验目的

(1) 测定用酸作催化剂时丙酮碘化反应的速率常数及活化能。

(2) 了解复杂反应的特征与机理，了解复杂反应的表观速率常数的计算方法。

(3) 掌握分光光度计的使用方法。

二、预习要求

(1) 了解丙酮碘化反应的机理及动力学方程式。

(2) 了解丙酮碘化反应速率常数与活化能之间的关系。

(3) 阅读本书第一部分 3.1 节内容，了解可见分光光度计的使用方法。

三、实验原理

许多化学反应是由多个基元反应组成的复杂反应，反应速率与反应物浓度间的关系不能用质量作用定律简单预判。实验测定反应速率和反应物浓度间的计量关系，是研究反应动力学极其重要的步骤。而对于复杂反应，当明确了反应速率方程后，就可以推测反应机理，如反应的步骤、每一步的特征以及相互间的联系等。

丙酮在酸性溶液中的碘化反应是一个复杂反应，其反应方程式为

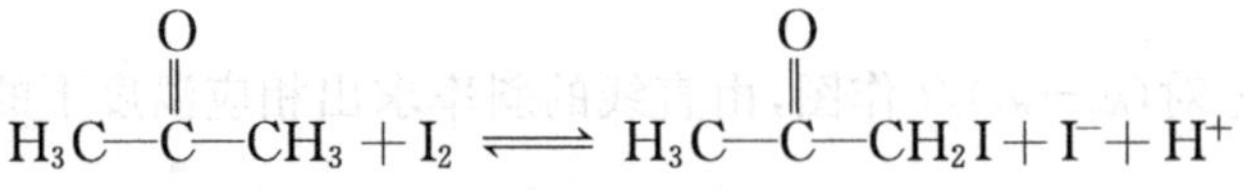

以往的实验研究表明，反应速率随酸性溶液中 H^+ 浓度的增大而增大。由于反应方程式中包含产物 H^+，因此在非缓冲溶液中，若保持反应物浓度不变，则反应速率将随反应的进行而增大。同时，研究还表明除在很高酸度下，丙酮卤化反应的反应速率与碘的浓度无关。

一般认为该反应是按以下两步进行的

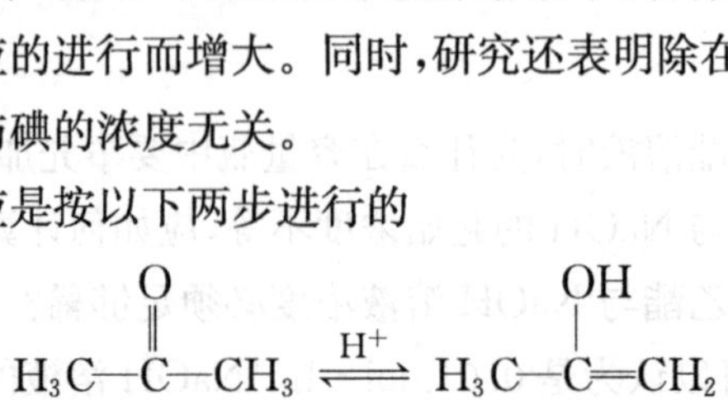

A　　　　B

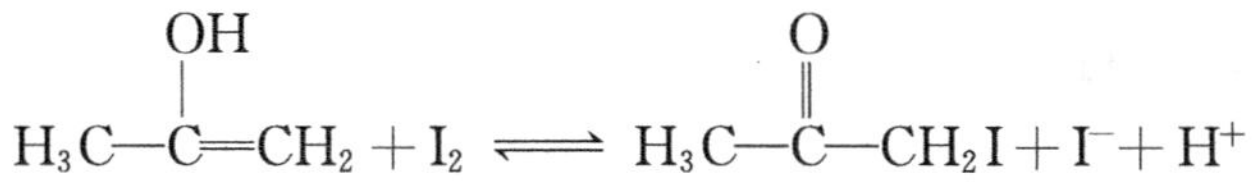

B　　　　　　　　D

第一步反应是丙酮的烯醇化反应，是一个很慢的可逆反应；第二步反应是烯醇的碘化反应，是一个快速且趋于进行到底的反应。因此，丙酮碘化反应的总速率是由丙酮的烯醇化反应的速率决定。丙酮的烯醇化反应的速率取决于丙酮及H^+的浓度，如果以碘化丙酮浓度的增加来表示丙酮碘化反应的速率，则此反应的动力学方程式可表示为

$$\frac{dc_D}{dt}=kc_A \cdot c_{H^+} \tag{2-10-20}$$

式中，c_D 为产物碘化丙酮的浓度；c_{H^+} 为氢离子的浓度；c_A 为丙酮的浓度；k 为丙酮碘化反应总的速率常数。

由第二步反应可知

$$\frac{dc_D}{dt}=-\frac{dc_{I_2}}{dt} \tag{2-10-21}$$

因此，如可测得反应过程中各时刻碘的浓度，就可以求出$\frac{dc_D}{dt}$。在反应体系中，只有碘在可见光区有明显的吸收带，其他物质在可见光区则没有明显的吸收带，所以可利用分光光度计来测定丙酮碘化反应过程中碘的浓度，从而求出反应的速率常数。若在反应过程中丙酮的浓度远大于碘的浓度，且催化剂酸的浓度足够大，则可把丙酮和酸的浓度看作不变，综合式(2-10-20)、式(2-10-21)并积分得

$$c_{I_2}=-kc_A c_{H^+} t+B \tag{2-10-22}$$

根据朗伯-比尔定律，溶液的吸光度 A 与碘浓度的关系为

$$A=\varepsilon l c_{I_2} \tag{2-10-23}$$

式中，l 为比色皿的光径长度；ε 为取以 10 为底的对数时的摩尔吸收系数。将式(2-10-22)代入得

$$A=-k\varepsilon l c_A c_{H^+} t+B' \tag{2-10-24}$$

由吸光度 A 对 t 作图可得一直线，直线的斜率为$-k\varepsilon l c_A c_{H^+}$。式中 εl 可通过测定已知浓度的碘溶液的吸光度后计算求得；当 c_A 与 c_{H^+} 浓度已知时，只要测出不同时刻反应液在指定波长下的吸光度，就可以利用式(2-10-24)求出反应的总速率常数 k。如测得两温度下的速率常数，还可以根据阿伦尼乌斯方程估算反应的活化能。

四、仪器、试剂和材料

仪器:带恒温装置的可见分光光度计、超级恒温水浴、秒表、刻度吸管、容量瓶、碘量瓶。

试剂:$2mol \cdot L^{-1}$丙酮标准溶液、$1mol \cdot L^{-1}$盐酸标准溶液、$0.02mol \cdot L^{-1}$碘标准溶液(含4% KI)。

材料:蒸馏水、擦镜纸、吸水纸。

五、实验内容

1. 仪器准备

将恒温水浴温度调至(25.0±0.1)℃,分别将约50mL的$1mol \cdot L^{-1}$盐酸、$2mol \cdot L^{-1}$丙酮溶液、$0.02mol \cdot L^{-1}$碘溶液及50mL蒸馏水注入四个洁净的碘量瓶中,在恒温槽中恒温10min以上。

开启分光光度计进行预热30min,调节测定波长为560nm,并在实验过程中保持不变。具体操作参见本书第一部分3.1节内容。

2. 测定碘标准溶液的吸光度A_0

取一个厚度为2cm的洁净比色皿,加入恒温蒸馏水,擦干比色皿外表面后,置于恒温夹套内,同时开启恒温水循环泵,待温度恒定后,拉动比色槽拉杆,使蒸馏水置于光路中,调节分光光度计透过率为“100”或吸光度为“0”。

用移液管吸取已恒温的3.00mL碘溶液至一个洁净的25mL容量瓶中,加入$1mol \cdot L^{-1}$盐酸5.00mL,以蒸馏水稀释到刻度并混匀。将一只洁净的2cm厚度的比色皿用上述溶液润洗3遍,再加入混合液,置于分光光度计中准确测定其吸光度。重复测量3次,取其平均值。

3. 测定丙酮碘化反应速率

分别吸取丙酮和盐酸溶液各5.00mL于洁净的25mL容量瓶中,加适量蒸馏水,再吸取碘溶液5.00mL于容量瓶中,迅速用蒸馏水稀释到刻度,快速摇匀溶液,同时打开秒表计时。用溶液荡洗比色皿3次,再加入混合溶液后立刻置于光路中测量其吸光度,记下吸光度值和时间t,以后每隔2min测量一次吸光度值,直到取得20个数据为止。

将恒温槽的温度升高到(35.0±0.1)℃,重复上述操作,但测定丙酮碘化反应速率数据时,测定时间应缩短,改为1min记录一次。

六、注意事项

(1) 温度对化学反应速率的影响很大，因此本实验要求在恒温条件下进行。

(2) 实验所用溶液均需要准确配制或标定。

(3) 光电管长期曝光会发生疲劳现象，实验时除测量需要外，一般均应断开光路。

(4) 本实验中从碘加入到丙酮、盐酸混合液中开始直到读取第一个吸光度为止所需的时间在原则上不加限制，但是对于反应物浓度及反应温度较高时，由于速率快，溶液一经混合即迅速反应。因此为避免实验数据采集过少，一般要求在反应 2min 左右测得第一个数据。

七、数据记录与处理

(1) 将实验数据和计算结果记入下表。

$c_{丙酮}$ =______ mol · L^{-1}；$c_{盐酸}$ =______ mol · L^{-1}；$c_{碘}$ =______ mol · L^{-1}。

表 2-10-6　吸光度测量记录

25.0℃		35.0℃	
A_0=______	εl=______	A_0=______	εl=______
t/min	A	t/min	A

(2) 根据实验测得的碘标准溶液的吸光度，按式(2-10-23)分别计算不同温度的常数 εl。

(3) 由不同温度下反应混合溶液的吸光度值对时间 t 作图，分别求所得直线的斜率。

(4) 以直线斜率除以 εl 以及丙酮和盐酸的浓度，即可计算出不同温度的速率常数值。

将不同温度的速率常数值代入阿伦尼乌斯方程，计算丙酮碘化反应的表观活化能。

八、思考题

(1) 在本实验中,若将碘加到丙酮、盐酸混合液中并不立即计时,而是在测定第一个吸光度数据时开始计时,并以此点作为时间的零点,这样做是否可以,为什么?

(2) 影响本实验结果的主要因素是什么?

(3) 如何设计实验考察丙酮、盐酸浓度对丙酮碘化反应速率的影响?

实验十一　溶液表面张力的测定

一、实验目的

(1) 了解表面张力的性质及其与表面吸附量的关系。

(2) 掌握最大气泡法测定溶液表面张力的原理和方法。

(3) 了解弯曲液面的附加压力与液面弯曲度、溶液表面张力的关系。

二、预习要求

(1) 了解最大气泡法测定表面张力的原理。

(2) 了解由实验数据计算吸附量的方法。

三、实验原理

通过溶液表面张力的测定，可以了解系统的界面性质、表面层结构及表面分子之间的相互作用，可以计算表面活性剂的有效值、临界胶束浓度等。表面张力的测定也是研究润湿、去污、乳化、消泡和增溶等过程中表面活性剂性质的重要手段。

在气液界面的分子受液体内部分子的吸引力远大于外部蒸气分子对它的吸引力，表面层分子受到向内的拉力而使表面积趋于最小(球形)，以达到受力平衡。表面张力也称单位表面吉布斯自由能(γ)，是表征界面某种特征的物理量，是液体的重要特性之一，与温度、压力、溶液组成、溶质本性及加入量等因素有关。

在一定温度和压力下纯溶剂的表面张力是定值，根据能量最低原理，当加入能降低溶剂表面张力的溶质时，则溶液表面层的浓度比内部高；反之，当加入的溶质能使溶剂表面张力升高时，则溶液表面层的浓度比内部低，这种现象称为表面吸附，可用吉布斯公式表示

$$\Gamma = -\frac{c}{RT}\left(\frac{\mathrm{d}\gamma}{\mathrm{d}c}\right)_T \tag{2-11-25}$$

式中，Γ 为吸附量，$\mathrm{mol \cdot m^{-2}}$；$\gamma$ 为表面张力，$\mathrm{N \cdot m^{-1}}$；c 为溶液浓度，$\mathrm{mol \cdot L^{-1}}$；$T$ 为热力学温度，K；R 为摩尔气体常量。

当$\left(\frac{\mathrm{d}\gamma}{\mathrm{d}c}\right)_T<0$ 时，$\Gamma>0$，溶液表面层的浓度大于内部的浓度，称为正吸附；当

$\left(\frac{d\gamma}{dc}\right)_T>0$ 时,$\Gamma<0$,溶液表面层的浓度小于内部的浓度,称为负吸附。前者表明加入的溶质能使溶液表面张力下降,此类物质称为表面活性物质;后者表明加入的溶质能使溶液表面张力升高,此类物质称为非表面活性物质。

为了求得表面吸附量,需先作出 $\gamma=f(c)$的等温曲线,然后在曲线上作出不同浓度点的切线并延长与纵轴相交,经切点作平行于横轴的直线与纵轴相交,若令两交点在纵轴上的截距为 Z,则 $Z=-c\frac{d\gamma}{dc}$。将 Z 代入式(2-11-25),则有

$$\Gamma=\frac{Z}{RT} \tag{2-11-26}$$

取曲线上不同的点,就可得出不同 Γ 值,并对 c 作图,即可得到吸附等温线。

如果在溶液表面上的吸附是单分子层吸附,则满足 Langmuir 吸附等温方程式

$$\Gamma=\Gamma_{\infty}\frac{Kc}{1+Kc}$$

式中,Γ_{∞}为饱和吸附量;K 为吸附常数。将式(2-11-26)重新整理后可变为如下形式

$$\frac{c}{\Gamma}=\frac{c}{\Gamma_{\infty}}+\frac{1}{K\Gamma_{\infty}} \tag{2-11-27}$$

由式(2-11-27)可知,以 c/Γ 对 c 作图可得一直线,根据直线的截距和斜率即可求得饱和吸附量 Γ_{∞}和吸附常数 K。

饱和吸附量 Γ_{∞}的物理意义为在溶液表面紧密排满单分子层溶质时,单位面积内包含溶质的量。因此,可根据下式计算得到每个溶质分子占据的表面积 A。

$$A=\frac{1}{\Gamma_{\infty}N_A}$$

式中,N_A 为阿伏伽德罗常量。

测定溶液表面张力的方法主要有最大气泡法、拉环法、滴重法等,本实验采用最大气泡法测定表面张力,其原理如图 2-11-18(b)所示,将一根毛细管插入装有待测液体的容器中,使其下端口正好与液体表面接触,液面会沿毛细管上升一定高度。此时,打开滴液漏斗缓慢抽气,毛细管中的气压逐渐减小,会将毛细管中的液体压出,并在管口形成气泡。当从浸入液面下的毛细管口鼓出空气泡时,需要高于外部大气压的附加压力以克服气泡的表面张力,此附加压力与表面张力成正比,与气泡的曲率半径成反比,其关系式为

$$\Delta p=\frac{2\gamma}{R} \tag{2-11-28}$$

式中，Δp 为附加压力；γ 为表面张力；R 为气泡曲率半径。

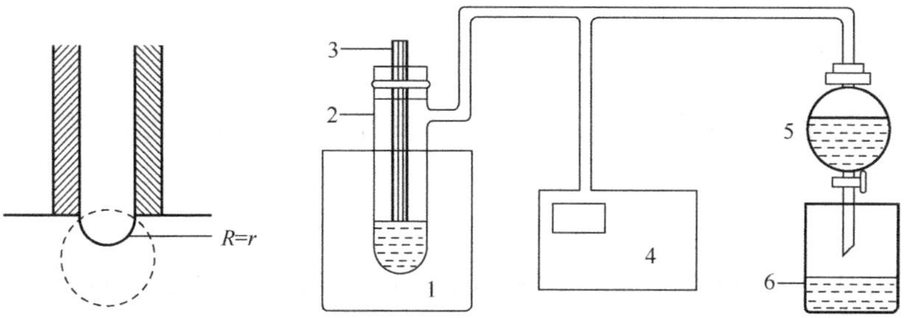

(a) 气泡在毛细管口形成　　(b) 表面张力测定装置

图 2-11-18　液体表面张力测定装置

1. 恒温水浴；2. 样品试管；3. 毛细管；4. 数字微压差测量仪；5. 滴液抽气瓶；6. 烧杯

如果毛细管半径很小，则形成的气泡基本上是球形的。当气泡开始形成时，表面几乎是平的，这时曲率半径最大。随着气泡的形成，曲率半径逐渐变小，直到形成半球形，这时曲率半径 R 与毛细管半径 r 相等，曲率半径达最小值。根据式(2-11-28)可知此时附加压力达最大值，气泡进一步变大，附加压力则变小，直到气泡逸出[图 2-11-18(a)]。

按照式(2-11-28)，$R=r$ 时的最大吸附压力为

$$\Delta p_{\mathrm{m}}=\frac{2\gamma}{r} \quad 或 \quad \gamma=\frac{r}{2}\Delta p_{\mathrm{m}} \tag{2-11-29}$$

实际测量时，使毛细管端刚与液面接触，则可忽略鼓泡所需克服的静压力，这样就可直接用式(2-11-29)进行计算。当使用同一根毛细管及相同的压差仪介质时，由于 γ 与 Δp 成正比，因此表面张力分别为 γ_1、γ_2 的两种液体在相同温度下有 $\gamma_1/\gamma_2=\Delta p_1/\Delta p_2$。若其中 γ_2 已知，则有

$$\gamma_1=\frac{\gamma_2\cdot\Delta p_1}{\Delta p_2}=k\cdot\Delta p_1$$

式中，k 为仪器常数，可用已知表面张力的液体测得。

本实验通过水作为标准物质，测定仪器常数 k，进而测定不同浓度正丁醇溶液的表面张力。

四、仪器、试剂及材料

仪器：恒温水浴、数字微压差测量仪、液体表面张力测定装置、移液管、刻度吸管、容量瓶、滴定管。

试剂：正丁醇。

材料：毛细管、蒸馏水、铬酸洗液。

五、实验内容

1. 仪器准备

将恒温水浴温度调至(25.0±0.1)℃,按图 2-11-18(b)搭建测定装置。

2. 溶液配制

根据正丁醇的摩尔质量和室温下的密度计算量取需用正丁醇的体积,配制 0.50mol · L^{-1}的正丁醇溶液 250mL。具体操作可先在 250mL 容量瓶中装好约 2/3 的蒸馏水,然后用 10mL 移液管及 2mL 刻度吸管吸取所需正丁醇体积,加水至刻度并摇匀。

将已配制好的 0.50mol · L^{-1}的正丁醇溶液装入 50mL 滴定管中,再用这一溶液配制 0.02mol · L^{-1}、0.04mol · L^{-1}、0.06mol · L^{-1}、0.08mol · L^{-1}、0.10mol · L^{-1}、0.12mol · L^{-1}、0.16mol · L^{-1}、0.20mol · L^{-1}和 0.24mol · L^{-1}等浓度的稀溶液各 50mL。

3. 仪器常数 k 的测定

用洗液将毛细管和样品试管洗净,然后在样品试管中装入适量蒸馏水,使毛细管端刚好与液面接触,并将样品试管置于恒温槽中恒温 10min。然后,缓缓打开滴液旋塞,使气泡从毛细管端缓慢且均匀地鼓出,5～10s 鼓出一个气泡。读取数字微压差测量仪的数值,读数 3 次,取平均值。

4. 表面张力的测定

将已配好的正丁醇溶液从稀到浓按上法依次测定其表面张力。每次更换溶液时不必烘干试管及毛细管,只需用少量待测溶液荡洗 3 次即可。

实验完后用蒸馏水洗净仪器,试管中装好蒸馏水,并将毛细管浸入水中保存。

六、注意事项

(1) 毛细管也可用内径为 1mm 左右的毛细玻璃管在灯焰上拉成,使其尖端直径为 0.2～0.3mm,并用细砂纸磨平。

(2) 实验也可以不用恒温槽,直接在室温下测定。

(3) 毛细管必须洗净,否则气泡不能连续逸出,使数字微压差测量仪读数不稳定。

七、数据记录与处理

(1) 将数据记入下表。

表 2-11-7　数据记录表

$c/(\mathrm{mol\cdot L^{-1}})$	0.00	0.02	0.04	0.06	0.08	0.10	0.12	0.16	0.20	0.24
$\Delta p/\mathrm{Pa}$										
$\gamma/(\mathrm{N\cdot m^{-1}})$										
Z										
$\Gamma/(\mathrm{mol\cdot m^{-2}})$										
$(c/\Gamma)/\mathrm{m^{-1}}$										

(2) 计算仪器常数 k。

(3) 计算各溶液的表面张力 γ。

(4) 作 γ-c 关系曲线，在曲线的整个浓度范围内取 10 点左右作切线，计算相应 Z 值。

(5) 计算出 Γ 值后，作出吸附等温线，即 Γ-c 图。

(6) 计算出 c/Γ 值，以 c/Γ 对 c 作图，根据斜率和截距求出饱和吸附量 Γ_∞ 和吸附常数 K，写出 Langmuir 方程式并计算每个正丁醇分子所占据的表面积 A。

八、思考题

(1) 为什么毛细管尖端应平整光滑，安装时要垂直并刚好接触液面？

(2) 如果气泡鼓出得太快，对结果有何影响？

(3) 不采用抽气鼓泡，而用压力鼓泡可以吗？

(4) 本实验中有哪些因素会影响测定结果的准确性？

实验十二　液体黏度和密度的测定

一、实验目的

(1) 掌握测定黏度和密度的方法。

(2) 学会测定乙醇或 10% NaCl 溶液在 25℃时的黏度和密度。

二、预习要求

(1) 了解求黏度和密度的方法。

(2) 熟悉测定黏度和密度的方法。

三、实验原理

1. 黏度的测定

液体黏度的大小一般用黏度系数(η)表示。当用毛细管法测液体黏度时，则可通过泊肃叶公式计算黏度系数(简称黏度)

$$\eta=\frac{\pi r^4 pt}{8VL} \tag{2-12-30}$$

式中，V 为在时间 t 内流过毛细管的液体体积；L 为毛细管长；p 为毛细管两端的压力差；r 为毛细管半径。在物理单位制(CGS)中，黏度单位为泊(P)。在国际单位制(SI)中，黏度单位为 Pa・s，1P＝0.1Pa・s。

按式(2-12-30)通过实验来测定液体的绝对黏度是比较困难的，但测定该液体对标准液体(如水)的相对黏度则是简单实用的。由已知标准液体的绝对黏度，即可算出被测液体的绝对黏度。

设两种液体在本身重力作用下分别流经同一毛细管，且流出的体积相等，则有

$$\eta_1=\frac{\pi r^4 p_1 t_1}{8VL} \quad 或 \quad \eta_2=\frac{\pi r^4 p_2 t_2}{8VL} \tag{2-12-31}$$

两式相比后为

$$\frac{\eta_1}{\eta_2}=\frac{p_1 t_1}{p_2 t_2}$$

式中，$p=hg\rho$，其中 h 为推动液体流动的液位差；ρ 为液体密度；g 为重力加

速度。

如果两次实验时取用试样的液体体积一定，则可保持 h 在实验中的情况相同。式(2-12-31)可变为

$$\frac{\eta_1}{\eta_2}=\frac{\rho_1 t_1}{\rho_2 t_2} \quad 或 \quad \eta_1=\frac{\rho_1 t_1}{\rho_2 t_2}\cdot\eta_2 \tag{2-12-32}$$

因此根据已知标准液体的黏度和密度，则可按式(2-12-32)确定待测液体的黏度。

2. 密度的测定

比重管法或比重瓶法(图 2-12-19)是准确测定液体密度的常用方法。其原理为：先称出洁净干燥的比重瓶的质量为 m_1，然后将蒸馏水加入比重瓶内，恒温并定容后，再称量比重瓶质量为 m_2。重新干燥后，以同样方法测出装有待测液体比重瓶质量为 m_3，则可算出待测液体的密度

$$\rho=\rho_{H_2O}^{t}\cdot\frac{m_3-m_1}{m_2-m_1} \tag{2-12-33}$$

式中，$\rho_{H_2O}^{t}$为指定温度下蒸馏水的密度。

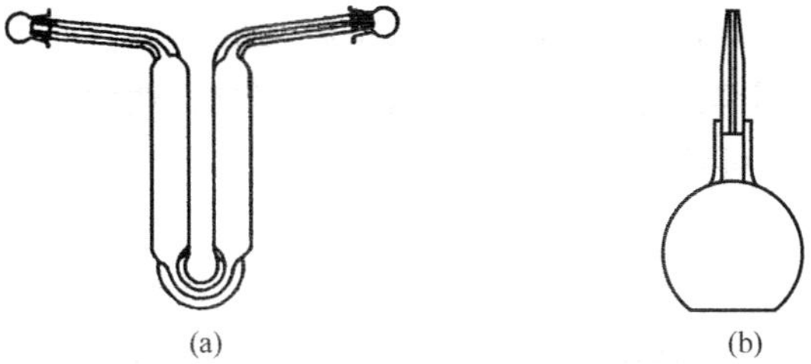

图 2-12-19 比重管(a)和比重瓶(b)

四、仪器、试剂和材料

仪器：恒温水浴、电子分析天平、秒表、奥氏黏度计、移液管、洗耳球、比重瓶(或比重管)。

试剂：乙醇。

材料：蒸馏水、滤纸、吸水纸。

五、实验内容

1. 仪器准备

将恒温水浴温度调至(25.0±0.1)℃，洗净并干燥奥氏黏度计和比重瓶。

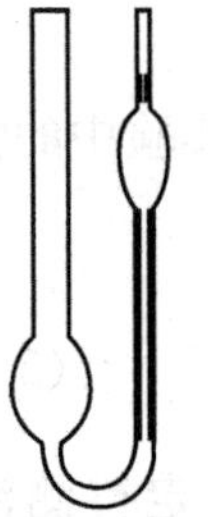

图 2-12-20 奥氏黏度计

2. 黏度测定

用移液管取 10mL 待测液放入奥氏黏度计(图 2-12-20)中,将黏度计垂直浸入恒温槽中恒温 15min 后,用橡皮管连接黏度计,用洗耳球吸起液体使超过上刻度,然后放开洗耳球,用停表记录液面自上刻度降至下刻度所经历的时间。重复测定至少 3 次,取其平均值。

为了便于黏度计的干燥,先用乙醇进行实验,再测蒸馏水的值。

3. 密度测定

在电子分析天平上称出干燥的比重瓶的质量 m_1,然后用滴管将蒸馏水加入比重瓶内(避免混入气泡),盖上瓶塞。若采用比重管,则可用橡皮管套在比重管一端,另一端插入蒸馏水中吸入蒸馏水,暂不盖上管帽。将比重瓶(或比重管)在恒温槽中恒温 15min 后,用滤纸将超过刻线的液体吸去,从恒温槽中取出比重瓶(或立即盖上比重管帽),立即以吸水纸或洁净的毛巾擦干外壁(注意不要因手的温度过高而使瓶中的液体溢出造成误差),再称量比重瓶质量为 m_2。重新干燥后,以同样方法测出装有待测液体的比重瓶质量 m_3。

实验时可用已干燥的比重瓶先测出乙醇的数据,然后倒出乙醇并用水荡洗后再测水的数据,还可免除中间干燥的步骤。

4. 测定其他温度时数据

将恒温水浴温度分别调至 30℃、35℃和 40℃,以上述步骤测定乙醇在相应温度时的黏度和密度。

六、数据记录与处理

(1) 将实验结果记入下表。

表 2-12-8 黏度及密度测定实验记录表

温度	黏度测定			密度测定	
25℃*	液体名称	水	乙醇	空瓶质量 m_1/g	
	流经毛细管时间 t/s			(空瓶+乙醇)质量 m_3/g	
				(空瓶+水)质量 m_2/g	
	$\bar{t}$/s			水的密度/($g \cdot cm^{-3}$)	
	黏度/(mPa · s)			乙醇密度/($g \cdot cm^{-3}$)	

*表示其他温度按此表格式复制。

(2) 按式(2-12-32)和式(2-12-33)计算相应结果并填入上表。

(3) 绘制乙醇黏度、密度的温度变化曲线。

七、思考题

(1) 为什么用奥氏黏度计时加入标准物及被测物的体积应相同？为什么测定黏度时要保持温度恒定？

(2) 测定黏度和密度的方法有哪些？它们各适用于哪些场合？

实验十三　表面活性剂临界胶束浓度的测定

一、实验目的

(1) 测定阴离子型表面活性剂——十二烷基硫酸钠的CMC值。
(2) 掌握电导法测定离子型表面活性剂的CMC的方法。
(3) 了解表面活性剂的CMC测定的几种方法。

二、预习要求

(1) 了解用电导法测定离子型表面活性剂的CMC的原理和测试步骤。
(2) 了解表面活性剂的CMC的含义。

三、实验原理

表面活性剂能显著降低溶液的表面张力，可用作渗透剂、润湿剂、乳化剂、分散剂、增溶剂、起泡剂、消泡剂和助磨剂等，广泛应用于石油、煤炭、化工、制药、冶金、材料、食品、环保和日常生活中。表面吸附和胶束形成是表面活性剂的两个重要物理化学性质，临界胶束浓度(critical micelle concentration，CMC)则是衡量表面活性剂表面活性的一种量度。

在表面活性剂溶液中，低浓度时表面活性剂以单体分布于溶液的表面和内部，而当浓度增大到一定值时，表面活性剂单体将会在溶液内部聚集，形成胶束。表面活性剂溶液开始形成胶束的最小浓度，即为其临界胶束浓度。

表面活性剂溶液在形成胶束前后，溶液的表面张力、电导率、渗透压、蒸气压、光学性质、去污能力和增溶效果等许多物理化学性质随着胶团的形成而发生突变，如图2-13-21所示。由图2-13-21可知，表面活性剂溶液的浓度只有在高于CMC时，才能充分发挥其作用(润湿作用、乳化作用、洗涤作用、发泡作用等)。因此，测定CMC、掌握影响CMC的因素，对于深入研究表面活性剂的物理化学性质是至关重要的。

表面活性剂溶液随浓度变化的物理化学性质一般都可用于测定CMC，常用的方法有表面张力法、电导率法、染料吸附法和增溶法。

1. 表面张力法

表面活性剂溶液的表面张力随溶液浓度的增大而降低，在CMC处表面张

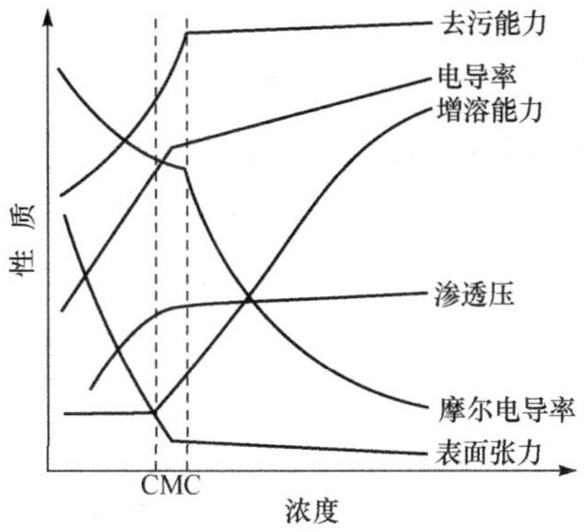

图 2-13-21　表面活性剂溶液的性质与浓度的关系

力降低变缓，在表面张力对浓度(或浓度的对数)图上有明显的转折点(CMC)。因此，可由 γ-lg$c$ 曲线确定 CMC 值。表面张力法还可同时测得表面吸附量，且此法不受无机盐的干扰，对离子型和非离子型表面活性剂都适用。

2. 电导率法

利用离子型表面活性剂水溶液电导率和浓度的变化关系，作 κ-c 曲线或 Λ_m-$\sqrt{c}$曲线，即可由曲线上的转折点求出 CMC 值，此法仅适用于离子型表面活性剂。

3. 染料吸附法

利用某些染料的生色有机离子(或分子)吸附于胶束的前后，其颜色发生明显变化的现象来确定 CMC 值。在定量的含染料的水中滴加表面活性剂的浓溶液，当开始形成胶束时，染料由水相转入有机相从而使颜色发生改变，此时表面活性剂的浓度即为 CMC。此法只要染料合适，操作非常简便，适用于离子型、非离子型表面活性剂，操作时还可借助分光光度计测定溶液的吸收光谱加以确定。

4. 增溶法

利用表面活性剂溶液对物质的增溶能力随其浓度的变化，在 CMC 处有明显的改变来确定 CMC 值。

本实验通过采用电导率法测定阴离子型表面活性剂溶液的电导率来确定 CMC 值。

电解质溶液的摩尔电导率随其浓度而变。若温度恒定，则在极稀的浓度范围内，强电解质溶液的摩尔电导率 Λ_m 与其溶液浓度的$\sqrt{c}$呈线性关系。

$$\Lambda_m = \Lambda_m^\infty - A\sqrt{c}$$

式中,Λ_m^∞ 为无限稀释时溶液的摩尔电导率;A 为常数。

对于胶体电解质,在稀溶液时的电导率、摩尔电导率的变化规律也同强电解质一样,但是随着溶液中胶团的生成,电导率和摩尔电导率发生明显变化,如图 2-13-22和图 2-13-23 所示。这就是电导法确定 CMC 的依据。电解质溶液的电导率测量是通过测量其溶液的电阻而得出的,本实验采用电导率仪进行测量。

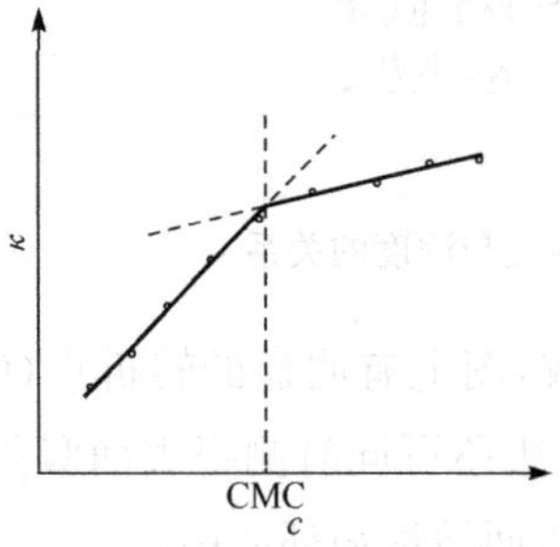

图 2-13-22　电导率与浓度的关系

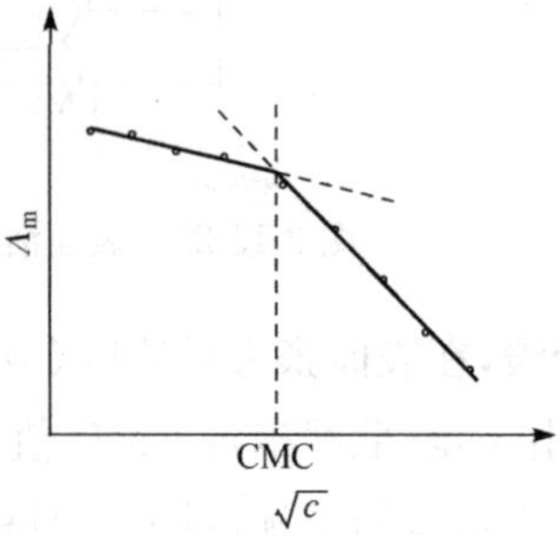

图 2-13-23　摩尔电导率与浓度的关系

四、仪器、试剂和材料

仪器:DDS-11A 型电导率仪、DJS-1 型铂黑电导电极、磁力加热搅拌器、烧杯、移液管、滴定管(酸式)。

试剂:十二烷基硫酸钠溶液(0.020mol · L^{-1}、0.010mol · L^{-1}、0.002mol · L^{-1})。

材料:高纯水。

五、实验内容

1. 仪器准备

按本书第一部分 2.4 节内容,进行电导率仪的调节。

2. 溶液电导率的测量

(1) 移取 0.002mol · L^{-1} $C_{12}H_{25}SO_4Na$ 溶液 50mL,放入 1 号烧杯中。

(2) 将电极用高纯水淋洗,用滤纸小心擦干(千万不可擦掉电极上所镀的铂黑),插入仪器的电极插口内,旋紧插口螺丝,并把电极夹固好,小心地浸入烧杯的溶液中。打开搅拌器电源,选择适当速度进行搅拌(注意不可打开加热开关),将校正-测量开关扳向“测量”,待表针稳定后,读取电导率值。然后依次将 0.020mol · L^{-1} $C_{12}H_{25}SO_4Na$ 溶液分别向 1 号烧杯中滴入 1mL、4mL、5mL、5mL、5mL,并记录滴入溶液的体积数和测量的电导率值。

(3) 将校正-测量开关扳向“校正”,取出电极,用高纯水淋洗,擦干。

(4) 另取 $0.010\mathrm{mol\cdot L^{-1}}$ 的 $C_{12}H_{25}SO_4Na$ 溶液 50mL,放入 2 号烧杯中。插入电极进行搅拌,将校正-测量开关扳向“测量”,读取电导率值。然后依次向烧杯中滴入 $0.020\mathrm{mol\cdot L^{-1}}$ 的 $C_{12}H_{25}SO_4Na$ 溶液 8mL、10mL、10mL、15mL。记录所滴入溶液的体积数和测量的电导率值。

实验结束后,关闭电源,取出电极,用蒸馏水淋洗干净,放入指定的容器中。

六、数据记录和处理

(1) 计算出不同浓度的 $C_{12}H_{25}SO_4Na$ 水溶液的浓度 c 和 $\sqrt{c}$。

(2) 根据公式计算出不同浓度的 $C_{12}H_{25}SO_4Na$ 水溶液的摩尔电导率 Λ_m。

(3) 将计算结果列于下表,并作 κ-c 曲线和 Λ_m-$\sqrt{c}$ 曲线,分别在曲线的延长线交点上确定出 CMC 值。

表 2-13-8　实验数据记录表

1号烧杯	滴定次数	1	2	3	4	5	6
	滴入溶液体积/mL	0	1	4	5	5	5
	烧杯中溶液总体积/mL	50	51	55	60	65	70
	$c/(\mathrm{mol\cdot L^{-1}})$						
	电导率 κ						
2号烧杯	滴定次数	1	2	3	4	5	
	滴入溶液体积/mL	0	8	10	10	15	
	烧杯中溶液总体积/mL	50	58	68	78	93	
	$c/(\mathrm{mol\cdot L^{-1}})$						
	电导率 κ						

七、思考题

(1) 若表面活性剂为非离子型的,能否采用本实验的方法测定 CMC 值?为什么?

(2) 测定各溶液电导率时,若电极插入溶液的深度不同,是否会产生误差?实验时应如何操作?

(3) 表面活性剂的电导率为何在 CMC 处会产生突然变化?本实验还可采用哪些方法测定 CMC?

实验十四　界面法测定离子的迁移数

一、实验目的

(1) 掌握测定离子迁移数的原理和方法,加深对离子迁移数概念的理解。

(2) 采用界面移动法测定 H^+ 的迁移数,掌握其方法和技术。

二、预习要求

(1) 复习离子迁移数的概念。

(2) 了解界面移动法测定离子迁移数的原理和方法。

三、实验原理

当电流通过电解质溶液时,在两电极上发生化学反应,溶液中承担导电任务的阴、阳离子分别向阳、阴两极移动,它们共同承担导电任务。某种离子传递的电量与总电量之比,称为离子迁移数。由于阴、阳离子的移动速度不同、电荷不同,各自所迁移的电量也必然不同。若两种离子传递的电量分别为 q_+ 和 q_-,则通入溶液的总电量恰好等于阴、阳离子迁移的电量总和(Q),即 $Q=q_+ + q_-$,则阴、阳离子的迁移数分别为:$t_+ = q_+/Q$ 与 $t_- = q_-/Q$,且 $t_+ + t_- = 1$。

影响离子迁移数的主要因素有温度、溶液浓度、离子本性、溶剂性质等。温度越高,阴、阳离子的迁移数趋于相等。在包含数种阴、阳离子的混合电解质溶液中,t_- 和 t_+ 各为所有阴、阳离子迁移数的总和。

测定离子迁移数对了解离子的性质具有重要意义,测定方法主要有界面移动法、希托夫法、电动势法。本实验是采用界面移动法测定 HCl 溶液中 H^+ 的迁移数,迁移管中离子迁移如图 2-14-24 所示,实验装置如图 2-14-25 所示。

界面移动法测离子迁移数有两种:一种是用两种指示离子,形成两个界面;另一种是选用一种指示离子,只有一个界面。本实验采用后一种方法,即以镉离子为指示离子,测定一定浓度盐酸溶液中氢离子的迁移数。

在一截面清晰的垂直迁移管中充满 HCl 溶液。通电后,当有电量为 Q 的电流通过每个静止的截面时,q_+ 电量的 H^+ 通过界面向阴极移动,q_- 电量的 Cl^- 通过界面向阳极移动。假定在迁移管的下部某处存在一个界面(图 2-14-24 中 1 处),在该界面以下无 H^+ 存在,而被其他阳离子(如 Cd^{2+})取代,则此界面将随着 H^+ 往上迁移而移动,界面的位置可通过界面上下溶液性质的差异而测定。

例如，利用酸碱指示剂因上下层溶液 pH 的不同而显示不同的颜色，从而形成清晰的界面。

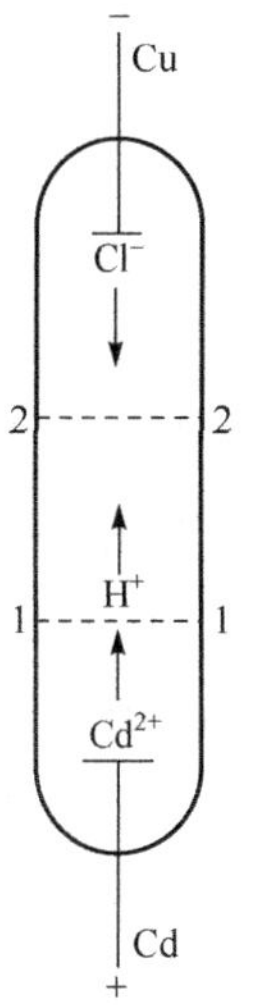

图 2-14-24　迁移管中离子迁移示意图

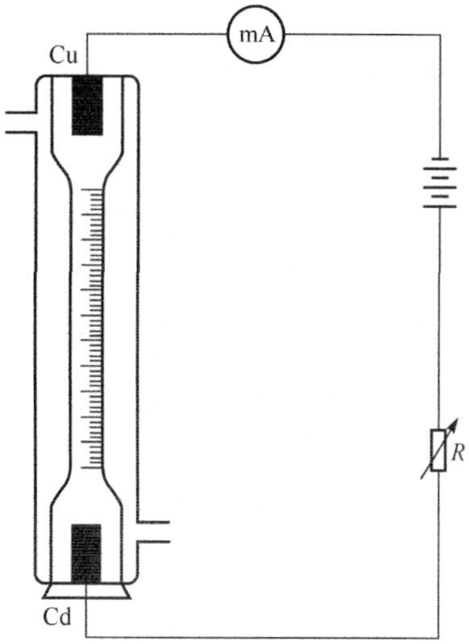

图 2-14-25　界面移动法实验装置

欲使界面保持清晰，必须使界面上、下电解质不相混合，可以通过选择合适的指示离子在通电情况下达到。$CdCl_2$ 溶液能满足这个要求，因为 Cd^{2+} 电迁移率(U)较小，即 $U_{Cd^{2+}} < U_{H^+}$。在图 2-14-25 的实验装置中，作为负极的铜棒安装在迁移管的上部，金属镉正极在管子底部。通电后，阳极上的 Cd 被氧化为 Cd^{2+}，与 H^+ 一起向上迁移，而 Cl^- 向下迁移，在管子的下部不断生成 $CdCl_2$，逐渐顶替 HCl 并形成界面。由于溶液要保持电中性，且任一截面都不会中断传递电流，H^+ 迁移走后的区域，Cd^{2+} 紧紧跟上充当指示离子。由于 HCl 与 $CdCl_2$ 溶液的折光指数不同，在两溶液间可显示一明显界面。

在正常条件下，界面保持清晰，界面以上的一段溶液保持均匀，H^+ 往上迁移的平均速率等于界面向上移动的速率。在通电 t 时间内，界面扫过的体积为 V，H^+ 输运的电量为在该体积中 H^+ 带电的总数，即 $q_{H^+} = cVF$，且根据迁移数定义可得

$$t_{H^+} = \frac{cVF}{Q} = \frac{cVF}{It}$$

式中，c 为 H^+ 的浓度，$mol \cdot L^{-1}$；t 为迁移的时间，s；V 为界面迁移扫过的体积，mL；I 为通过的电流，mA；F 为法拉第常量。

四、仪器、试剂和材料

仪器：离子迁移管、超级恒温水浴、镉电极、铜电极、滑线变阻器、毫安计、直

流稳压电源、秒表。

试剂：$0.1mol \cdot L^{-1}$ HCl 标准溶液、甲基橙。

材料：导线。

五、实验内容

(1) 配制浓度约为 $0.1mol \cdot L^{-1}$ HCl 标准溶液，并用标准 NaOH 溶液标定其准确浓度(可预先标定)。配制时每升溶液中加入甲基橙少许，使溶液呈浅红色。

(2) 用少量 HCl 标准溶液洗涤迁移管 3 次，将溶液装满迁移管，并插入铜电极。按照图 2-14-25 搭建实验装置，离子迁移管需垂直固定好，连接好线路，检查无误并经指导教师检查同意后开始实验。

(3) 调节恒温槽温度为(25±0.1)℃，待温度恒定后接通直流电源，控制电流 3～5mA。随着电解进行，Cd 阳极不断溶解变为 Cd^{2+}。由于 Cd^{2+} 的迁移速率小于 H^+，一段时间后在迁移管下部就会形成一个清晰的界面，界面以下是中性的黄色溶液 $CdCl_2$，而界面以上是红色的 HCl 溶液，从而可以清楚地观察界面在移动。当界面移动到某一可清晰观测的刻度时，打开秒表开始计时。此后，每当界面移动 0.050mL，记下相应的时间和电流读数，直到界面移动 0.5mL 为止，重复测定一次。在实验过程中要随时调节可变电阻 R，使电流 I 保持为定值。如在实验过程中出现界面不清晰的现象应停止实验。

(4) 调节恒温槽温度为 35℃、40℃和 50℃，测定 $0.1mol \cdot L^{-1}$ HCl 溶液中 H^+ 的迁移数。

(5) 实验结束后，将迁移管中溶液和初次洗涤液倒入指定回收瓶中。将迁移管洗净后，在其中充满蒸馏水，放回原处。

六、注意事项

(1) 实验过程中应避免桌面振动，以免影响移动界面的清晰度，从而保证实验的准确性。

(2) 通电后由于 $CdCl_2$ 层的形成，电阻加大，电流会渐渐变小，因此需不断调节滑线变阻器使电流保持不变。

七、思考题

(1) 离子迁移数与哪些因素有关?

(2) 保持界面清晰的条件是什么?

(3) 如何求得 Cl^- 的离子迁移数?

(4) 本实验中可能产生哪些误差? 最主要的误差是什么?

实验十五　配合物磁化率的测定

一、实验目的

(1) 掌握磁化率法测定配合物结构的基本方法与原理。

(2) 了解磁化率的意义及磁化率和分子结构的关系。

(3) 掌握磁天平的操作方法。

二、预习要求

(1) 了解古埃法测定磁化率的原理和方法。

(2) 复习配合物结构知识，熟悉磁化率和分子结构的关系。

(3) 熟悉磁天平的结构原理和操作规程。

三、实验原理

1. 磁化率

将一种物质置于磁场中，在外磁场的作用下，它会被磁化产生一附加磁场，则物质内部的磁感应强度(B) 可表示为

$$B=B_0+B'=\mu_0 H+B'$$

式中，B_0 为外磁场的磁感应强度；B'为附加磁场的磁感应强度；H 为外磁场强度；μ_0 为真空磁化率，$\mu_0=4\pi\times10^7\,\mathrm{N\cdot A^{-2}}$。

物质的磁化可用磁化强度 M 来表示，M 是一个矢量，它与磁场强度成正比

$$M=\chi\cdot H$$

式中，χ 为物质的体积磁化率。化学上还常用质量磁化率 χ_m 或摩尔磁化率 χ_M 来描述物质的磁学特性，它们与体积磁化率 χ 的关系为

$$\chi_m=\chi/\rho$$

$$\chi_M=M\cdot\chi_m=M\cdot\chi/\rho \qquad (2\text{-}15\text{-}34)$$

式中，ρ 为物质的密度；M 为物质的摩尔质量。

2. 分子磁矩与磁化率

物质置于外磁场中会产生附加磁场，这与其内部电子的运动特性有关。如果组成物质的分子、原子或离子具有未成对电子，则它们在运动时形成的电子电

流将产生一永久磁矩而使物质呈磁性。然而,物质是由大量分子、原子或离子构成的,由于热运动其排列方向是杂乱无章的,则因电子电流而产生的永久磁矩也因在各方向上排列的概率均等而相互抵消。因此,物质一般不显示磁性。但将物质置于磁场中,在外磁场的作用下,永久磁矩就会部分或全部顺着磁场方向作定向排列。永久磁矩间不再完全相互抵消而形成附加磁场,使物质内部的磁场得以加强,由此产生的附加磁场与外磁场方向相同,磁感应强度增大,显示其顺磁性。同时,由于物质内部电子轨道运动会产生拉莫尔进动,其磁化方向与外磁场相反,表现出逆磁性。因此,该类物质的摩尔磁化率 χ_M 是摩尔顺磁化率 $\chi_{顺}$ 与摩尔逆磁化率 $\chi_{逆}$ 之和,即

$$\chi_M = \chi_{顺} + \chi_{逆}$$

但由于顺磁性物质 $\chi_{顺} \gg |\chi_{逆}|$,可近似为 $\chi_M = \chi_{顺}$。顺磁性物质 $\chi_M > 0$,锰、铬、铂、氮、氧等均为顺磁性物质。

另有一类物质,其构成粒子(如分子、原子、离子等)内部电子均已配对,不具有产生永久磁矩的条件。但这些物质内部的成对电子在进行轨道运动时,受外磁场的作用会产生拉莫尔进动,感应出一种诱导磁矩,表现为附加磁场,其方向与外磁场方向相反,表现出逆磁性。由于逆磁性物质只有 $\chi_{逆}$,所以 $\chi_M = \chi_{逆}$。逆磁性物质 $\chi_M < 0$,汞、铜、铋、硫、氯、氢、银、金、锌、铅等均为逆磁性物质。

此外还有一类物质,其被磁化的强度与外磁场强度不存在正比关系,而是随着外磁场的增强而剧烈增加。当外磁场消失后,物质的附加磁场并不随之立即消失,这类物质称为铁磁性物质。铁、钴、镍及其合金就属于铁磁性物质,根据这一特性可将它们制成永久磁铁。

理论推导表明,如果忽略分子间的相互作用,则物质的摩尔顺磁化率 $\chi_{顺}$ 与分子永久磁矩 μ_m 间的定量关系为

$$\chi_{顺} = \frac{N_A \mu_m^2 \mu_0}{3k_b T} = \frac{C}{T}$$

式中,N_A 为阿伏伽德罗常量;k_b 为玻耳兹曼常量;T 为热力学温度;C 为居里常数;μ_0 为真空磁导率,$\mu_0 = 4\pi \times 10^{-7}\ \mathrm{N \cdot A^{-2}}$。

如前所述,具有永久磁矩的物质 $\chi_M = \chi_{顺}$,则有

$$\chi_M = \frac{N_A \mu_m^2 \mu_0}{3k_b T} \tag{2-15-35}$$

式(2-15-35)将宏观测量值 χ_M 与微观量 μ_m 联系在一起,因此只要通过实验测得 χ_M,即可计算物质的永久磁矩 μ_m。

实验表明,物质的永久磁矩 μ_m 与其所含未成对电子数 n 具有如下的关系

$$\mu_m = \sqrt{n(n+2)} \cdot \mu_B \tag{2-15-36}$$

式中，μ_B 为玻尔磁子，其物理意义是单个电子所产生的磁矩，即

$$\mu_B=\frac{eh}{4\pi m_e}=9.274\times10^{-24}(J\cdot T^{-1}) \tag{2-15-37}$$

式中，h 为普朗克常量；m_e 为电子质量。

根据式(2-15-37)可知，只要测得物质的 χ_M，就可以求得未成对电子数 n，从而可推断物质的电子组态，判断配合物分子的配位键类型。

3. 物质结构与磁化率

根据物质结构理论，配合物中心离子(或原子)与配体之间以配位键结合，配位键可分为电价配键和共价配键两类。当中心离子与配位体之间依靠静电库仑力结合形成的化学键称为电价配键。在电价配合物中，中心离子的电子结构不受配体影响，而与自由离子时基本相同，中心离子提供最外层的空价电子轨道接受配体给予的电子成键。而在共价配合物中，中心离子空的价电子轨道接受配体的孤对电子形成共价配键。在形成共价配键的过程中，中心离子为了尽可能多地成键，常进行电子重排，以空出更多的价电子轨道来容纳配位体的孤对电子。现以 Fe^{2+} 为例，说明两种成键方式。

下图为 Fe^{2+} 在自由状态时外层电子的构型：

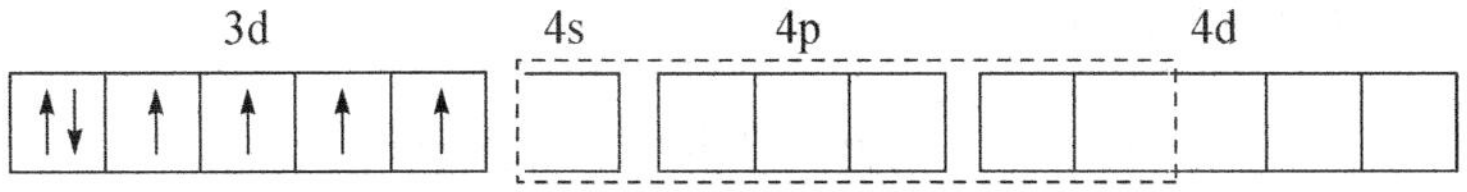

当 Fe^{2+} 与 6 个 H_2O 分子形成水合配离子$[Fe(H_2O)_6]^{2+}$时，中心离子 Fe^{2+} 仍然保持原来的电子构型，H_2O 的孤对电子分别充入由 1 个 4s 轨道、3 个 4p 轨道和 2 个 4d 轨道杂化而成的 6 个 sp^3d^2 杂化轨道中，形成正八面体构型的外轨配合物。而当 Fe^{2+} 与 6 个 CN^- 形成$[Fe(CN)_6]^{4-}$配离子时，Fe^{2+} 的电子组态先发生重排，以空出尽可能多的价电子轨道，重排后的价电子构型如下图所示。再以空出的 2 个 3d 轨道、1 个 4s 轨道、3 个 4p 轨道形成 6 个 d^2sp^3 杂化轨道，接受 6 个 CN^- 提供的 6 对孤对电子，形成正八面体构型的内轨型配合物。

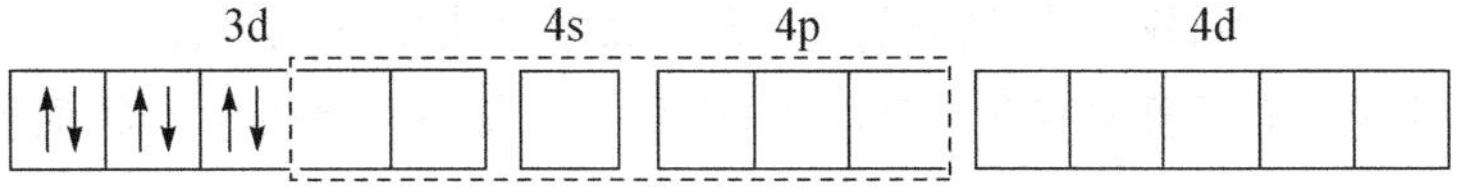

从上述讨论可知，内轨型配合物与外轨型配合物相比具有较少的未成对电子。因此，测得配合物的磁化率就可进一步确定配合物中未成对电子数，从而判别配合物的构型。

4. 磁化率的测定

磁化率的测量方法很多，常用的有古埃法、昆克法和法拉第法等。本实验采用古埃法。其测量原理如图 2-15-26 所示。

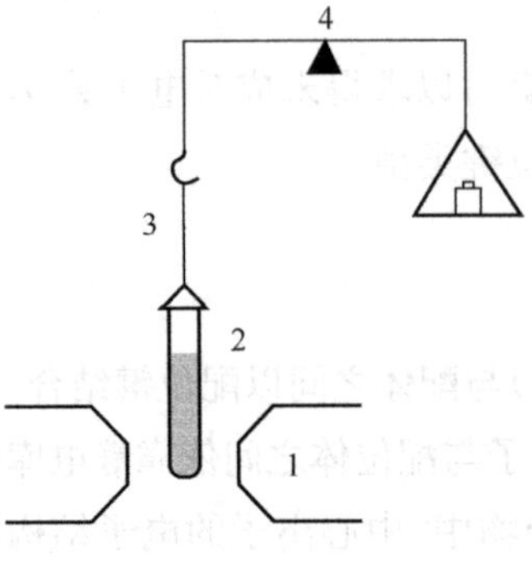

图 2-15-26　古埃磁天平测量原理图

1. 电磁铁；2. 样品管；3. 吊丝；4. 天平

将装有样品的圆柱形样品管悬于两磁极中间，使样品底部正好位于磁极中心，即磁场最强区域，样品顶端则位于磁场最弱甚至为零的区域。样品处于一不均匀的磁场中，设样品的截面积为 A，样品管长度方向为 dl 的某一样品中小体积元 $V(V=Adl)$ 在不均匀磁场中受到的作用力 dF 为

$$dF=\chi\mu_0 HV\frac{dH}{dl}=\chi\mu_0 HAdH$$

式中，$\frac{dH}{dl}$ 为磁场强度梯度。

顺磁性物质的作用力指向磁场最强的方向，逆磁性物质则指向磁场最弱的方向。当不考虑样品周围介质(如空气，其磁化率很小)，样品顶端磁场强度 H_0 近似为零时，则样品所受的力可积分为

$$F=\int_{H=H}^{H_0=0}\chi\mu_0 HA\,dH=\frac{1}{2}\chi\mu_0 H^2 A$$

当样品受到磁场作用力时，天平的另一臂加减砝码使之平衡，设 Δm 为施加磁场前后的砝码质量差，则有

$$F=\frac{1}{2}\chi\mu_0 H^2 A=g\cdot\Delta m \tag{2-15-38}$$

而 $\chi=\chi_m\rho$，$\rho=W/V=W/(Al)$，代入式(2-15-38)整理，则有

$$\chi_m=\frac{2gl\Delta mM}{\mu_0 WH^2} \tag{2-15-39}$$

式中，l 为样品高度；W 为样品质量；M 为样品摩尔质量；ρ 为样品密度。

磁场强度 H 可通过特斯拉计测得，也可用已知磁化率的标准物质标定。常用标准物质是莫尔盐$[(NH_4)_2SO_4\cdot FeSO_4\cdot 6H_2O]$，莫尔盐的 χ_m 与热力学温度的关系式为

$$\chi_m=\frac{9500}{T+1}\times 4\pi\times 10^{-9}(m^3\cdot kg^{-1})$$

本实验就是通过测量物质的磁化率，以判别配合物的构型。

四、仪器、试剂和材料

仪器：磁天平、特斯拉计、装样品工具。

试剂：$(NH_4)_2SO_4 \cdot FeSO_4 \cdot 6H_2O$、$FeSO_4 \cdot 7H_2O$、$K_4Fe(CN)_6 \cdot 3H_2O$。

材料：样品管。

五、实验内容

1. 开启磁天平、调整特斯拉计探头位置

(1) 打开冷却水，观察出水口是否通畅，如无流水或水流不畅，应查明原因并排除。将磁天平励磁电流调至 0，打开稳压电源，待电源电压稳定在 220V 后，开启磁天平电源开关。

(2) 将特斯拉计探头放入磁铁的中心架中，套上保护套，调节特斯拉计的数值为“0”。除去保护套，将特斯拉计探头平面垂直置于磁场两极中心，打开电源，适当调节电流，使特斯拉计读数约为“0.3T”，适当改变探头位置并观察读数，将探头位置调整至读数最大时的位置。将探头沿此位置的垂直线，测出特斯拉计读数为“0”时的高度，即样品管中样品的装载高度。关闭电源前，应调节电流使特斯拉计读数为“0”。

2. 磁场强度的标定

(1)将一支干燥、洁净的空样品管悬挂于磁天平挂钩上，使样品管的底部恰位于磁极中心(样品管不可接触磁极，且与探头有合适距离)。准确称取空样品管的质量(此时励磁电流应为零，即 $H=0$)为 $m_{1管}(H_0)$；调节电流使特斯拉计读数为“0.300T”(H_1)，迅速称量得 $m_{1管}(H_1)$；再调节电流使特斯拉计读数为“0.350T”(H_2)，迅速称量得 $m_{1管}(H_2)$。然后先略增大电流后，再调节电流使特斯拉计读数回到“0.350T”(H_2)，迅速称量得 $m_{2管}(H_2)$；调节电流使特斯拉计读数为“0.300T”(H_1)，再称量得 $m_{2管}(H_1)$；最后缓慢降低电流，使特斯拉计读数回到“0.000T”(H_0)，再次称取空样品管的质量得 $m_{2管}(H_0)$。如此调节电流由小到大、再由大到小的测定方法，目的是消除实验时磁场剩磁现象的影响。

$$\Delta m_{管}(H_1)=\frac{1}{2}[\Delta m_{1管}(H_1)+\Delta m_{2管}(H_1)]$$

$$\Delta m_{管}(H_2)=\frac{1}{2}[\Delta m_{1管}(H_2)+\Delta m_{2管}(H_2)]$$

式中，$\Delta m_{1管}(H_1)=m_{1管}(H_1)-m_{1管}(H_0)$；$\Delta m_{1管}(H_2)=m_{1管}(H_2)-m_{1管}(H_0)$；$\Delta m_{2管}(H_1)=m_{2管}(H_1)-m_{2管}(H_0)$；$\Delta m_{2管}(H_2)=m_{2管}(H_2)-m_{2管}(H_0)$。

(2) 取下样品管,向其中装入事先研细的莫尔盐,并在软垫上轻轻磕击使样品均匀填实,直至达到所要求的高度(以直尺准确测量)。按上述方法将样品管置于磁天平上进行称量,重复称空样品管的过程,得到相应的 $m_{1管+标}(H_0)$、$m_{1管+标}(H_1)$、$m_{1管+标}(H_2)$、$m_{2管+标}(H_0)$、$m_{2管+标}(H_1)$和 $m_{2管+标}(H_2)$。计算 $\Delta m_{管+标}(H_1)$和 $\Delta m_{管+标}(H_2)$。

3. 样品磁化率的测定

将样品管小心取下,洗净吹干,将莫尔盐换成 $FeSO_4 \cdot 7H_2O$ 与$K_4[Fe(CN)_6] \cdot 3H_2O$,重复上述步骤进行测定。计算 $\Delta m_{管+样}(H_1)$和 $\Delta m_{管+样}(H_2)$。

4. 关机

实验完毕后,将励磁电流调至 0,分别关闭斯特拉计和磁天平电源,再关闭稳压电源和冷却水。

六、注意事项

(1) 样品管装样时,样品要尽可能紧密、均匀。

(2) 样品管底部所处的位置对测量结果影响较大,为避免更换样品时引入误差,测量和标定时应采用同一根样品管,但要注意一定要将样品管洗净吹干。

(3) 样品长度的测量精确度直接影响到实验结果。除了要求在样品周围多次取样测量外,还应注意在测量结果中不要包括样品管底部的壁厚。

(4) 铁磁性物质制成的工具,如镍制刮勺、铁锉刀、镊子等,不能接触样品,否则会因混入其碎屑而产生较大的误差。

(5) 开启或关闭磁天平电源,均应将励磁电流调节至 0,否则会产生强大的反电动势而使磁天平损坏。同时,为保护功放管,必须保证冷却水畅通。

七、数据记录与处理

(1) 将数据记录于下表。

表 2-15-9 磁化率测定数据记录表 室温/℃______

	H/T	m_1/g	Δm_1/g	m_2/g	Δm_2/g	Δm/g	l/cm	$W_{样品}$/g
空样品管	H_0=0.000		——		——	——	——	——
	H_1=0.300							
	H_2=0.350							

续表

	H/T	m_1/g	Δm_1/g	m_2/g	Δm_2/g	Δm/g	l/cm	$W_{样品}$/g
莫尔盐	$H_0=0.000$		——		——	——		
	$H_1=0.300$							
	$H_2=0.350$							
$FeSO_4 \cdot 7H_2O$	$H_0=0.000$		——		——	——		
	$H_1=0.300$							
	$H_2=0.350$							
$K_4[Fe(CN)_6] \cdot 3H_2O$	$H_0=0.000$		——		——	——		
	$H_1=0.300$							
	$H_2=0.350$							

(2) 由莫尔盐的单位质量磁化率和实验数据标定磁场强度值。

$W_{标}=m_{1管+标}(H_0)-m_{1管}(H_0)$

$\Delta m_{标}(H_1)=\Delta m_{管+标}(H_1)-\Delta m_{管}(H_1)$；$\Delta m_{标}(H_2)=\Delta m_{管+标}(H_2)-\Delta m_{管}(H_2)$

$$H=\sqrt{\frac{2gl\Delta mM}{\mu_0 W\chi_m}}$$

(3) 计算样品的单位质量磁化率 χ_m 和摩尔磁化率 χ_M。

$W_{样}=m_{1管+样}(H_0)-m_{1管}(H_0)$

$\Delta m_{样}(H_1)=\Delta m_{管+样}(H_1)-\Delta m_{管}(H_1)$；$\Delta m_{样}(H_2)=\Delta m_{管+样}(H_2)-\Delta m_{管}(H_2)$

将标定得到的磁场强度值 H 和 $W_{样}$、$\Delta m_{样}$ 及 l 代入式(2-15-38)计算样品的单位质量磁化率 χ_m，再按式(2-15-34)计算样品的摩尔磁化率 χ_M。

(4) 将 χ_M 代入式(2-15-35)，计算各样品的分子磁矩 μ_m。再根据式(2-15-36)求算各样品分子的未成对电子数 n。讨论所测样品的杂化轨道类型及其空间构型。

八、思考题

(1) 实验时，样品装得不实且不均匀或者样品量太少，对实验结果是否有影响，为什么？

(2) 开启和关闭磁天平有哪些注意事项？

(3) 不同励磁电流下测得的摩尔磁化率是否相同？

(4) 如何才能使样品管处于最佳位置(样品底部对准磁极中心)？

(5) 根据摩尔磁化率如何计算分子内未成对电子数及判断其配键类型？

实验十六　黏度法测定高聚物的相对分子质量

一、实验目的

(1) 掌握黏度法测定高聚物相对分子质量的基本原理和方法。

(2) 掌握用乌氏黏度计测定高聚物溶液黏度的原理及操作方法。

(3) 测定聚合物聚乙二醇的黏均相对分子质量。

二、预习要求

(1) 熟悉实验涉及的一些名词的物理意义及其符号。

(2) 熟悉乌氏黏度计测定高聚物溶液黏度的原理及操作方法。

三、实验原理

在高聚物结构与性能的研究中，相对分子质量是一个非常重要的基本参数。它不仅反映高聚物分子的大小，且直接关系到高聚物的物理性能。然而与一般无机物和低相对分子质量的有机物不同，高聚物是由单体分子经加聚或缩聚过程得到的，由于聚合度的不同，高聚物的相对分子质量大小不一，且没有一个确定的值。因此，高聚物大多是相对分子质量不等的混合物，实验测得的某一高聚物的相对分子质量实际为相对分子质量的统计平均值。

测定高聚物相对分子质量的方法很多，不同方法所得平均相对分子质量也有所不同，常见的测定方法及其适用范围见表 2-16-10。其中黏度法设备简单，操作方便，有很好的实验精度，是常用的方法之一，用此法求得的相对分子质量称为黏均相对分子质量。

表 2-16-10　常见各种高聚物平均相对分子质量测定法及其适用范围

实验方法	适用相对分子质量范围	方法类型
端基分析法	3×10^4 以下	绝对法
沸点升高法	3×10^4 以下	相对法
凝固点降低法	5×10^3 以下	相对法
气相渗透压法	3×10^4 以下	相对法
膜渗透压法	$2\times10^4\sim1\times10^6$	绝对法

续表

实验方法	适用相对分子质量范围	方法类型
光散射法	$2\times10^4\sim1\times10^7$	绝对法
超速离心沉降速度法	$1\times10^4\sim1\times10^7$	绝对法
超速离心沉降平衡法	$1\times10^4\sim1\times10^6$	绝对法
黏度法	$1\times10^4\sim1\times10^7$	相对法
凝胶渗透色谱法	$1\times10^3\sim5\times10^6$	相对法

黏度是液体流动时内摩擦力大小的反映。高聚物溶液的特点是黏度特别大,原因在于其分子链长度远大于溶剂分子,加上溶剂化作用,使其在流动时受到较大的内摩擦力。黏性液体在流动过程中所受阻力的大小可用黏度系数(简称黏度)来表示。黏度分为绝对黏度和相对黏度。绝对黏度有动力黏度和运动黏度两种表示方法。动力黏度是指当单位面积的流层以单位速度相对于单位距离的流层所需的切向力,用 η 表示,单位为 Pa·s。运动黏度是液体的动力黏度与同温度下该液体密度 ρ 的比值,以符号 v 表示,单位为 $m^2\cdot s^{-1}$。相对黏度则是某液体的黏度与标准液体黏度之比。

纯溶剂黏度反映了溶剂分子间的内摩擦力,以 η_0 表示。高聚物溶液的黏度则是高聚物分子间、高聚物分子与溶剂分子间及溶剂分子间三种内摩擦力之和。在相同温度下,通常高聚物溶液的黏度 η 大于纯溶剂黏度 η_0,即 $\eta>\eta_0$。为了比较这两种黏度,引入增比黏度的概念,以 η_{sp}表示,即

$$\eta_{sp}=\frac{\eta-\eta_0}{\eta_0}$$

溶液黏度与纯溶剂黏度的比值则用相对黏度 η_r 表示,即

$$\eta_r=\frac{\eta}{\eta_0}$$

η_r 反映的也是溶液的黏度行为,而 η_{sp}表示已扣除了溶剂分子间的内摩擦效应。高聚物的增比黏度 η_{sp}往往随浓度 c 的增加而增加。为了便于比较,将单位浓度所显示的增比黏度 η_{sp}/c 称为比浓黏度,而 $\ln\eta_r/c$ 称为比浓对数黏度。当溶液无限稀释时,高聚物分子彼此相隔甚远,它们之间的相互作用可以忽略,此时有关系式

$$\lim_{c\to0}\frac{\eta_{sp}}{c}=\lim_{c\to0}\frac{\ln\eta_r}{c}=[\eta]$$

式中,$[\eta]$为特性黏度。它反映的是高分子与溶剂分子之间的内摩擦,其数值取决于溶剂的性质以及高聚物分子的大小和形态。由于 η_r 和 η_{sp} 均是无因次量,所以$[\eta]$的单位是浓度 c 单位的倒数。在足够稀的高聚物溶液里,η_{sp}/c 与 c、

$\ln\eta_r/c$ 与 c 之间分别符合下述经验关系式

$$\frac{\eta_{sp}}{c}=[\eta]+\kappa[\eta]^2 c$$

$$\frac{\ln\eta_r}{c}=[\eta]-\beta[\eta]^2 c$$

式中，κ 和 β 分别为 Huggins 常数和 Kramer 常数。这是两个直线方程，通过 η_{sp}/c 对 c、$\ln\eta_r/c$ 对 c 作图，外推至 $c\to 0$ 时所得的截距即为$[\eta]$。显然，对于同一高聚物，由上面两个线性方程作图外推所得截距应交于同一点，如图 2-16-27 所示。

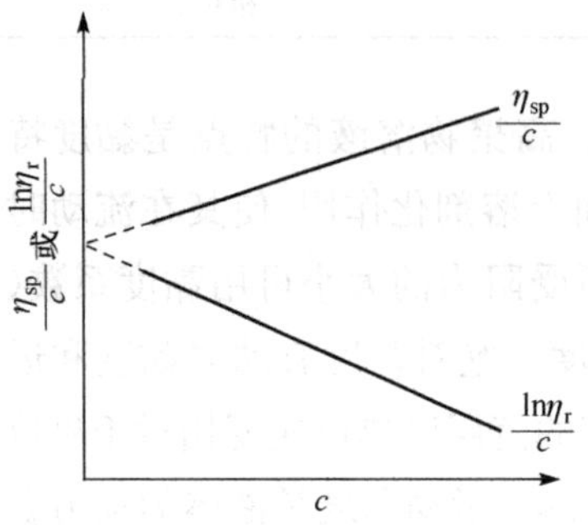

图 2-16-27　外推法求特性黏度$[\eta]$

在一定温度和溶剂条件下，特性黏度$[\eta]$和高聚物相对分子质量 M 之间的关系通常用 Mark-Houwink 经验方程表示

$$[\eta]=K\overline{M}^{\alpha} \qquad (2\text{-}16\text{-}40)$$

式中，$\overline{M}$为黏均相对分子质量；K 和 α 为与温度、高聚物及溶剂性质有关的常数。K 值对温度较为敏感，α 值取决于高聚物分子链在溶剂中的舒展程度。K 和 α 的值只能通过如膜渗透压法、光散射法等绝对实验方法测定。表 2-16-11 列出了聚乙二醇水溶液在不同温度时的 K 和 α 值。

表 2-16-11　聚乙二醇在不同温度时的 K 和 α 值(水溶液)

t/℃	$K/(m^3\cdot kg^{-1})$	α	$\overline{M}$
25	1.56×10^{-4}	0.50	190～1000
30	1.25×10^{-5}	0.78	$2\times10^4\sim5\times10^6$
35	6.40×10^{-6}	0.82	$3\times10^4\sim7\times10^6$
40	1.66×10^{-5}	0.82	400～4000
45	6.90×10^{-6}	0.81	$3\times10^4\sim7\times10^6$

至此可以看出，高聚物的相对分子质量可通过测定溶液的特性黏度$[\eta]$而间接测得。液体黏度的测定方法有三类：落球法、转筒法和毛细管法。前两种适用于高中黏度的测定，毛细管法适用于较低黏度的测定。本实验采用毛细管法，用乌氏黏度计(图 2-16-28)测定一定体积的液体流经一定长度和半径的毛细管所需的时间来确定其黏度。

当液体在重力作用下流经毛细管时，遵守泊肃叶定律

$$\eta=\frac{\pi p r^4 t}{8lV}=\frac{\pi h\rho r^4 t}{8lV}$$

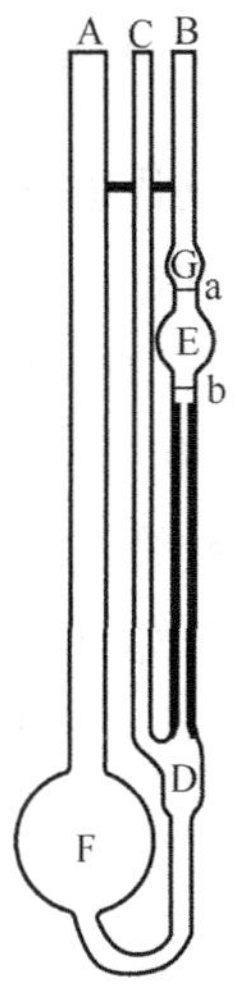

图 2-16-28　乌氏黏度计

式中，η 为液体的黏度，$kg \cdot m^{-1} \cdot s^{-1}$；$p$ 为液体流动时在毛细管两端的压力差（液体密度 ρ、重力加速度 g 和流经毛细管液体的平均液柱高度 h 的乘积），$kg \cdot m^{-1} \cdot s^{-1}$；$r$ 为毛细管的半径，m；V 为流经毛细管液体的体积，m^3；t 为体积为 V 的液体流经毛细管的时间，s；l 为毛细管的长度，m。用同一支黏度计在相同条件下测定两种液体的黏度时，它们的黏度之比就等于密度与流出时间之比，即

$$\frac{\eta_1}{\eta_2}=\frac{\rho_1 t_1}{\rho_2 t_2} \tag{2-16-41}$$

如果用已知黏度为 η_1 的液体作为参考液体，则待测液体的黏度 η_2 就可通过式(2-16-41)求得。在测定溶液和溶剂的相对黏度时，如果是稀溶液（$c<10kg \cdot m^{-3}$），溶液的密度与溶剂的密度可近似地看成相同，则相对黏度可以表示为

$$\eta_r=\frac{\eta}{\eta_0}=\frac{t}{t_0}$$

式中，η、η_0 分别为溶液和纯溶剂的黏度；t 和 t_0 分别为溶液和纯溶剂的流出时间。

因此在实验中，只要测出不同浓度下高聚物溶液和纯溶剂的流出时间，即可求得 η_r、η_{sp}，以 η_{sp}/c 对 c、$\ln\eta_r/c$ 对 c 作图，外推至 $c\to 0$，即可得$[\eta]$，在已知 K、α 值的条件下，可由式(2-16-40)计算出高聚物的黏均相对分子质量。

四、仪器、试剂和材料

仪器：恒温水浴、电子分析天平、乌氏黏度计、秒表、吹风机、移液管、容量瓶、洗耳球。

试剂：8%聚乙二醇溶液、无水乙醇。

材料：蒸馏水、乳胶管、止水夹。

五、实验内容

1. 准备工作

(1) 将恒温水浴调节至(25.0±0.1)℃。

(2) 分别移取 5mL、10mL、15mL、20mL、25mL 8%聚乙二醇溶液于 100mL 容量瓶中，以蒸馏水定容，摇匀备用。

(3) 用洗液、自来水和蒸馏水将乌氏黏度计洗净（特别是毛细管部分），用无水乙醇润洗，干燥备用。

2. 测定溶剂的流出时间 t_0

在乌氏黏度计的B、C两管上分别装上乳胶管,然后将黏度计垂直安装在铁架台上并放入恒温水浴中,注意要将水面浸没G球。将一定量(约20mL)蒸馏水自A管加入黏度计中,恒温10min。用止水夹夹紧C管口的乳胶管,使C管不通气,然后用洗耳球从B管处将溶液吸起,一直吸到G球的中部。然后打开C管乳胶管上的夹子使毛细管内液体与D球分开,此时溶液液面下落,当落到a刻度时开始计时,落到b刻度时停止计时,由此测得a、b之间液体流经毛细管所需的时间。重复这一操作至少3次,其时间相差不大于0.3s,取3次的平均值为 t_0。

3. 测定溶剂流出时间 t

取出黏度计,倒出蒸馏水,用待测溶液润洗黏度计数次,同上述步骤由稀到浓依次测定各溶液的流出时间 t。

实验结束后,将溶液倒入回收瓶,用溶剂仔细冲洗黏度计,最后以溶剂浸泡备用。

六、注意事项

(1) 黏度计必须洗净,如毛细管上挂有水珠,需用洗液浸泡。

(2) 实验过程中要恒温,否则不易达到测定精度。

(3) 黏度计要垂直放置,实验过程中不要使其振动和拉动,否则影响实验结果。

(4) 每加入一次溶液前要将溶液充分混匀,并抽洗黏度计的E球和G球,使黏度计各处的浓度相等。

(5) 注意黏度计的抓持方法,以免损坏。

(6) 本实验涉及的常用名词的物理意义见表2-16-12。

表 2-16-12 常用名词的物理意义

符号	名称与物理意义
η_0	纯溶剂的黏度,溶剂分子与溶剂分子间的内摩擦表现出来的黏度
η	溶液的黏度,溶剂分子与溶剂分子之间、高聚物分子与高聚物分子之间和高分子与溶剂分子之间三者内摩擦的综合表现
η_r	相对黏度,$\eta_r=\dfrac{\eta}{\eta_0}$,溶液黏度对溶剂黏度的比值

续表

符号	名称与物理意义
η_{sp}	增比黏度，$\eta_{sp}=\frac{\eta-\eta_0}{\eta_0}=\eta_r-1$，反映了高聚物分子与高聚物分子之间、纯溶剂与高聚物分子之间的内摩擦效应
η_{sp}/c	比浓黏度，单位浓度下所显示出的黏度
$[\eta]$	特性黏度，$\lim\limits_{c\to 0}\eta_{sp}/c=[\eta]$，反映了高聚物分子与溶剂分子之间的内摩擦，其单位是浓度单位的倒数

七、数据记录与处理

(1) 将实验数据记录于下表中。

表 2-16-13　黏度测定实验数据记录

溶液原始浓度________；实验温度/℃________

		溶剂	1	2	3	4	5
$c/(\mathrm{kg\cdot m^{-3}})$							
t/s	1						
	2						
	3						
	平均值						
η_r							
$\ln\eta_r$							
η_{sp}							
η_{sp}/c							
$\ln\eta_r/c$							

(2) 以 η_{sp}/c 对 c、$\ln\eta_r/c$ 对 c 作图，并外推至 $c\to 0$，求得截距即可得$[\eta]$。

(3) 根据 K、α 值由式(2-16-40)计算聚乙二醇的黏均相对分子质量。

八、思考题

(1) 本实验所用乌氏黏度计与奥氏黏度计有何不同？是否可以通用？

(2) 分析实验中产生误差的主要因素。

(3) 本实验中，如果黏度计未干燥，对实验结果有影响吗？

(4) 黏度计毛细管的粗细对实验结果有何影响？

实验十七　偶极矩的测定

一、实验目的

(1) 掌握溶液法测定偶极矩的原理和方法。

(2) 掌握精密电容测试仪的使用方法。

(3) 测定乙酸乙酯的偶极矩。

二、预习要求

(1) 复习阿贝折光仪的使用。

(2) 了解溶液法测定偶极矩的原理和方法。

(3) 了解精密电容测试仪的使用方法。

三、实验原理

1. 偶极矩与极化度

分子呈电中性，但由于空间构型不同，正、负电荷中心不一定能重合。能重合则称为非极性分子，不能重合则称为极性分子。分子极性的大小用偶极矩来衡量。偶极矩的定义是正负电荷中心间的距离 d 与电荷量 q 的乘积，即

$$\mu = q \cdot d$$

偶极矩是矢量，规定其方向为从正电荷到负电荷。由于分子中原子核间距的数量级是 10^{-10} m，电荷的数量级是 10^{-20} C，因此偶极矩的数量级是 10^{-30} C · m。

通过偶极矩的测定，不仅可以了解分子结构中有关电子密度的分布和分子的对称性，还可以判别几何异构体和分子的立体结构等。极性分子具有永久偶极矩，但由于分子的热运动，偶极矩指向任一方向的机会均等，所以偶极矩的统计值等于零。若将极性分子置于均匀的电场中，在电场的作用下偶极矩则趋向电场方向排列，这称为分子极化。分子极化的程度可用摩尔极化度(P)来衡量。由转向导致的极化以摩尔转向极化度($P_{转向}$)来衡量，$P_{转向}$ 与永久偶极矩 μ 的平方值成正比，与热力学温度 T 成反比

$$P_{转向} = \frac{4}{9}\pi N_A \frac{\mu^2}{k_b T} \qquad (2\text{-}17\text{-}42)$$

式中，k_b 为玻耳兹曼常量；N_A 为阿伏伽德罗常量。

在外电场作用下，极性分子或非极性分子都会发生电子云对分子骨架的相

对移动，分子骨架也会发生形变，称为诱导极化或变形极化。由此产生的极化以摩尔诱导极化度（$P_{诱导}$）来衡量。$P_{诱导}$又可分为电子极化度（$P_{电子}$）和原子极化度（$P_{原子}$）两项，$P_{诱导}$与外电场强度成正比，与温度无关。由于非极性分子的偶极矩为零，因此非极性分子的摩尔极化度 $P=P_{诱导}=P_{电子}+P_{原子}$。

如果外电场是交变电场，极性分子的极化情况则与交变电场的频率有关。当处于频率小于 $10^{10}\,s^{-1}$ 的低频电场或静电场时，极性分子所产生的摩尔极化度 P 是转向极化、电子极化和原子极化的总和，即 $P=P_{转向}+P_{诱导}=P_{转向}+P_{电子}+P_{原子}$。当频率增加到 $10^{12}\sim10^{14}\,s^{-1}$ 的中频（红外频率）电场时，电子的交变周期小于分子偶极矩的松弛时间，极性分子的转向运动跟不上电场的变化，即极性分子来不及沿电场方向定向，故 $P_{转向}=0$。此时，极性分子的摩尔极化度等于摩尔诱导极化度，即 $P=P_{电子}+P_{原子}$。当交变电场的频率进一步增加到大于 $10^{15}\,s^{-1}$ 的高频（可见光和紫外频率）电场时，极性分子的转向运动和分子骨架变形都跟不上电场的变化。此时极性分子的摩尔极化度仅等于电子极化度，即 $P=P_{电子}$。因此，原则上只要在低频电场下测得极性分子的摩尔极化度 P，在红外频率下测得极性分子的摩尔诱导极化度 $P_{诱导}$，两者相减即可得到极性分子摩尔转向极化度 $P_{转向}$，然后代入式(2-17-42)就可算出极性分子的永久偶极矩 μ。由于实验上条件的限制，而且 $P_{原子}$ 只占 $P_{诱导}$ 中的 5%～15%，一般总是用高频电场代替中频电场，近似地将在高频电场下测得的摩尔电子极化度视为极性分子的摩尔诱导极化度，即 $P_{诱导}=P_{电子}$。

2. 极化度与偶极矩的测定

克劳修斯、莫索提和德拜从电磁场理论推导得到了摩尔极化度 P 与介电常数 ε 之间的关系式

$$P=\frac{\varepsilon-1}{\varepsilon+2}\cdot\frac{M}{\rho} \tag{2-17-43}$$

式中，M 为被测物质的相对分子质量；ρ 为该物质的密度；ε 可以通过实验测定。

因为式(2-17-43)是假定分子与分子间无相互作用而推导出的，所以它只能适用于温度不太低的气相体系。然而对于某些物质，根本无法获得气相状态，因此提出了用溶液法来解决这一难题，即将待测对象溶于非极性溶剂中进行。在无限稀释的非极性溶剂的溶液中，溶质分子所处的状态和气相时相近，于是无限稀释溶液中溶质的摩尔极化度 P_2^{∞} 就可视为式(2-17-43)中的摩尔极化度 P，即

$$P=P_2^{\infty}=\lim_{x_2\to0}P_2=\frac{3\alpha\varepsilon_1}{(\varepsilon_1+2)^2}\times\frac{M_1}{\rho_1}+\frac{\varepsilon_1-1}{\varepsilon_1+2}\times\frac{M_2-\beta M_1}{\rho_1} \tag{2-17-44}$$

式中，ε_1、M_1 和 ρ_1 分别为溶剂的介电常数、相对分子质量和密度；M_2、x_2 分别为

溶质的相对分子质量和摩尔分数;α、β 分别为常数,可通过以下两个稀释溶液的近似式求得

$$\varepsilon=\varepsilon_1(1+\alpha x_2)$$

$$\rho=\rho_1(1+\beta x_2)$$

式中,ε 和 ρ 分别为溶液的介电常数和密度。

因此,可测定纯溶剂的 ε_1 和 ρ_1 以及不同摩尔分数(x_2)溶液的 ε 和 ρ,将它们代入式(2-17-44)即可求出溶质分子的总摩尔极化度。

根据光的电磁理论,在同一频率的高频电场作用下,透明物质的介电常数 ε 与折光率 n 的关系为

$$\varepsilon=n^2$$

习惯上常用摩尔折射度 R_2 来表示高频区测得的极化度,而此时,$P_{转向}=0$,$P_{原子}=0$,则有

$$R_2=P_{电子}=\frac{n^2-1}{n^2+2}\times\frac{M}{\rho}$$

在稀溶液情况下,有近似公式

$$n=n_1(1+\gamma x_2)$$

同样,测定不同浓度溶液的摩尔折射度 R_2,外推至无限稀释,即可求出该溶质的摩尔折射度计算公式

$$R_2^\infty=\lim_{x_2\to 0}R_2=\frac{6n_1^2\gamma}{(n_1^2+2)^2}\times\frac{M_1}{\rho_1}+\frac{n_1^2-1}{n_1^2+2}\times\frac{M_2-\beta M_1}{\rho_1}$$

式中,n 为溶液的折光率;n_1 为溶剂的折光率;γ 为常数。

综合以上各式,可得

$$P_{转向}=P_2^\infty-R_2^\infty=\frac{4}{9}\pi N_A\frac{\mu^2}{k_b T}$$

$$\mu=\frac{3}{2}\sqrt{\frac{k_b T}{\pi N_A}}\times\sqrt{P_2^\infty-R_2^\infty}$$

上式将物质分子的微观性质偶极矩及其宏观性质介电常数、密度、折光率联系在一起。分子的偶极矩还可通过温度法、分子光谱法、分子束法等方法获得,但较常用的方法是从分子的介电常数计算得到。

3. 介电常数的测定

在测量介电常数时,将待测物置于电容池的两极板间。若待测物质的分子具有偶极,在电场的作用下,它们将发生定向排列,以降低电场强度,并使电容增加。根据介电常数的定义,介电常数的计算公式为

$$\varepsilon=\frac{C}{C_0}$$

式中，C_0 为电容器两极板间的真空电容，实验中近似用空气电容（$C_{空}$）代替；C 为电容器两极板间充以待测物质时的电容；ε 为待测物质的介电常数。

由于小电容测量仪测定电容时，除电容池两极间的电容外，整个测试系统中还有分布电容 C_d 的存在，因此实际测得的值（以 C_x 表示）应为两者之和，即 $C_x=C+C_d$。对于同一台仪器而言，C_d 是一个定值，因此在实验时需先求出 C_d 值，在后续各次测量中予以扣除。求 C_d 值的方法则是借助测定已知介电常数的标准物质，通过计算加以求得。

四、仪器、试剂和材料

仪器：精密电容测试仪、超级恒温水浴、电吹风、阿贝折光仪、比重瓶、容量瓶、移液管、烧杯、滴管。

试剂：环己烷、乙酸乙酯、无水乙醇。

材料：注射器。

五、实验内容

1. 实验准备

1）仪器准备

调节超级恒温水浴的温度为(25.0±0.1)℃。

用电吹风将电容池两极间的间隙吹干，将电容池与电容测量仪连接，接通恒温水浴，使电容池恒温为(25.0±0.1)℃。

2）溶液配制

以乙酸乙酯为溶质，配制摩尔分数（x_2）约为 0.05、0.10、0.15、0.20 和 0.30 的乙酸乙酯-环己烷溶液各 25mL，计算其准确浓度。操作时应防止溶质、溶剂的挥发以及吸收极性较大的水蒸气，溶液配好后应立即塞紧，贴好标签，注明浓度。将上述 5 种溶液连同环己烷一起放在恒温槽中恒温。

2. 密度测定

用比重瓶法测定水、环己烷和 5 种溶液的密度，具体操作参见实验十二。

水密度的温度校正公式为 $\rho=1.016\,99-14.290/(940-9t)$，式中 t 为测定时温度（℃）。

3. 折光率的测定

用阿贝折光仪测定环己烷和 5 种溶液在(25.0±0.1)℃时的折光率。测定时需加样 3 次,每读 3 次数据取平均值。阿贝折光仪的构造、测量原理及操作方法参见《大学化学实验(上册)》。

4. 介电常数的测定

1) C_d 的测定

在量程选择键全部弹起状态下,打开电容测量仪,预热 10min,用调零旋钮调零。然后按下 20PF 选择键,待读数稳定后记录数值,重复测定两次,取平均值为 $C_{空}^{*}$。

打开电容池盖,用滴管将环己烷加入到电容池中至刻度,盖好电容池盖,恒温 10min,同上法测定,重复测定两次取平均值为 $C_{标}^{*}$。然后用注射器抽去电容池内样品回收,以无水乙醇洗涤,并用电吹风吹干至显示读数与 $C_{空}^{*}$ 值几乎相同(<0.02PF)。

环己烷介电常数与温度的关系式为 $\varepsilon_{标}=2.023-0.0016(t-20)$,式中 t 为测定时温度(℃);25℃时,$\varepsilon_{标}=2.015$。按下式计算 C_d

$$C_d=\frac{C_{空}^{*}\cdot\varepsilon_{标}-C_{标}^{*}}{\varepsilon_{标}-1}$$

2) 样品 $C_{样}$ 的测定

按上述方法依次分别测得各溶液的 $C_{样}^{*}$,每次测定都需重复测定 $C_{空}^{*}$,以保证电容池无残留样品。按 $C_{样}=C_{样}^{*}-C_d$ 计算各溶液的 $C_{样}$ 值。

六、注意事项

(1) 乙酸乙酯易挥发,配制溶液时动作应迅速,以免影响浓度。

(2) 实验的各种溶液防止含有水分,因此配制溶液的器具必须干燥,所配制的溶液应澄清透明、无浑浊。

(3) 测定电容时,应防止溶液挥发以及吸收空气中极性较大的水气,影响测定结果。

(4) 电容池各部件的连接应注意绝缘。

(5) 本实验测得的溶质的偶极矩和气相测得值之间存在一定偏差,其原因主要在于溶液中溶质分子间以及溶剂和溶质分子间相互作用的溶剂效应。

七、数据记录与处理

(1) 将实验数据记录于下表中。

表 2-17-14　实验数据记录表

		环己烷	1	2	3	4	5
摩尔分数 x_2							
密度 ρ							
折光率 n	1						
	2						
	3						
	平均						
$C^*_{\text{空}}$	1						
	2						
	平均						
$C^*_{\text{标}}$	1						
	2						
	平均						
$C^*_{\text{样}}$	1						
	2						
	平均						

(2) 以各溶液的折光率(n)对摩尔分数(x_2)作图，求出 γ 值。

(3) 计算环己烷及各溶液的密度 ρ，作 ρ-x_2 图，求出 β 值。

(4) 计算 C_{d}、$C_{\text{空}}$ 和各溶液的 $C_{\text{样}}$，进一步计算各溶液的 ε，作 ε-x_2 图，求出 α 值。

(5) 根据公式计算 P_2^{∞}、R_2^{∞}，并求出偶极矩 μ。

八、思考题

(1) 本实验是如何测定溶液的介电常数的？可否直接用小电容测量仪上的读数 $C_{\text{样}}$ 来进行计算？

(2) 偶极矩是如何定义的？有哪些应用？

(3) 准确测定溶质摩尔极化度、摩尔折射度时，为何要外推至无限稀释？

(4) 试分析本实验中误差的主要来源，如何改进？

实验十八　恒电位法测定金属极化曲线

一、实验目的

(1) 掌握金属极化曲线测定的原理和方法。

(2) 掌握电极极化、超电势等概念，了解自腐蚀电位、自腐蚀电流和钝化电位、钝化电流等概念及其测定方法。

(3) 了解电化学工作站的基本工作原理，掌握其使用方法。

(4) 了解金属极化曲线在电化学腐蚀和防护中的应用。

二、预习要求

(1) 阅读本教材第一部分 3.17 节内容，了解电化学工作站的基本工作原理，熟悉其操作规程。

(2) 了解金属极化曲线测定的原理和方法。

三、实验原理

当有电流通过电极时，电极处于不可逆状态。电流越大，电极电势偏离可逆电势越大，这种现象称为电极的极化，其产生原因主要有浓差极化和电化学极化。如果电极为阳极，则电极电势将向正方向偏移，称为阳极极化；如果电极为阴极，电极电位将向负方向偏移，称为阴极极化。

将开路状态下(电流为零)的电极电位称为平衡电极电势，标记为 $\varphi_{平}$；而不可逆电极，即有电流通过电极时的电极电势为系统达到稳态时的电极电势，称为稳态电极电势，标记为 φ_i。习惯上将电极电流密度为 i 时对应的电极电位 φ_i 与平衡电极电位 $\varphi_{平}$ 之差定义为在该电流密度时的超电势，以符号 η 表示。由于极化作用的产生使阳极与阴极反应均变得困难，即阳极电极电势变大而阴极电极电势变小，为使超电势始终为正值，定义阴极、阳极的超电势计算公式为

$$\eta_{阴}=\varphi_{平}-\varphi_i(\varphi_{平}>\varphi_i)$$

$$\eta_{阳}=\varphi_i-\varphi_{平}(\varphi_{平}<\varphi_i)$$

超电势是一个很重要的电化学参量。例如，在金属电沉积中，析出金属的超电势越小，消耗的电能也就越少。在电解提纯工艺中，往往借助改变析出金属的超电势，来改变金属的析出顺序，从而获得所需的金属，达到提纯的目的。

超电势的大小与通过电极的电流密度有关，随着电流密度的增加，电极反应

的不可逆程度增加，电极电势也越来越偏离平衡电极电势，即超电势越来越大。将电极电势(超电势)与电流密度的关系曲线称为极化曲线。

将上述理论用于金属电极即可讨论金属的腐蚀。例如，将 Fe 电极浸入 H_2SO_4 溶液中，在电极上发生下列反应

阳极：　$Fe-2e^- \longrightarrow Fe^{2+}$(Fe 的氧化)

阴极：　$2H^+ + 2e^- \longrightarrow H_2$($H^+$ 的还原)

总反应：　$Fe+2H^+ \!=\!=\!= Fe^{2+} + H_2$

当电极不与外电路相连时，阳极反应速率与阴极反应速率相等，Fe 溶解的阳极电流与 H_2 析出的阴极电流在数值上相等但方向相反($I_{阴} = -I_{阳}$)，此时净电流为零。当电极净电流 $I=0$ 时，对应的金属阳极氧化电流即为金属的自腐蚀电流，用符号 I_c 表示，其数值反映了金属在溶液中的腐蚀速率；而此时所对应的电极电势则称为自腐蚀电势 φ_c。I_c 与 φ_c 可以通过阴极与阳极极化的塔菲尔直线的交点求得。在电流不太大的情况下，电极的超电势与通过的电流的对数呈线性关系，符合塔菲尔公式，即

$$\eta_{阴} = \varphi_{平} - \varphi_{阴} = a_{阴} + b_{阴} \lg I_{阴}$$

$$\eta_{阳} = \varphi_{阳} - \varphi_{平} = a_{阳} + b_{阳} \lg(-I_{阳})$$

式中，a、b 为常数值。

如图 2-18-29 所示，作两条塔菲尔直线，其交点的横坐标为自腐蚀电流 I_c 的对数值，纵坐标即为自腐蚀电势 φ_c。

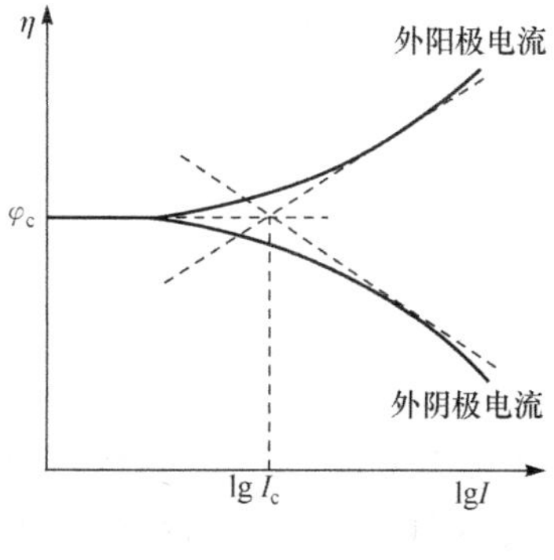

图 2-18-29　对数极化曲线示意图

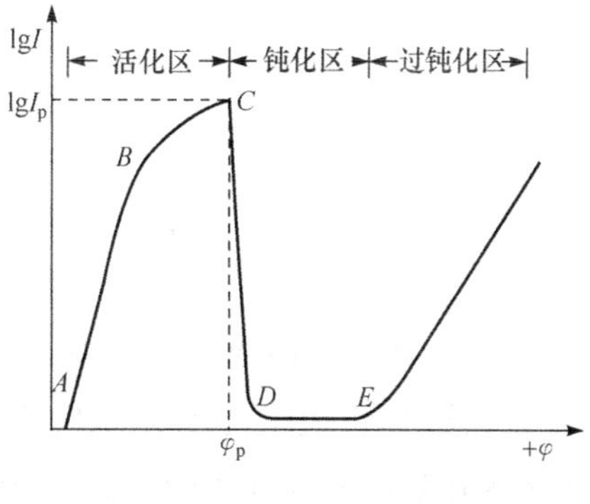

图 2-18-30　铁在硫酸中的阳极极化曲线

图 2-18-30 为铁在硫酸溶液中的阳极极化曲线。该曲线可分为三个部分。第一部分为活化区，此时超电势较小，电极的氧化电流随电极电位的增加而很快增加，当电位趋近至 C 点时，氧化电流达到极大值。理论上将 C 点所对应的电位 φ_p 称为钝化电位，而将 C 点对应的电流 I_p 称为钝化电流。但当电位增加到 C 点以后，电极表面开始钝化，此时电流密度随着电位的增加而迅速降低到一个

较小的值,到达 D 点,金属处于稳定的钝态。继续增加电压,电流密度仍然保持一很小的值,该电流称为钝态电流,该区称为钝化区。当电位增加到 E 点以后,电流又将随电位的增加而显著增加,说明阳极又开始发生了氧化过程,这一区域称为过钝化区,铁将以高价离子形式转入溶液。如果达到氧的析出电位,还会析出大量的氧。

极化曲线的测量方法有许多种,最常用的是采用三电极系统,即工作电极(又称研究电极,以 W 表示)、辅助电极(又称对电极,用 C 表示)和参比电极(用 R 表示)。其中工作电极和辅助电极与电源一起组成电流通路,参比电极与工作电极之间构成电压测量回路(图 2-18-31),图中 V 为直流电压表。测量时,通过参比电极的电流很小,故参比电极的电极电势基本保持恒定,而毫伏计读数 ΔU 应为工作电极的电极电势 φ_W 与参比电极的电极电势 φ_R 之差,再加上溶液压降 IR,即

$$\Delta U=\varphi_W \cdot \varphi_R+IR$$

式中,I 为通过电极的电流;R 为工作电极与参比电极之间的溶液电阻。

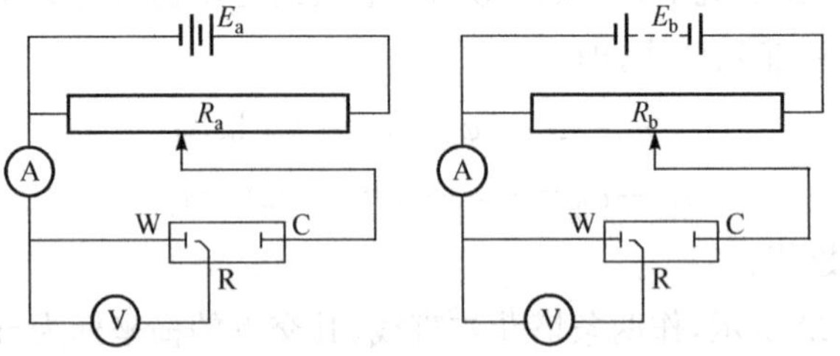

(a) 恒电位模式　　(b) 恒电流模式

图 2-18-31　恒电位模式、恒电流模式测量原理图

E_a. 低压稳压电源;E_b. 高压稳压电源;R_a. 低阻变阻器;R_b. 高阻变阻器;

A. 直流电流表;V. 直流电压表

若采取适当的措施,使 $R\approx 0$,则有

$$\Delta U=\varphi_W \cdot \varphi_R$$

由于 φ_R 不随 I 而变,所以实际工作中常用 $\varphi'=\Delta U=\varphi_W-\varphi_R$,即研究电极相对于参比电极的电极电势来取代研究电极的实际电极电势 φ_W。显然当用标准氢电极作参比电极时,由于 $\varphi_R=0$,则 $\varphi'=\varphi_W$,即电压表测得的电势差即为工作电极的电极电势。改变图 2-18-31 中可变电源电压,即可改变流经电极的电流。测定一系列不同电流时所对应的工作电极的电极电位值,再以 I 对 φ_W 作图,即可得到工作电极的极化曲线。

实际在测定极化曲线时,可以采用恒电位法、电位扫描法和恒电流法。恒电位法是通过恒定图 2-18-31(a)中的值 ΔU,并测定相应的电流 I;改变 ΔU,I 也随之改变;测定一系列 ΔU 和对应的 I 值,再以 I 对 ΔU 作图,即可得恒电位极化

曲线。电位扫描法是通过仪器缓慢地自动改变 ΔU，用记录仪记录相应的 I-ΔU 极化曲线。恒电流法是通过恒定图 2-18-31(b)中电流 I，并测量相应的电极电位 ΔU，再以 I 对 ΔU 作图，同样可得极化曲线。

本实验用恒电位法和电位扫描法测量镍(或铁)在 H_2SO_4 溶液中的极化曲线。

四、仪器、试剂和材料

仪器：电化学工作站、三电极玻璃电解池、恒温水浴、铂电极、饱和甘汞电极、镍片(或铁片)工作电极。

试剂：1.0mol · L^{-1} H_2SO_4、乙醇、丙酮、NaCl。

材料：蒸馏水、石蜡、小刀、金相砂纸。

五、实验内容

1. 实验准备

(1) 电解池初步洗净后，再以铬酸洗液浸泡一天，用自来水冲洗干净，并用蒸馏水浸泡一昼夜后备用。

(2) 用金相砂纸将工作电极表面打磨、抛光，使其成镜面，冲洗干净后用滤纸吸干，用石蜡进行蜡封，留出 4mm×4mm 的面积，用小刀去除多余的石蜡，注意保持切面整齐。然后用乙醇、丙酮等除去工作电极表面的油，再用 H_2SO_4 溶液浸洗 1min 左右以除去表面氧化膜。每次测量前，都需重复此操作，电极表面处理的情况对测量结果影响很大。

(3) 向电解池中加入 1.0mol · L^{-1} 的 H_2SO_4 溶液，将工作电极、辅助电极(铂片电极)和参比电极(饱和甘汞电极)洗净后插入电解池中。

(4) 将电化学工作站的工作电极、参比电极、辅助电极的引线分别与电解池的工作电极、参比电极、辅助电极相连。

2. 测量阳极极化曲线

(1) 恒电位法测定阳极极化曲线。从电位为 0V 起，测定不同阳极极化电位下的极化电流值。测量过程中每隔 0.020V 记录一次电流值，每改变一次极化电位必须等到电流读数稳定。

(2) 电位扫描法测量阳极极化曲线。设定扫描电位从 0V 到 1.8V，扫描速率为 5mV · s^{-1}，采用电化学工作站中的伏安法测量极化曲线。

(3) 更换电解液为含 10mmol · L^{-1} NaCl 的 1.0mol · L^{-1} 的 H_2SO_4 溶液，

重复上述操作,测定极化曲线。

(4) 实验后,关闭电化学工作站,回收电解池中的电解液,清洗电解池及电极。

六、注意事项

(1) 电化学工作站在使用过程中必须严格按照操作规程进行,电解池 3 支电极都必须良好接通,如果要更换或处理电极必须停止施加电位。

(2) 采用三电极电解池,其中 1 支设计成鲁金毛细管,这是参比电极的专用插口,工作电极必须尽可能靠近鲁金毛细管以减小溶液欧姆降对测量的影响。除了采用鲁金毛细管外,还要在测量溶液中加入支持电解质,以减小溶液本身的电阻。支持电解质可以是电活性物质,即参加电极反应的物质,如本实验中的 H_2SO_4;也可以是非活性物质,即不参加电极反应的物质。常用的支持电解质有 H_2SO_4、HCl、Na_2SO_4、KCl、$HClO_4$ 等。对于选用什么样的支持电解质,应视具体要求而定。在精确测量中,还可通过电学方法对溶液电阻进行自动补偿。

(3) 在电化学测量中,对电极(尤其是固体电极)的要求甚严,必须按规定进行预处理,否则很难得到重现的实验结果。

(4) 在使用电化学工作站时,电流挡应从高到低选择,否则实验数据会溢出或产生过载现象。每次测试后,应在确认电化学综合测试仪处于非工作状态下,然后关闭电源,取出电极。

七、数据记录与处理

(1) 列表记录恒电位法得到的 I、U 数据,绘制金属在硫酸中的阳极极化曲线。

(2) 比较恒电位法和电位扫描法测量所得阳极极化曲线。

(3) 根据金属在硫酸中的阳极极化曲线指出活化区、钝化区、过钝化区,计算钝化电势、钝化电流。

(4) 比较两种不同电解液的极化曲线。

八、思考题

(1) 什么叫恒电位法?什么叫恒电流法?

(2) 测量极化曲线时,为什么要选用三电极电解池?简述三电极电解池的测量原理。

(3) 使用电化学工作站有哪些注意事项?

(4) 分析本实验成败的关键因素,提出对本实验的改进意见。

实验十九　溶胶界面电泳

一、实验目的

(1) 观察溶胶的电泳现象，掌握界面电泳法测定胶体粒子的电泳速度和 ζ 电势的方法。

(2) 通过查阅文献资料了解 $Fe(OH)_3$ 胶体制备和纯化的方法。

二、预习要求

(1) 熟悉电泳仪的结构与操作。

(2) 了解胶体粒子的电泳速度和 ζ 电势的计算方法。

三、实验原理

溶胶是一个高度分散的多相体系，其分散相粒子的大小为 1nm～1μm。胶核大多是分子或原子的聚集体，由于其选择性地吸附一定量的离子以及其他原因，胶粒表面带有一定量的电荷，胶粒周围的介质分布着带有相反电荷的离子(反离子)，并且整个溶胶体系保持电中性。胶粒周围的反离子由于静电引力和热扩散运动的结果形成了双电层(图 2-19-32)，即紧密层和扩散层。紧密层有一两个分子厚，紧密吸附在胶核表面上。扩散层的厚度则随外界条件而改变，扩散层中的反离子符合玻耳兹曼分布。在电场的作用下，紧密层和胶粒作为一个整体移动，而扩散层中的反离子则向相反的方向移动。这种在电场作用下分散相粒子相对于分散介质的运动称为电泳。发生相对移动的界面称为滑动面，滑动面与本体溶液的电势差称为电动电势或 ζ 电势。

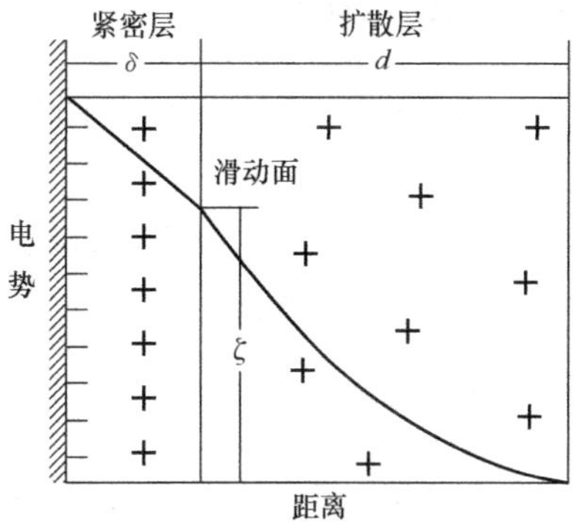

图 2-19-32　溶胶胶粒的双电层示意图

ζ 电势是表征胶粒特性的重要物理量之一，在研究胶体性质及实际应用中起着重要的作用。ζ 电势的大小反映了胶粒带电的程度，ζ 电势越高，表明胶粒带电越多，扩散层越厚。ζ 电势的数值随外加电解质浓度变化而发生改变，电解质浓度加大时，使扩散层变薄，从而 ζ 电势减小，甚至变为零或改变符号。同时，ζ 电势还与胶体粒子性质、介质成分及溶胶浓度等因素有关。

根据双电层理论,人们导出了电泳的ζ电势的表达式为

$$\zeta=\frac{K\pi\eta v}{\varepsilon E}=\frac{K\pi\eta v}{\varepsilon(U/l)} \qquad (2\text{-}19\text{-}45)$$

式中,η为测量温度下介质的黏度,其数值随温度的变化而变化,水为介质时其η值随温度的变化见表2-19-15;v为胶粒电泳的相对移动速度,$m\cdot s^{-1}$;E为电势梯度,$V\cdot m^{-1}$;U为施加在胶体体系上的电势差,V;l为施加电场两极间的距离,m;K为与胶粒形状有关的常数,球形粒子为6,棒状粒子为4,$Fe(OH)_3$粒子的K值为4;ε为介质的介电常数。水的介电常数可由下式求得

$$\varepsilon=8.89\times10^{-9}-4.44\times10^{-11}t \qquad (2\text{-}19\text{-}46)$$

式中,t为温度,℃;ε为介电常数,$C\cdot V^{-1}\cdot m^{-1}$。

表 2-19-15　不同温度下水的黏度($\eta\times10^3$,$kg\cdot m^{-1}\cdot s^{-1}$)

t/℃	18	19	20	21	22	23	24	25	26	27
η	1.053	1.027	1.002	0.9779	0.9548	0.9325	0.9111	0.8904	0.8705	0.8513
t/℃	28	29	30	31	32	33	34	35	40	45
η	0.8327	0.8418	0.7975	0.7808	0.7647	0.7491	0.7340	0.7194	0.6529	0.5960

本实验中,电泳的速度(v)可以通过测量在时间t内,电泳管中胶体溶液界面在电场作用下移动的距离d,由公式$v=d/t$求出。因此,式(2-19-45)可以写成

$$\zeta=\frac{K\pi\eta v}{\varepsilon(U/l)}=\frac{4\pi\eta}{\varepsilon}\times\frac{d/t}{U/l} \qquad (2\text{-}19\text{-}47)$$

式中,d、t、U和l的值均可由实验测出;ε和η可分别由式(2-19-46)和表2-19-5得到。

因此,根据式(2-19-47)可以求出胶体粒子的ζ电势。

四、仪器、试剂和材料

仪器:直流稳压电源、恒温水浴、电导率仪、秒表、铂电极、电泳仪、万用电表、电吹风。

试剂:$Fe(OH)_3$溶胶、0.001mol·L^{-1} HCl。

材料:细铁丝、导线、直尺。

五、实验内容

1. $Fe(OH)_3$溶胶的制备与纯化

1) 半透膜的制备

在一干燥洁净的250mL锥形瓶中,加入约100mL火棉胶液,小心转动锥形

瓶,使火棉胶液黏附在锥形瓶内壁上形成均匀薄层,倾出多余的火棉胶液。保持锥形瓶倒置并不停旋转,待火棉胶液流尽后,待瓶中乙醚蒸发至无明显气味为止(可用电吹风冷风吹锥形瓶口以加快挥发)。用手轻触火棉胶膜,若不粘手,则可再用电吹风加热 5min。然后向锥形瓶中加水至满(若乙醚未蒸发完全,胶膜发白,不可用;若加热时间过长,胶膜干硬,易开裂),浸泡 10min。倒出锥形瓶中的水,小心用手分开膜与瓶壁,向间隙慢慢加水,使膜脱离瓶壁后轻轻取出,在膜袋中加水进行检漏。制得的半透膜在不使用时,要浸泡在蒸馏水中。

2) $Fe(OH)_3$ 溶胶的制备

在 250mL 烧杯中,加入 100mL 蒸馏水,加热至沸,慢慢滴入 10% $FeCl_3$ 溶液 5mL(4～5min 内滴完),同时不停搅拌。滴加结束后保持沸腾 3～5min,即可得到棕红色的 $Fe(OH)_3$ 溶胶。

3) $Fe(OH)_3$ 溶胶的纯化

由于在 $Fe(OH)_3$ 溶胶中存有过量的 H^+、Cl^- 等离子,需要除去。将 $Fe(OH)_3$ 溶胶加入制得的半透膜内,用细线拴住膜袋口,将其置于 800mL 的烧杯中。烧杯中加入约 300mL 蒸馏水,保持温度为 60℃左右进行透析。每 20min 换一次蒸馏水,反复 4 次后取 1mL 渗析水,以 0.1mol · L^{-1} $AgNO_3$ 和 1% KSCN 溶液检查是否存在 Cl^- 和 Fe^{3+},如果仍存在则需继续换水渗析直至无 Cl^- 和 Fe^{3+} 为止。将纯化的 $Fe(OH)_3$ 溶胶转移至 100mL 干燥洁净的烧杯中备用。

2. 盐酸辅助液的制备

调节恒温水浴温度为(25.0±0.1)℃,用电导率仪测定 $Fe(OH)_3$ 溶胶在此温度下的电导率,用盐酸溶液和蒸馏水配制与之相同电导率的盐酸溶液备用。

3. 电泳仪的安装

(1) 检查电泳仪的活塞处是否有渗漏或转动不灵活现象,如有必须用凡士林涂抹加以消除。电泳仪的结构如图 2-19-33 所示。

(2) 将电泳仪先用蒸馏水洗净,然后用渗析过的 $Fe(OH)_3$ 溶胶洗 3 次。装溶胶至活塞 B 和 C 以上,关闭活塞 B 和 C(注意活塞上、下不能有气泡)。倒去活塞 B 和 C 上部的溶胶,打开活塞 A,依次用蒸馏水及盐酸辅助液洗涤电泳仪 3 次,然后加盐酸辅助液至支管口(没过横管)。按图 2-19-33 在两个支管中分别插入铂电极,并用导线将两个铂电极与稳压电源的输出端相连,关闭活塞 A。

4. 溶胶电泳的测定

(1) 小心地打开活塞 B 和 C,打开活塞时切勿振动溶胶与辅助电解质间的

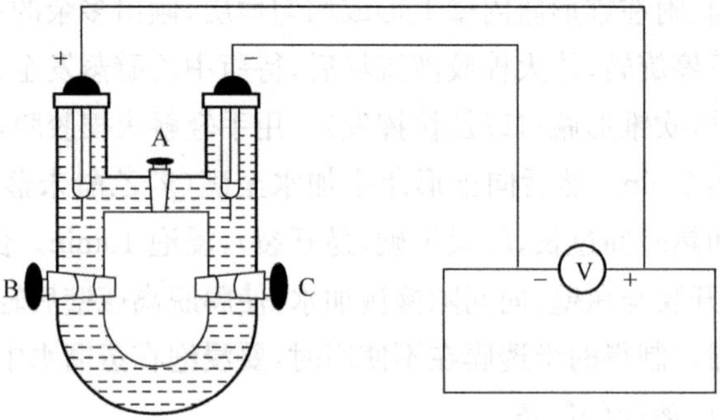

图 2-19-33 电泳测定装置

界面。

(2) 经检查电路无误后接通电源，调节工作电压至 150～250V 的某一固定值。观察界面移动的方向，根据电极的正负性确定 $Fe(OH)_3$ 胶体粒子所带电荷的符号。

(3) 当 $Fe(OH)_3$ 溶胶的液面上升到某一清晰易读的刻度时，开始计时并准确记下溶胶的液面位置，然后每 5min 记录一次时间及下降端液面的位置及电压。连续测定 40min 左右，断开电源，记下准确的通电时间 t 和溶胶上升的距离 d，用万用电表准确测量两电极之间的电压值 U。

(4) 实验结束后，先切断电源，然后用细铁丝和直尺配合测量出两个铂电极之间的距离 l。将电泳管中的 $Fe(OH)_3$ 溶胶回收，并将电泳管洗净，最后用蒸馏水浸泡。

六、注意事项

(1) 电泳仪的内径大小对 ζ 电势的测量结果有一定的影响，特别是在内径较小的时候。但为防止胶体的浪费，一般电泳仪内径控制在 8～15mm 为宜。

(2) 所使用的胶体必须经过严格的纯化，否则将使界面不清。纯化后的溶胶一般电导率为 $10^{-5}S \cdot cm^{-1}$左右。

(3) 在测量过程中要避免桌面振动，否则界面将变得模糊不清。

七、数据记录与处理

(1) 将实验结果记录于下表。

表 2-19-16 电泳测定数据记录 室温/℃：________

t/s	0	300	600	900	1200	1500	1800	2100	2400
d/m									

续表

t/s	0	300	600	900	1200	1500	1800	2100	2400
U/V									
l/m									

(2) 根据电极的正负和胶体移动的方向确定 $Fe(OH)_3$ 胶体粒子所带电荷的符号。

(3) 由上表数据作 d-t 关系图，求出斜率，即为胶粒移动速率 v。

(4) 根据公式计算出水的介电常数 ε 并从表中查出水的黏度值 η，根据公式计算 $Fe(OH)_3$ 胶体的 ζ 电势。

八、思考题

(1) 电泳实验中辅助电解质溶液的选择条件是什么？

(2) 影响胶体电泳速度有哪些因素？影响 ζ 电势的因素有哪些？

(3) 溶胶为何要进行纯化？怎样纯化？

(4) 若电泳仪事先未清洗干净，内壁上有微量电解质残留，对电泳结果将会产生什么影响？

实验二十　热分析法测定五水硫酸铜的失重过程

一、实验目的

(1) 掌握两种常用的热分析模式——差热分析法和热重法的基本原理和分析方法。

(2) 了解同步热分析仪的基本结构及其工作原理，掌握仪器的基本操作。

(3) 学会运用分析软件对测得的数据进行分析，研究 $CuSO_4 \cdot 5H_2O$ 的分解过程。

二、预习要求

(1) 阅读本教材第一部分 3.16 节内容，了解同步热分析仪的工作原理及操作规程。

(2) 了解差热分析法和热重法的基本原理和分析方法。

三、实验原理

许多物质在加热或冷却的过程中会发生物理或化学变化，如相变、脱水、分解或化合等过程。与此同时，必然伴随有吸热或放热现象。热分析技术是在程序控制升温下，测量物质的物理性质随温度变化的函数关系的一类技术。常见的热分析模式有差热分析法(DTA)、功率补偿型(差示)扫描量热法(DSC)和热重法(TG)等。

物质在受热或冷却的过程中，当达到某一温度时，往往会发生熔化、凝固、晶型转变、分解、化合、吸附、脱附等物理或化学变化，并伴随着焓的改变，因而产生热效应，其表现为体系与环境(样品与参比物)之间有温度差。差热分析法是在程序控温下测量样品和参比物的温度差与温度(或时间)相互关系的一种技术。若以电能对热效应进行补偿，通过样品与参比物在相同温度下所需热流的差值来测定这些过程的焓变，则称为功率补偿型扫描量热技术。不同的物质由于它们的结构、成分、相态都不一样，在加热过程中发生物理变化、化学变化的温度高低和热焓变化的大小均不相同，因而在差热曲线上峰谷的数目、温度、形状和大小均不相同，这就是应用差热分析进行物相定性定量分析的依据。

物质受热时发生化学反应，质量也随之改变，测定物质质量的变化就可研究其过程。热重法是在程序控制温度下，测量物质质量与温度关系的一种技术，是通过记录样品在程序控制温度下质量变化的曲线来测定的。热重法的主要特点是定量能力强，能准确地测量物质的变化及变化速率。从热重法派生出微商热重法(DTG)，即 TG 曲线对温度(或时间)的一阶导数。DTG 曲线能准确地反映出反应起始的温度、达到最大反应速率的温度和反应终止的温度。在 TG 曲线上，对应于整个变化过程中各阶段的变化互相衔接而不易分开，同样的变化过程在 DTG 曲线上则能呈现出明显的最大值，故 DTG 能很好地显示出重叠反应，区分各个反应阶段，而且 DTG 曲线峰的面积准确地对应着变化了的质量，因而 DTG 能准确地进行定量分析。

热分析是一种动态技术，许多因素都对曲线有较大影响。不仅影响出峰温度和峰面积，也影响峰的分离程度。主要影响因素有以下几个方面。

1) 温度标定

热分析曲线是以温度为变量的，一般仪器标示的温度值都需要进行标定。国际热分析联合会确定了 14 种标准物质标定热分析仪器的温度，数据见表 2-20-17。具体标定方法为：按所需温度范围，选取标准物质，测定其熔点或晶型转变点的外延起始温度。作出仪器的温度校正曲线，根据曲线校正对应的观察温度。

表 2-20-17　标定热分析仪器温度的标准物质

相平衡体系	相变温度/℃	相平衡体系	相变温度/℃	相平衡体系	相变温度/℃
环己烷，固-液	−86.9	In，固-液	156.6	K_2SO_4，固-液	583
1,2-二氯乙烷，固-液	−35.6	Sn，固-液	231.9	K_2CrO_4，固-固	665
二苯醚，固-液	26.9	$KClO_4$，固-固	299.5	$BaCO_3$，固-固	810
邻-联三苯，固-液	56.2	Ag_2SO_4，固-固	430	$SrCO_3$，固-固	925
KNO_3，固-液	127.7	SiO_2，固-固	573		

2) 参比物

要得到平稳的基线应尽可能选择与试样的热容、导热系数、粒度等性质比较相近的热惰性物质作为参比物。常用的参比物有氧化铝、煅烧过的 MgO 和 SiO_2 等。

3) 升温速率

升温速率对实验结果的影响比较明显。一般控制在 2～20℃ · min^{-1}，常用 5℃ · min^{-1}。升温过快，基线漂移明显，峰的分辨率较差，同时峰顶温度会向高温方向偏移。

4) 炉内气氛

某些样品或其热分解产物可能与周围的气体进行反应，因此应根据需要选择适当的气氛。一般在热分析测定中,常使用惰性气体保护。在测试过程中,如果被测样品产生腐蚀性气体,仪器所使用的保护气体及吹扫气的密度应大于所生成的腐蚀性气体,或加大吹扫气的流速以利于将腐蚀性气体带出。另外,对于释放或吸收气体的反应、出峰的温度和形状还会受到气体压力的影响。

5) 样品的预处理及用量

一般非金属固体样品均应经过研磨。样品粒度大会导致峰形较宽,分辨率差,尤其是受扩散控制的反应过程。例如,脱水过程,颗粒表面水的蒸发与其内部分子脱水同时发生,水分子从内部扩散到表面需要一定时间,易导致邻近峰的重叠。而粒度过细,比表面积很大,脱结晶水的过程会下降。一般推荐待测样品的粒度约为 200 目。

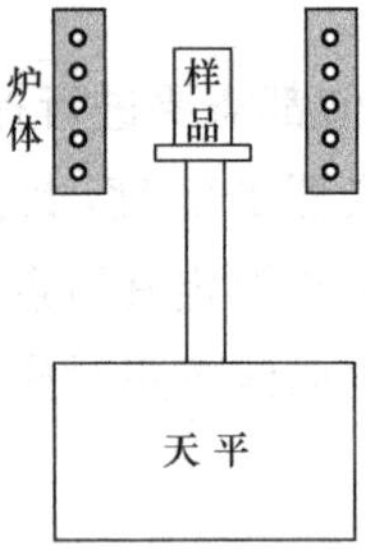

图 2-20-34　同步热分析仪的结构与原理图

样品的用量也影响着测定结果。用量多,测定灵敏度提高,结果的偶然误差减少,但温度梯度影响导致峰形扩大,分辨率下降。而用量少,样品与环境温差小,均一性好。一般推荐用量为 5mg 左右。此外,试样和参比物的装填情况应基本一致。

本实验采用同步热分析仪测定 $CuSO_4 \cdot 5H_2O$ 的热分解过程,仪器的基本原理如图 2-20-34 所示。图 2-20-35 和图 2-20-36 为分析某样品所得的 DSC 和 TG 曲线。

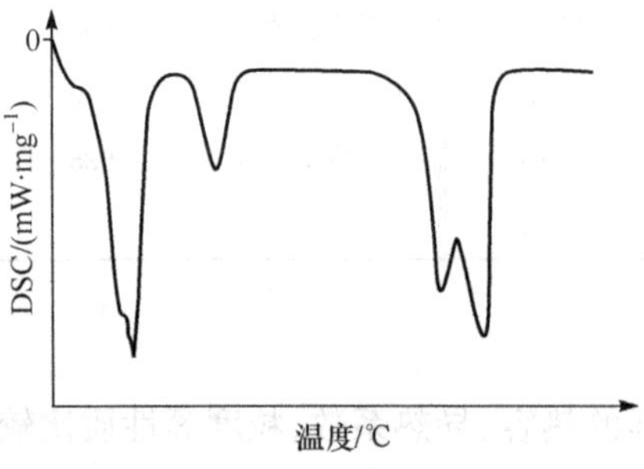

图 2-20-35　样品的 DSC 曲线图

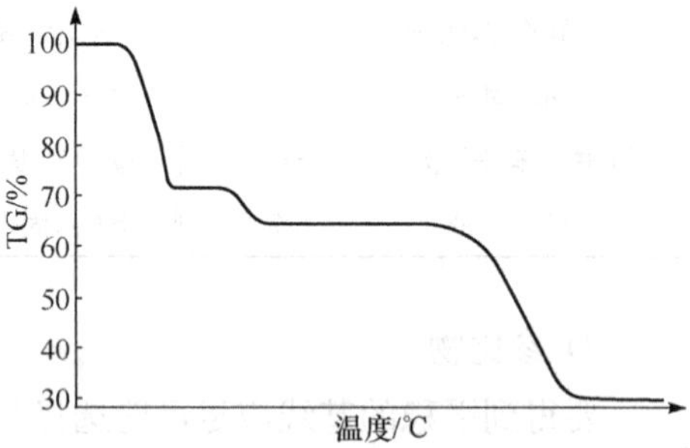

图 2-20-36　样品的 TG 曲线图

四、仪器、试剂和材料

仪器:STA449C 同步热分析仪。

试剂:$CuSO_4 \cdot 5H_2O$。

材料:样品测定用坩埚。

五、实验内容

1. 样品准备

(1) 将固体试样研磨成粉末状。

(2) 将预先进行热处理的两个坩埚置于支架托盘上，关闭炉子，待天平稳定后点击“Tare”，称量窗口栏中变为 0.0000mg。

(3) 把炉子打开，取出样品坩埚装入待测量样品。将样品坩埚放入样品支架上，参比位(左侧)上空坩埚中则不放入任何物质。

(4) 关闭炉子，称量窗口栏中将显示样品的实际质量。

2. 开机

(1) 开机过程无先后顺序。为保证仪器稳定精确的测试，STA449C 的天平主机应一直处于带电开机状态，除长期不使用外，应避免频繁开机关机。恒温水浴于测试前 3h 打开，其他仪器应至少提前 1h 打开。

(2) 开机后，首先调整保护气体及吹扫气体输出压力及流速并待其稳定。

(3) 更换样品支架或坩埚类型后，及时修改仪器设置为相应工作状况。

3. 样品测试程序

(1) 选择使用 TG-DSC 样品支架进行测试，升温速度为 $10℃ \cdot min^{-1}$。

(2) 进入测量运行程序。点击“File”菜单中“Open”按钮，打开所需测试基线修正进入编程文件。

(3) 采用“Sample＋Correction”测试模式，输入识别号、样品名称并称量。点击“Continue”。

(4) 选择标准温度校正文件(*.tsu)。

(5) 选择标准灵敏度校正文件(*.esu)。

选择或进入温度控制编程程序(基线的升温程序)，应注意的是：样品测试的起始温度及各升降温、恒温程序段完全相同，但最终结束温度可以等于或低于基线的结束温度(只能改变程序最终温度)。

仪器开始测试，直到完成。

六、注意事项

(1) 保持样品坩埚的清洁，使用镊子夹取，避免用手触摸。

(2) 测试样品应与参比物有相近的粒度和填充紧密程度(或空坩埚)。一般差热分析样品研磨到200目为宜。

(3) 小心不要触动损坏或污染样品杆和支架。

(4) 避免仪器在仪器极限温度附近进行恒温操作。使用铝坩埚进行测试时,最高温度不可超过550℃。

(5) 实验完成后,必须等炉温降到200℃以下才能打开炉体,且必须等炉温降到室温后方可进行下一个实验。

七、数据记录和处理

(1) 打印实验结果(TG曲线、DSC曲线),标示热分解过程并试写出各阶段分解方程式。

(2) 用$CuSO_4 \cdot 5H_2O$化学式量计算理论失重率,与实测值比较并讨论。

八、思考题

(1) 热分析的基本原理是什么?影响热分析结果的主要因素有哪些?

(2) TG曲线可以给出哪些热力学特征参数?

(3) DSC曲线可以给出哪些热力学特征参数?

第三部分

仪器分析实验

实验二十一　7220 型可见分光光度计的性能检定

一、实验目的

(1) 了解 7220 型可见分光光度计的性能。

(2) 熟悉仪器的技术指标及一般检定方法。

(3) 掌握仪器的正确使用方法。

二、预习要求

(1) 阅读教材第一部分 3.1 节内容，了解 7220 型可见分光光度计的结构、工作原理及操作规程。

(2) 了解仪器的技术指标及一般检定方法。

三、实验原理

物质在光的照射下会产生对光吸收的效应，而且物质对光的吸收是具有选择性的。各种不同物质都具有各自的吸收光谱。因此，不同波长的单色光通过溶液时，其光的能量就会被不同程度地吸收，光能量被吸收的程度和物质的浓度有一定的比例关系，符合朗伯-比尔定律，即

$$T=\frac{I}{I_0}$$

$$A=\lg\left(\frac{1}{T}\right)=\lg\left(\frac{I_0}{I}\right)=\varepsilon \cdot c \cdot l \qquad (3\text{-}21\text{-}1)$$

式中，T 为透光率；A 为吸光度；I_0 为入射光强度；I 为透射光强度；ε 为摩尔吸光系数；c 为溶液的浓度；l 为溶液的光径长度。

由式(3-21-1)可以看出当摩尔吸光系数 ε 与光径长度 l 不变时，吸光度与溶液浓度成正比。7220 型分光光度计正是依据这一原理而设计的。

为保证分析的灵敏度和准确性，国家计量局规定对仪器应定期进行检查，检查周期为一年。检查的主要技术项目有仪器外观、波长精度和重现性、分辨率、吸收值精度和仪器的线性范围。对于符合朗伯-比尔定律的溶液测量时溶液的浓度与吸光度之间有良好的线性关系；一套比色皿之间应互相匹配以及仪器的绝缘等。上述各项性能应符合仪器所规定的技术指标，本实验采用规定方法对上述各项项目进行检查。

四、仪器、试剂和材料

仪器:7220型分光光度计、1cm玻璃比色皿。

试剂:1mg · mL^{-1} $K_2Cr_2O_7$ 标准溶液、10mg · mL^{-1} $CoCl_2$ 标准溶液、10mg · mL^{-1} $CuSO_4$ 标准溶液。

材料:镨钕滤光片、蒸馏水、吸水纸、擦镜纸。

五、实验内容

1. 玻璃比色皿检查

(1) 透光面玻璃应无色透明,透光率不低于84%;在360~800nm范围内透光率的差值不大于5%。以空气为100%透光,在360~800nm范围内选择3~5个代表性波长,测定空比色皿的透光率,应符合规定。

(2) 成套比色皿,同内径者,透光率相互差值不大于0.5%。

(3) 比色皿应该在经受6mol · L^{-1} HCl、6mol · L^{-1} $NH_3 \cdot H_2O$、98%乙醇、四氯化碳及苯五种介质各浸泡24h后,无脱胶渗漏现象。

2. 分光光度计性能检查

1) 波长精度

7220型分光光度计的波长精度应符合

波长范围	350~600nm	600~700nm	700~800nm
允许误差	≤±3nm	≤±5nm	≤±8nm

检查方法:以镨钕滤光片的529nm吸收峰校对仪器波长准确性。该片对不同波长的光透光率不同。在分光光度计上测定其透光率-波长曲线,从曲线上找出镨钕玻璃片的透光率峰值,则该仪器的波长误差 $\Delta\lambda=\lambda-\lambda_0$,$\lambda_0=529$nm。

2) 灵敏度

仪器的灵敏度是吸光度变化值与相应溶液浓度变化值的比值。7220型分光光度计的灵敏度指标见表3-21-1。

表3-21-1　7220型分光光度计灵敏度指标

溶液名称	灵敏度/(μg · mL^{-1})	测定波长
重铬酸钾	≥0.012/3(Cr含量)	440nm
氯化钴	≥0.014/200(Co含量)	510nm
硫酸铜	≥0.014/200(Cu含量)	690nm

检查方法：配制下列溶液，在上述所引各波长下用仪器分别测量吸光度，每种溶液的两个浓度间吸光度的变化值为 ΔA，则灵敏度为 $\Delta A/\Delta c$。其中，重铬酸钾和硫酸铜分别用 0.05mol · L^{-1}硫酸溶解，氯化钴用 0.1mol · L^{-1}盐酸溶解。

表 3-21-2 配制溶液浓度及测定波长

溶液名称	溶液浓度/($\mu g \cdot mL^{-1}$)	测定波长
重铬酸钾	30 与 33(Cr 含量)	440nm
氯化钴	2000 与 2200(Co 含量)	510nm
硫酸铜	2000 与 2200(Cu 含量)	690nm

3) 重现性

仪器在相同工作条件下，用同一种溶液连续重复测定 7 次，其透光率的最大读数与最小读数之差不应大于 0.5%。

检查方法：在 690nm 波长处，连续 7 次测定含铜量为 2000$\mu g \cdot mL^{-1}$的硫酸铜标准溶液，其最大读数与最小读数之差不应超过规定值。

4) 稳定性

当电源电压不变时，3min 内仪器读数指针的位移不应超过透光率上限的 ±0.5%。

检查方法：仪器经 10min 预热后，在 580nm 处，读数指针调到 100%透光率，经过 3min 后，观察并记录读数指针的位移值。

六、数据记录与处理

(1) 比较在 440nm、510nm、690nm 处玻璃比色皿的透光率是否符合要求。

(2) 以波长为横坐标，吸光度或透光率为纵坐标绘制吸收曲线。

(3) 在代表性波长下，每个物质在该波长处的灵敏度是否符合要求？

七、注意事项

(1) 仪器应置于环境温度为 5～35℃、相对湿度在 85%以下的实验室内，避免阳光直射。

(2) 连续测定时间太长，光电管会疲劳，造成吸光度读数漂移，此时应将仪器稍歇后再继续使用。

(3) 手持比色皿时，手指只能捏住比色皿的毛面，不要碰透光面，以免沾污。

(4) 测溶液吸光度时,按从稀到浓的顺序进行,以减少测量误差。

(5) 仪器使用结束后,应关闭电源。取出比色皿用乙醇多次淋洗,小心晾干保存。

八、思考题

(1) 同一套比色皿透光性的差异对分析有何影响?

(2) 检查分光光度计的波长精度、稳定性、灵敏度和重现性有何实际意义?

(3) 分光光度计主要由哪些部件构成?使用时要注意什么?

实验二十二　邻二氮菲分光光度法测定水中铁含量

一、实验目的

（1）掌握分光光度法定量分析的实验技术。

（2）熟悉邻二氮菲测定铁的基本原理及基本实验条件的选择。

（3）掌握分光光度计的使用方法。

二、预习要求

（1）了解邻二氮菲测定铁的基本原理。

（2）阅读教材第一部分 3.1 节内容，熟悉分光光度计的使用方法。

三、实验原理

邻二氮菲也称邻菲罗啉(phen)，在 pH 为 2～9 的溶液中，Fe^{2+} 与邻二氮菲发生下列显色反应

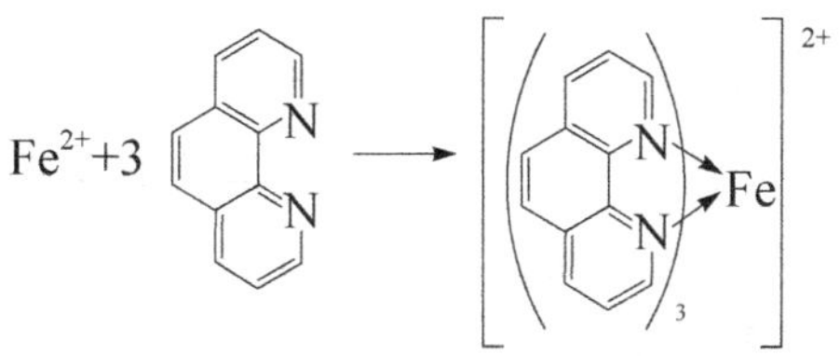

生成稳定的橙红色配合物($\lg K_{稳}=21.3$)，最大吸收波长 $\lambda_{max}=510nm$。此反应很灵敏，摩尔吸光系数 $\varepsilon=1.1\times10^4$。本方法的选择性很高，相当于铁含量 40 倍的 Sn^{2+}、Al^{3+}、Ca^{2+}、Mg^{2+}、Zn^{2+} 和 SiO_3^{2-}，20 倍的 Cr^{3+}、Mn^{2+}、VO_3^-、PO_4^{3-} 以及 5 倍的 Cu^{2+}、Co^{2+} 等均不干扰测定，所以此法应用很广。当铁以 Fe^{3+} 形式存在于溶液中时，也能与邻二氮菲反应生成淡蓝色配合物，因此，在显色前，首先用盐酸羟胺或苯二酚、抗坏血酸等将 Fe^{3+} 还原为 Fe^{2+}，其反应式如下

$$2Fe^{3+}+2NH_2OH\cdot HCl \longrightarrow 2Fe^{2+}+N_2\uparrow+2H_2O+4H^++2Cl^-$$

测定时，pH 控制在 5～6 显色，酸度高时，反应进行较慢；酸度太低，则 Fe^{2+} 发生水解，影响显色。

四、仪器、试剂和材料

仪器：7220 型分光光度计、酸度计及电极、1cm 玻璃比色皿、容量瓶、刻度

吸管。

试剂:100$\mu g \cdot mL^{-1}$铁标准溶液[1]、1.5$g \cdot L^{-1}$邻二氮菲溶液(临用时配制)、100$g \cdot L^{-1}$盐酸羟胺溶液(临用时配制)、1$mol \cdot L^{-1}$ NaAc、1$mol \cdot L^{-1}$ NaOH、6$mol \cdot L^{-1}$ HCl。

材料:铁试样溶液、蒸馏水、吸水纸、擦镜纸。

五、实验内容

1. 吸收曲线的绘制

分别吸取 100$\mu g \cdot mL^{-1}$铁标准溶液 2.00mL、100$g \cdot L^{-1}$盐酸羟胺溶液 1.00mL、1.5$g \cdot L^{-1}$邻二氮菲溶液 2.00mL、1$mol \cdot L^{-1}$NaAc 溶液 5.00mL 加入到 50mL 容量瓶,每加入一种试剂后均应摇匀后再加另一种试剂。最后用蒸馏水稀释到刻度线,摇匀。参比溶液的配制方法除不加铁标准溶液外,其他相同。在 7220 型分光光度计上,用 1cm 比色皿,波长从 440nm 到 560nm,每隔 5nm 测定一次吸光度。以波长为横坐标、吸光度为纵坐标,绘制吸收曲线,根据曲线选择测量铁的适宜波长。

2. 显色剂浓度的影响

取 6 只 50mL 容量瓶,除显色剂邻二氮菲的用量分别为 0.50mL、1.00mL、1.50mL、2.00mL、2.50mL、3.00mL 外,其余溶液的加入量和顺序与实验内容 1 的步骤相同。在 7220 型分光光度计上,用 1cm 比色皿,在所选定测定波长下,以试剂空白为参比测定溶液吸光度。

3. 有色溶液的稳定性

在 50mL 容量瓶中,按实验内容 1 配制溶液。在所选定波长下,用 1cm 比色皿,以试剂空白为参比溶液,立即测定其吸光度。然后分别测定放置 5min、10min、20min、30min、60min、90min 后溶液的吸光度。

4. 溶液酸度的影响

在 9 只 50mL 容量瓶中,分别加入 100$\mu g \cdot mL^{-1}$铁标准溶液 1.00mL,100$g \cdot L^{-1}$盐酸羟胺溶液 1.00mL,1.5$g \cdot L^{-1}$邻二氮菲溶液 2.00mL,再分别加入 0.00mL、0.20mL、0.50mL、0.80mL、1.00mL、2.00mL、2.50mL、3.00mL、4.00mL 1$mol \cdot L^{-1}$NaOH 溶液,摇匀后用蒸馏水稀释至刻度并再次摇匀。然后在选定波长下,以 1$mol \cdot L^{-1}$NaOH 的 10 倍稀释液为参比,测定各溶液的吸

光度。同时,利用酸度计测定各溶液的 pH。

5. 标准曲线的绘制

取 6 只 50mL 容量瓶,分别加入 100μg · mL^{-1} 铁标准溶液 0.00mL、0.20mL、0.40mL、0.60mL、0.80mL、1.00mL,按实验内容 1 的操作步骤进行测定。

6. 试样中铁含量的测定

吸取未知试样 2.00mL 于 50mL 容量瓶,按实验内容 1 的操作步骤进行测定。

【注释】

[1] 100μg · mL^{-1} 铁标准溶液配制方法:准确称取 $NH_4Fe(SO_4)_2 \cdot 12H_2O$ (A.R.)0.8634g 置于烧杯中,加入 20mL 6mol · L^{-1} HCl 溶液和少量蒸馏水,溶解后,转移至 1L 容量瓶中,以蒸馏水稀释至刻度,摇匀。

六、数据记录与处理

(1) 自行设计表格,记录实验所得各类数据。

(2) 根据实验内容 1 的数据,以波长为横坐标、吸光度为纵坐标,绘制吸收曲线,求出最大吸收波长。

(3) 根据实验内容 2 的数据,以显色剂的体积(mL)为横坐标、吸光度为纵坐标,绘制吸光度-试剂用量曲线,讨论实验结果。

(4) 根据实验内容 3 的数据,以时间为横坐标、吸光度为纵坐标,绘制时间-吸光度曲线,讨论实验结果。

(5) 根据实验内容 4 的数据,以 pH 为横坐标、吸光度为纵坐标绘制吸光度-pH 曲线,讨论实验结果。

(6) 根据实验内容 5 的数据,以 50mL 溶液中铁含量(μg)为横坐标、吸光度为纵坐标,绘制标准曲线。

(7) 由标准曲线求出未知样品中的铁含量。

七、注意事项

(1) 测定有色溶液吸光度时,须用待测溶液润洗比色皿几次,以免改变浓度。

(2) 注意吸收池的配对,将使用的容量瓶做上标记,以免混淆。

(3) 遵守平行原则。如配制标准系列时,空白与标准系列均应按相同的步骤进行操作,包括加试剂的量、顺序、时间等应一致。

八、思考题

(1) 用邻二氮菲法测定铁时,为什么要预先进行各种条件实验?

(2) 邻二氮菲法测定铁时,为什么在测定前需加入还原剂盐酸羟胺?

(3) 本实验所用的参比溶液是什么? 其作用又是什么?

(4) 试设计以邻二氮菲分光光度法分别测定试样中微量 Fe^{2+}、Fe^{3+} 含量的分析方案。

实验二十三　水体中阴离子表面活性剂含量的测定

一、实验目的

（1）掌握分光光度计的使用方法和分光光度定量方法。

（2）掌握萃取分光光度法测量阴离子表面活性剂的原理。

（3）熟悉分光光度分析中常见的干扰以及提高测定选择性的方法。

二、预习要求

（1）阅读教材第一部分3.1节内容，熟悉分光光度计的使用方法。

（2）了解萃取分光光度法测量阴离子表面活性剂的原理。

（3）复习分液漏斗的使用和分液操作。

三、实验原理

直链烷基苯磺酸钠（linear alkylbenzene sulfonate，LAS）等阴离子表面活性剂是造成水体污染的主要化学物质之一。当阴离子表面活性剂进入水体后，分子会聚集在水介质和其他诸如空气、油状液体和微粒表面，使之产生泡沫、乳化和微粒悬浮等现象。阴离子表面活性剂的大量应用会导致水质恶化，受污染的水体中其浓度一般为0.1～10mg・L^{-1}，国家环境质量标准指标规定一类水体中LAS的浓度必须小于0.03mg・L^{-1}。

阴离子表面活性剂的测定，通常采用亚甲基蓝萃取分光光度法（GB 7494-87）。测定时在水样中加入亚甲基蓝，与阴离子表面活性剂结合形成疏水性较强的离子对化合物，然后用三氯甲烷等有机溶剂萃取，在一定波长下用分光光度计进行测定。但由于亚甲基蓝水溶性差，且易与Cl^-、SCN^-、ClO_4^-、NO_3^-等阴离子结合，也被萃取到有机相，从而对分光光度测定造成干扰。为提高测定的选择性，可采用阳离子金属配合物作为离子对试剂。本实验采用二乙二胺合铜作为离子对试剂，直接测定水体中阴离子表面活性剂的浓度。

二乙二胺合铜与水体中的阴离子表面活性剂结合的选择性较高，但所形成的离子对化合物摩尔吸光系数很小，测定的灵敏度较小。然而，在二乙二胺合铜将阴离子表面活性剂萃取进入有机相后，向其中加入1-(2-吡啶偶氮)-2-萘酚（PAN）试剂作为显色剂后，能与铜离子形成更稳定且摩尔吸光系数较大的黄色配合物（$\varepsilon=4.1\times10^4$，$\lambda_{max}=560nm$），可大大提高方法的灵敏度。由于铜离子与阴离子表面活性剂存在定量关系,可间接测定阴离子表面活性剂的浓度,本实验采取此法进行。

四、仪器、试剂和材料

仪器:7220 型分光光度计、1cm 玻璃比色皿、离心机、分液漏斗、容量瓶、比色管、移液管、刻度吸管。

试剂:阴离子表面活性剂标准溶液(1g · L^{-1} 十二烷基苯磺酸钠标准储备液)、二乙二胺合铜试剂[1]、三氯甲烷、无水乙醇、1-(2-吡啶偶氮)-2-萘酚。

材料:含有阴离子表面活性剂的水样、含 Cl^- 浓度为 10mg · L^{-1} 的水样、含 NO_3^- 浓度为 10mg · L^{-1} 的水样、蒸馏水、吸水纸、擦镜纸。

五、实验内容

1. 试样测定

量取含有阴离子表面活性剂的水样 150mL 置于 250mL 分液漏斗中,调节水样 pH 为 5～9。加入二乙二胺合铜试剂 10mL 和三氯甲烷 20mL,振荡 1min 后静置,直至有机相与水相分离。取约 13mL 有机相于离心管中,在 2500r · min^{-1} 的转速下离心分离 5min,准确移取 10mL 上层澄清液于 20mL 比色管中(离心管中若有残留水珠可用吸水纸擦干)。向比色管中加入 1mL PAN 试剂,盖上管塞并振荡。将此溶液用 1cm 比色皿在 560nm 下测定吸光度,参比溶液用 10∶1 三氯甲烷与乙醇混合液。

2. 空白值测定

以 150mL 蒸馏水代替水样,按试样测定的相同步骤和方法测定空白值,空白值的吸光度应为 0.000～0.001。

3. 标准曲线绘制

取 1g · L^{-1} 十二烷基苯磺酸钠标准储备液 1.00mL 于 100mL 容量瓶中,用蒸馏水稀释至刻度,即得到 10mg · L^{-1} 十二烷基苯磺酸钠标准溶液。分别吸取该标准溶液 5.00mL、10.00mL、15.00mL、20.00mL 和 25.00mL 于 100mL 容量瓶中,稀释定容后分别转入 250mL 分液漏斗中,并用 50mL 蒸馏水分两次洗涤容量瓶,洗涤液也全部转入分液漏斗中。按试样测定的相同方法进行测定,测得吸光度后,绘制标准曲线。

4. 分析方法的选择性实验

以150mL含Cl^-浓度为10mg·L^{-1}的水样、含NO_3^-浓度为10mg·L^{-1}的水样，按试样测定的相同步骤和方法测定该水样的吸光度。分析测定结果，判断这两种离子对本实验方法是否产生干扰。

【注释】

[1] 二乙二胺合铜试剂的配制方法：称取62.3g $CuSO_4 \cdot 5H_2O$和49.6g $(NH_4)_2SO_4$溶解于蒸馏水中，加入45.1g(50mL)乙二胺，然后用蒸馏水稀释至1L，溶液可稳定保存数月。

六、数据记录与处理

(1) 实验数据记录于下表。

表3-23-3 实验数据记录表

	标准溶液/(mg·L^{-1})					水样	蒸馏水	含Cl^-水样	含NO_3^-水样
	0.5	1.0	1.5	2.0	2.5				
吸光度A									

(2) 以标准溶液浓度为横坐标、吸光度为纵坐标，绘制标准曲线。

(3) 将水样的吸光度值减去空白值后，将所得吸光度值在标准曲线上对照，计算水样中所含阴离子表面活性剂的浓度。

(4) 根据方法的选择性实验结果，讨论Cl^-和NO_3^-是否对阴离子表面活性剂的测定产生干扰。

七、注意事项

(1) 在使用分液漏斗前必须进行检漏，分液漏斗使用后，应用水冲洗干净，玻璃塞和活塞用薄纸包裹后塞回去。

(2) 在分液操作过程中，溶液经振荡后，需进行分液漏斗的放气操作。

(3) 分液时注意区分有机相和水相，避免弄错导致实验失败。

八、思考题

(1) 本实验中，为何要在萃取操作前调节溶液的pH为5～9?

(2) 用二乙二胺合铜作萃取剂有什么优缺点?

(3) 本实验中采用PAN试剂测定有机相的铜离子，是否还可以用其他方法来测定有机相中铜离子浓度?

实验二十四　工业废水中挥发酚的测定

一、实验目的

（1）掌握分光光度计的结构和使用方法。

（2）了解环境中酚污染对水环境的影响及检测方法。

（3）掌握直接分光光度法测定工业废水中挥发酚的原理和操作方法。

二、预习要求

（1）阅读教材第一部分 3.1 节内容，熟悉 7220 型分光光度计的结构与使用方法。

（2）了解水体中挥发酚含量的测定方法。

（3）了解直接分光光度法测定工业废水中挥发酚的原理和操作方法。

三、实验原理

环境中的酚污染主要指酚类化合物对水体的污染，含酚废水是当今世界上危害大、污染范围广的工业废水之一，是环境中水污染的重要来源。通常含酚废水中，以苯酚和甲酚等的含量最高。目前环境监测常以苯酚和甲酚等沸点在 230℃ 以下的挥发性酚作为污染指标。我国规定生活饮用水的限值为 $0.002\text{mg}\cdot\text{L}^{-1}$，污染中最高容许排放浓度为 $0.5\text{mg}\cdot\text{L}^{-1}$（一、二级标准）。测定水体中挥发酚的方法主要有 4-氨基安替比林分光光度法、溴化滴定法、气相色谱法等，国家标准（HJ 503—2009）采取 4-氨基安替比林分光光度法。

4-氨基安替比林分光光度法在测定不同水体时可分别采用萃取分光光度法或直接分光光度法。地表水、地下水和饮用水宜用萃取分光光度法测定，检出限为 $0.0003\text{mg}\cdot\text{L}^{-1}$，测定范围为 $0.001\sim0.04\text{mg}\cdot\text{L}^{-1}$。工业废水和生活污水宜用直接分光光度法测定，检出限为 $0.01\text{mg}\cdot\text{L}^{-1}$，测定范围为 $0.04\sim2.50\text{mg}\cdot\text{L}^{-1}$。

在碱性条件和氧化剂铁氰化钾作用下，酚类与 4-氨基安替比林反应，生成橘红色的物质，在 510nm 处有最大吸收，以分光光度计直接测定挥发酚含量，称为直接分光光度法。若用氯仿萃取此有色物质，可以增加颜色的稳定性，提高灵敏度，在 460nm 处有最大吸收，再以分光光度计测定挥发酚含量，称为萃取分光光度法。

本实验采用 4-氨基安替比林分光光度法测定工业废水中挥发酚。由于样品中各种酚的相对含量不同，因而不能提供一个含混合酚的通用标准，通常选用苯酚为标准，即结果均以苯酚含量表示。

四、仪器、试剂和材料

仪器：7220 型分光光度计、1cm 玻璃比色皿、蒸馏器装置、移液管、容量瓶。

试剂：无酚水[1]、4-氨基安替比林溶液[2]、酚标准储备液[3]、$CuSO_4$ 溶液[4]、80g · L^{-1}铁氰化钾溶液、1∶9 磷酸溶液、甲基橙指示剂[5]、氨性缓冲溶液[6]。

材料：含酚废水样、吸水纸、擦镜纸。

五、实验内容

1. 水样的预蒸馏

量取 250mL 待测水样于蒸馏瓶中，加 2 滴甲基橙指示剂，用磷酸溶液调至橙红色(此时 pH 约为 4)。加入 5.0mL 硫酸铜溶液(如取样时已加过，则不必再加)及数粒玻璃珠，加热蒸馏，至馏出液约为 225mL 时，停止加热，冷却。向蒸馏瓶中加入 25mL 水，继续蒸馏至馏出液为 250mL 为止。

2. 绘制标准曲线

(1) 取酚标准储备液 1.00mL 于 100mL 容量瓶中，加水稀释至刻度并摇匀，即得酚标准中间液。

(2) 于 50mL 容量瓶中分别加入 0.00mL、0.50mL、1.00mL、1.50mL、2.00mL、2.50mL 酚标准中间液，再分别加入 0.5mL 氨性缓冲溶液和 4-氨基安替比林溶液 1mL，混匀。加入 1mL 铁氰化钾溶液，用水稀释到刻度并混匀。放置 15min 后，于 510nm 波长处，用 1cm 比色皿，以试剂空白为参比，测定吸光度，绘制标准曲线。

3. 水样测定

取 50mL 馏出液或分取适量馏出液用水稀释到 50mL，置于容量瓶中，按绘制标准曲线的步骤操作，测定吸光度(A_s)，计算减去空白实验后的吸光度(A_b)。空白实验是以水代替水样，经蒸馏后，按与水样相同的步骤测定。

【注释】

[1] 本实验中所用水均为无酚水，其制备方法：于 1L 水中加入 0.2g 经 200℃活化 0.5h 的活性炭粉末，充分振摇后，放置过夜。用双层中速滤纸过滤，滤出液储于硬质玻璃瓶中备用。或加氢氧化钠使水呈强碱性，并滴加高锰酸钾

溶液至紫红色,移入蒸馏瓶中加热蒸馏,收集馏出液备用。

[2] 4-氨基安替比林溶液的配制方法:称取 2.0g 4-氨基安替比林溶于水中,稀释到 100mL,用时配制。该溶液储于棕色瓶内,在冰箱中可保存一周。

[3] 酚标准储备液的配制方法:称取 1.0g 苯酚溶于煮沸后冷却的水中,稀释至 1L,其准确浓度以硫代硫酸钠法标定。

[4] $CuSO_4$ 溶液的配制方法:称取 100g 硫酸铜($CuSO_4 \cdot 5H_2O$)溶解于 1L 水中。

[5] 甲基橙指示剂溶液的配制方法:称取 0.05g 甲基橙溶于 100mL 水中。

[6] 氨性缓冲溶液配制方法:称取 20g 氯化铵溶于 100mL 浓氨水中,调节 pH 为 10.0。

六、数据记录与处理

(1) 以吸光度为纵坐标、苯酚含量(mg)为横坐标,绘制标准曲线。

(2) 根据水样扣除空白后的吸光度,在标准曲线上对照计算出水样中挥发酚类含量(以苯酚计,$mg \cdot L^{-1}$)。

七、注意事项

(1) 如水样含挥发酚较高,移取适量水样并加至 250mL 蒸馏瓶进行蒸馏,则在计算时应乘以稀释倍数。如水样中挥发酚类浓度低于 $0.5mg \cdot L^{-1}$ 时,采用萃取分光光度法。

(2) 当水样中含游离氯等氧化剂,硫化物、油类、芳香胺类及甲醛、亚硫酸钠等还原剂时,应在蒸馏前先做适当的预处理。

(3) 一般水样经一次蒸馏足以净化样品,若馏出液出现浑浊,则需用磷酸酸化后再次蒸馏。

(4) 样品和标准溶液中加入氨性缓冲液和 4-氨基安替比林溶液后须混匀才能加入铁氰化钾溶液,否则结果偏低。

(5) 当苯酚试剂呈红色时,则需对苯酚精制,方法为取在水浴上融化后的苯酚,置于适量的蒸馏瓶中加热蒸馏,空气冷凝,注意保温,收集 182～184℃的馏分。精制的苯酚冷却后,应为无色,低温时析出结晶,储于暗处。

八、思考题

(1) 当预蒸馏两次,馏出液仍浑浊时如何处理?

(2) 根据实验情况,分析影响测定结果准确度的因素。

实验二十五　紫外分光光度法同时测定维生素 C 和维生素 E 的含量

一、实验目的

（1）掌握紫外-可见分光光度计的结构和使用方法。

（2）熟悉分光光度法同时测定双组分体系的原理和方法。

二、预习要求

（1）阅读教材第一部分 3.2 节内容，熟悉紫外-可见分光光度计的结构和使用方法。

（2）了解分光光度法同时测定双组分体系的原理。

三、实验原理

紫外吸收光谱是 200～400nm 波长范围内的分子吸收光谱，广泛应用于化学物质的定性和定量测定。紫外分光光度法的灵敏度高、选择性好，可测定服从朗伯-比尔定律的单组分和多组分系统。当进行单组分测定时，常采用标准曲线法。而进行多组分测定时，则分两种情况，一是它们的吸收曲线上的吸收峰相互不重叠，此时可按单组分进行测定；二是它们的吸收曲线上的吸收峰相互略有重叠，则可不经分离分别选择合适波长，测定样品混合组分的吸光度，通过解联立方程求出各组分的含量。

如图 3-25-1 所示，混合物两组分 M 和 N 的吸收光谱相互重叠，则可根据吸光度的加和性，在 M 和 N 的波长 λ_1 和 λ_2 处（为提高测定的灵敏度，一般为组分 M 和 N 的最大吸收波长）测定混合溶液的总吸光度 $A_{\lambda_1}^{M+N}$ 和 $A_{\lambda_2}^{M+N}$。如采用 1cm 比色皿，则有如下方程

$$A_{\lambda_1}^{M+N}=A_{\lambda_1}^{M}+A_{\lambda_1}^{N}=\varepsilon_{\lambda_1}^{M}\cdot c_M+\varepsilon_{\lambda_1}^{N}\cdot c_N$$

$$A_{\lambda_2}^{M+N}=A_{\lambda_2}^{M}+A_{\lambda_2}^{N}=\varepsilon_{\lambda_2}^{M}\cdot c_M+\varepsilon_{\lambda_2}^{N}\cdot c_N$$

式中，$\varepsilon_{\lambda_1}^{M}$、$\varepsilon_{\lambda_2}^{M}$、$\varepsilon_{\lambda_1}^{N}$ 和 $\varepsilon_{\lambda_2}^{N}$ 为组分 M、N 在波长 λ_1 和 λ_2 处的摩尔吸光系数。解此联立方程可得到组分 M、N 的浓度为

$$c_M=\frac{A_{\lambda_1}^{M+N}\cdot\varepsilon_{\lambda_2}^{N}-A_{\lambda_2}^{M+N}\cdot\varepsilon_{\lambda_1}^{N}}{\varepsilon_{\lambda_1}^{M}\cdot\varepsilon_{\lambda_2}^{N}-\varepsilon_{\lambda_2}^{M}\cdot\varepsilon_{\lambda_1}^{N}}\qquad(3\text{-}25\text{-}2)$$

$$c_N = \frac{A_{\lambda_1}^{M+N} - \varepsilon_{\lambda_1}^{M} \cdot c_M}{\varepsilon_{\lambda_1}^{N}} \tag{3-25-3}$$

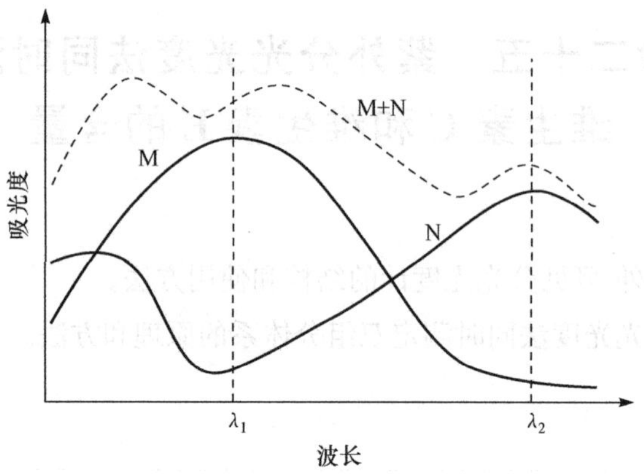

图 3-25-1 双组分混合物的吸收光谱

维生素 C(抗坏血酸)和维生素 E(α-生育酚)具有抗氧化作用,即它们可在一定时间内防止油脂变性。由于它们同时使用的效果比单独使用其中一种更好,常将它们组合添加于各类食品中。其中,维生素 C 是水溶性的,维生素 E 是脂溶性的,但它们都能溶于无水乙醇。因此,可利用在同一溶液中测定双组分的原理,对它们的含量进行测定。

四、仪器、试剂和材料

仪器:紫外-可见分光光度计、1cm 石英比色皿、容量瓶、刻度吸管。

试剂:维生素 C 标准储备液[1]($0.0132g \cdot L^{-1}$,$7.50\times10^{-5}mol \cdot L^{-1}$)、维生素 E 标准储备液[2]($0.0488g \cdot L^{-1}$,$1.13\times10^{-4}mol \cdot L^{-1}$)、无水乙醇。

材料:含维生素 C 和维生素 E 试样(无水乙醇溶液)、擦镜纸。

五、实验内容

1. 配制标准溶液

1) 维生素 C 标准溶液

分别取维生素 C 标准储备液 2.00mL、3.00mL、4.00mL 和 5.00mL 于 25mL 容量瓶中,以无水乙醇稀释至刻度并摇匀。

2) 维生素 E 标准溶液

分别取维生素 E 标准储备液 2.00mL、3.00mL、4.00mL 和 5.00mL 于 25mL 容量瓶中,以无水乙醇稀释至刻度并摇匀。

2. 确定测定波长

以无水乙醇为参比，在220～320nm范围内测定维生素C和维生素E的吸收光谱，按两种物质的最大吸收波长确定λ_1和λ_2。

3. 绘制标准曲线

以无水乙醇为参比，在波长λ_1和λ_2处分别测定实验内容1中配制的维生素C和维生素E标准溶液的吸光度。

4. 未知试样的测定

取未知试样2.50mL于25mL容量瓶中，以无水乙醇稀释至刻度并摇匀。以无水乙醇为参比，在波长λ_1和λ_2处分别测定试样的吸光度。

【注释】

[1] 维生素C标准溶液的配制方法：称取0.0132g维生素C溶于无水乙醇中，并用无水乙醇稀释至1L。

[2] 维生素E标准溶液的配制方法：称取0.0488g维生素E溶于无水乙醇中，并用无水乙醇稀释至1L。

六、数据记录与处理

(1) 分别绘制维生素C和维生素E的吸收光谱，确定最大吸收波长λ_1和λ_2。

(2) 以吸光度对浓度作图，分别绘制维生素C和维生素E在波长λ_1和λ_2的四条标准曲线，由标准曲线确定曲线斜率，即为维生素C和维生素E在波长λ_1和λ_2的摩尔吸光系数$\varepsilon_{\lambda_1}^{C}$、$\varepsilon_{\lambda_2}^{C}$、$\varepsilon_{\lambda_1}^{E}$和$\varepsilon_{\lambda_2}^{E}$。

(3) 根据式(3-25-2)和式(3-25-3)计算试样中维生素C和维生素E的浓度。

七、注意事项

(1) 石英比色皿每换一种溶液或溶剂必须清洗干净，并用被测溶液或参比溶液润洗。由于其价格昂贵，小心使用，以免损坏。

(2) 由于维生素C易缓慢氧化为脱氢抗坏血酸，其溶液必须临用前配制。

八、思考题

(1) 比较可见分光光度计与紫外-可见分光光度计的异同。

(2) 如何用实验的方法鉴别玻璃比色皿与石英比色皿？

(3) 如何测定三组分混合液中每一种组分的浓度？

实验二十六　安钠咖注射液中咖啡因含量的测定

一、实验目的

(1) 掌握紫外-可见分光光度计的结构和使用方法。

(2) 掌握双波长紫外分光光度法测定某些药物制剂含量的原理和方法。

二、预习要求

(1) 阅读教材第一部分 3.2 节内容，了解紫外-可见分光光度计的结构和使用方法。

(2) 了解双波长紫外分光光度法测定药物制剂中咖啡因含量的原理和方法。

三、基本原理

双波长法是根据待测溶液在两个适当波长的吸收值之差与待测组分浓度成正比关系的定量方法。

选择两个波长，使干扰物质的吸收度之差为零，而待测物的吸收差值较大，以消除干扰物质的吸收，达到准确测定的目的。

若一溶液，含有物质 M 和 N，测定物质 M 的含量时，可在仪器上选择适当的波长 λ_1 和 λ_2，使 $A_{\lambda_1}^{N}=A_{\lambda_2}^{N}$，仪器上测到的吸收值为

$$A_{\lambda_1}^{M+N}=A_{\lambda_1}^{M}+A_{\lambda_1}^{N} \tag{3-26-4}$$

$$A_{\lambda_2}^{M+N}=A_{\lambda_2}^{M}+A_{\lambda_2}^{N} \tag{3-26-5}$$

由式(3-26-4)和式(3-26-5)可得到

$$\Delta A=A_{\lambda_1}^{M+N}-A_{\lambda_2}^{M+N}=A_{\lambda_1}^{M}-A_{\lambda_2}^{M}$$

根据朗伯-比尔定律，$A=\varepsilon \cdot c \cdot l$，则有

$$\Delta A=(\varepsilon_{\lambda_1}^{M}-\varepsilon_{\lambda_2}^{M}) \cdot c \cdot l \tag{3-26-6}$$

式中，ε 为物质 M 的摩尔吸光系数；c 为物质 M 的溶液浓度；l 为比色皿的厚度。

由于物质 M 在波长 λ_1 和 λ_2 处的摩尔吸光系数 $\varepsilon_{\lambda_1}^{M}$、$\varepsilon_{\lambda_2}^{M}$ 是一定值，因此其差值也是定值。故根据式(3-26-6)，通过实验得到波长 λ_1 和 λ_2 处吸光度差 ΔA，即可计算出溶液浓度 c。

安钠咖注射液临床上主要用于因催眠、麻醉药物中毒或急性感染性疾病所引起的中枢性呼吸循环衰竭，是咖啡因与苯甲酸钠的水溶液。本实验通过双波

长法测定安钠咖注射液中咖啡因的含量。

四、仪器、试剂和材料

仪器：紫外-可见分光光度计、1cm 石英比色皿、容量瓶、刻度吸管。

试剂：咖啡因标准溶液[1]、苯甲酸钠标准溶液[2]。

材料：安钠咖样品溶液[3]、蒸馏水、擦镜纸。

五、实验内容

1. 绘制苯甲酸钠紫外吸收光谱

取稀释后的苯甲酸钠标准溶液 4.00mL 于 10mL 容量瓶中，加蒸馏水稀释至刻度并摇匀，取 3mL 置于石英比色皿中，以蒸馏水为空白，在紫外-可见分光光度计上测定不同波长的吸收值(波长为 250～280nm)，绘制苯甲酸钠紫外吸收光谱。

2. 选择等吸收点波长

从苯甲酸钠紫外吸收光谱上找出两个吸光度相等的波长 λ_1 和 λ_2。

3. 安钠咖注射液含量测定

1) 绘制咖啡因的标准曲线

分别取稀释后的咖啡因标准溶液 1.00mL、2.00mL、3.00mL、4.00mL、5.00mL、6.00mL，置于 50mL 容量瓶中，各加入 1mL 稀释后的苯甲酸钠标准溶液，然后加蒸馏水稀释至刻度并摇匀。在紫外-可见分光光度计上，分别测定两波长 λ_1 和 λ_2 处上述标准液的吸光度值，计算 ΔA。

2) 安钠咖样品的测定

吸取稀释后的安钠咖溶液 2.00mL 于 50mL 容量瓶中，加水稀释至刻度并摇匀。在两波长处测吸光度，计算 ΔA。

【注释】

[1] 咖啡因标准溶液的配制方法：准确称取咖啡因 0.25g 于 100mL 烧杯中加适量蒸馏水溶解，同时稍加热促溶，待完全溶解并冷却后转移至 250mL 容量瓶中，加水蒸馏稀释至刻度，摇匀。临用前取 100mL，用蒸馏水稀释至 1L。

[2] 苯甲酸钠标准溶液的配制方法：准确称取苯甲酸钠 0.1g 于 100mL 容量瓶中，加水蒸馏溶解并稀释至刻度，摇匀。临用前取 25mL，用蒸馏水稀释至 250mL。

[3] 安钠咖样品溶液的配制方法：取安钠咖注射液 1.0mL 置 100mL 容量瓶中加蒸馏水稀释至刻度，摇匀。临用前取 100mL，用蒸馏水稀释至 1L。

六、数据记录与处理

(1) 以波长为横坐标、吸光度为纵坐标，绘制苯甲酸钠紫外吸收光谱。从光谱图中确定等吸收波长 λ_1 和 λ_2。

(2) 以咖啡因标准溶液浓度为横坐标、以两波长处吸光度差值 ΔA 为纵坐标，绘制标准曲线。

(3) 根据安钠咖样品溶液在两波长处吸光度差值 ΔA，在标准曲线上对照计算出样品溶液中咖啡因的含量并换算出安钠咖注射液中咖啡因的含量。

七、注意事项

(1) 测定咖啡因的等吸收波长，用苯甲酸钠溶液来寻找；反之，欲测定苯甲酸钠的等吸收波长用咖啡因溶液寻找。

(2) 在测定过程中，读取吸光度后，应及时关闭遮盖光路的闸门，以保护光电管。

(3) 因不同仪器的波长精度略有差异，故在不同仪器上测定时，应对波长组合进行校正。

八、思考题

(1) 双波长分光光度法进行定量分析的依据是什么？

(2) 采用本实验方法，对于吸收光谱重叠的双组分混合物，欲测定其中一个组分，选择的 λ_1 和 λ_2 必须符合什么条件？

实验二十七　奎宁的荧光特性和含量测定

一、实验目的

(1) 掌握物质激发光谱和荧光光谱的绘制方法。

(2) 熟悉溶液的 pH 和卤化物对奎宁荧光的影响及荧光法测定奎宁的含量。

(3) 熟悉荧光分光光度计的结构和操作方法。

二、预习要求

(1) 阅读教材第一部分 3.3 节内容，了解荧光分光光度计的结构和操作方法。

(2) 掌握物质激发光谱和荧光光谱的概念，了解激发光谱和荧光光谱的绘制方法。

(3) 了解奎宁的荧光特性及其荧光法测定原理。

三、实验原理

当分子在紫外或可见光的照射下，吸收了辐射能后，形成激发态分子，分子外层的电子在 10^{-8}s 内返回基态，在返回基态的过程中，部分能量通过碰撞以热能形式释放，跃至第一激发态的最低振动能级，其余的能量以辐射形式释放出来。这种分子在光的照射下，外层电子从第一激发态的最低振动能级跃至基态时，发射出来的光称为分子荧光。它是由光致发光而产生的，通常分子荧光具有比照射光较长的波长。当激发光强度一定时，分子的荧光强度可用下式表示

$$I_F = Kc$$

式中，K 为常数；c 为荧光物质的浓度。

由此可见在一定条件下，荧光强度与物质的浓度呈线性关系。

采用标准曲线法，以已知量的标准物质配制一系列标准溶液，测得标准溶液的荧光后，以荧光强度对标准溶液的浓度绘制标准曲线，再根据试样溶液的荧光强度，在标准曲线上求出试样中荧光物质的含量。然而，由于荧光物质的猝灭效应，此法仅适用于痕量物质的分析。

奎宁在稀酸溶液中是强的荧光物质，它有两个激发波长 250nm 和 350nm，荧光发射峰在 450nm。在低浓度时，奎宁的荧光强度与其浓度成正比。

四、仪器、试剂和材料

仪器:荧光分光光度计、石英比色皿、电子分析天平、研钵、容量瓶、刻度吸管。

试剂:100.0μg · mL^{-1}奎宁储备液[1]、0.05mol · L^{-1}溴化钠溶液、0.05mol · L^{-1} H_2SO_4、缓冲溶液(pH 分别为 1.0、2.0、3.0、4.0、5.0、6.0)。

材料:奎宁片剂、蒸馏水、吸水纸、擦镜纸。

五、实验内容

1. 试样中奎宁含量的测定

1) 配制标准溶液

在 6 只 50mL 容量瓶中,分别加入 10.00μg · mL^{-1}奎宁标准溶液 0.00mL、2.00mL、4.00mL、6.00mL、8.00mL、10.00mL,用 0.05mol · L^{-1} H_2SO_4 稀释至刻度,摇匀。

2) 激发光谱和荧光光谱测定

以第 3 号标准溶液(4.00mL 奎宁标准溶液定容至 50mL)为试样,在荧光分光光度计中,设定发射波长 λ_{em}=450nm,在 200~400nm 范围内扫描激发光谱。设定激发波长 λ_{ex} 分别为 250nm 和 350nm,在 400~600nm 范围内扫描荧光光谱。

3) 绘制标准曲线

根据确定的激光波长 λ_{ex}和发射波长 λ_{em},测定系列标准溶液的荧光强度。

4) 未知样的测定

取 5 片奎宁片称量,在研钵中研细,准确称取研细后的粉末约 0.1g,用 0.05mol · L^{-1} H_2SO_4 溶解,转移至 1000mL 容量瓶中,用 0.05mol · L^{-1} H_2SO_4 稀释至刻度,摇匀。

取上述溶液 5.00mL 至 50mL 容量瓶中,用 0.05mol · L^{-1} H_2SO_4 稀释至刻度,摇匀。在与标准系列溶液同样条件下,测定试样溶液的荧光强度。

2. 奎宁荧光强度与 pH 的关系

取 6 只 50mL 容量瓶,分别加入 10.00μg · mL^{-1}奎宁溶液 4.00mL,并分别用 pH 为 1.0、2.0、3.0、4.0、5.0、6.0 的缓冲溶液稀释至刻度,摇匀。在与标准系列溶液同样条件下,测定 6 种溶液的荧光强度。

3. 卤化物猝灭奎宁荧光实验

取 5 只 50mL 容量瓶，分别加入 10.00μg · mL^{-1}奎宁溶液 4.00mL，再分别加入 0.05mol · L^{-1} NaBr 1.00mL、2.00mL、4.00mL、8.00mL、10.00mL，然后用 0.05mol · L^{-1} H_2SO_4 稀释至刻度，摇匀。在与标准系列溶液同样条件下，测定它们的荧光强度。

【注释】

[1] 100.0μg · mL^{-1}奎宁储备液的配制方法：称取 120.7mg 硫酸奎宁二水合物，加入 50mL 1mol · L^{-1} H_2SO_4 使之溶解，加蒸馏水稀释定容至 1L。临用前，将此溶液稀释 10 倍，得 10.00μg · mL^{-1}奎宁标准溶液。

六、数据记录与处理

(1) 绘制或打印奎宁的激发光谱和荧光光谱，确定其激发波长和发射波长。

(2) 以荧光强度为纵坐标、奎宁溶液浓度为横坐标，绘制标准曲线。

(3) 在标准曲线上查出未知试样的浓度，计算片剂中奎宁的平均含量。

(4) 以荧光强度为纵坐标、溶液 pH 为横坐标，作荧光强度对 pH 的关系图，讨论实验结果。

(5) 以荧光强度为纵坐标、溴离子浓度为横坐标，作荧光强度与溴离子浓度的关系图，讨论实验结果。

七、注意事项

奎宁标准溶液必须于实验当日配制，避光保存。

八、思考题

(1) 为什么测定荧光的方向必须和激发光的方向成直角？

(2) 如何绘制激发光谱和荧光光谱？

(3) 本实验中，能否用 0.05mol · L^{-1}的 HCl 来代替 0.05mol · L^{-1} H_2SO_4？为什么？

实验二十八　荧光分析法测定维生素 B_2 片剂中核黄素的含量

一、实验目的

(1) 掌握荧光分析法测定维生素 B_2 的基本原理。

(2) 掌握荧光分光光度计的结构及使用方法。

二、预习要求

(1) 阅读教材第一部分 3.3 节内容，了解荧光分光光度计的结构和操作方法。

(2) 了解荧光分析法测定维生素 B_2 的基本原理。

三、实验原理

维生素 B_2 又称核黄素，是体内黄酶类辅基的组成部分，当缺乏时，就影响机体的生物氧化，发生代谢障碍。核黄素是橘黄色无臭的针状结晶，易溶于水而不溶于乙醚等有机溶剂，在中性或酸性溶液中稳定，光照易分解，对热稳定，其结构式如下

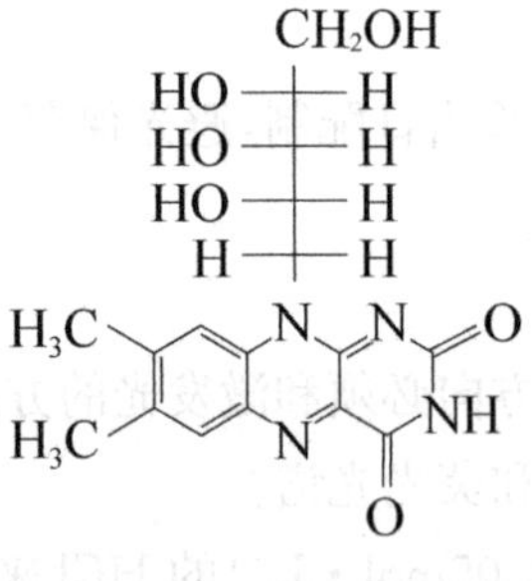

由于核黄素分子中有三个芳香环，具有平面刚性结构，因此它能够发射荧光。核黄素在 430～440nm 蓝光照射下，会发生绿色荧光。pH 在 6～7 范围内荧光强度最大，在 pH 为 11 的碱性溶液中荧光消失。基于上述性质建立核黄素的荧光分析法，选择合适的激发波长、发射波长和实验条件，即可进行定量测定。本实验采用标准曲线法来测定维生素 B_2 片剂中核黄素含量，其基本原理参见实验二十七。

四、仪器、试剂和材料

仪器：荧光分光光度计、石英比色皿、电子分析天平、容量瓶、研钵、刻度吸管。

试剂：10.0μg・mL^{-1}维生素 B_2 标准溶液[1]、冰醋酸。

材料：维生素 B_2 片剂、蒸馏水、吸水纸、擦镜纸。

五、实验内容

1. 标准溶液配制

取 5 只 50mL 容量瓶，分别加入 1.00mL、2.00mL、3.00mL、4.00mL 和 5.00mL 维生素 B_2 标准溶液，用水稀释至刻度，摇匀。

2. 激发光谱和荧光光谱测定

以第 3 号标准溶液（3.00mL 维生素 B_2 标准溶液定容至 50mL）为试样，在荧光分光光度计中，设置 λ_{em}＝540nm，在 250～400nm 范围内扫描，得到激发光谱。再从所得激发光谱中找出最大激发波长 λ_{ex}，在此激发波长下，在 400～600nm 范围内扫描荧光光谱，从中确定其最大荧光发射波长 λ_{em}。

3. 标准曲线绘制

根据确定的激发波长 λ_{ex}和发射波长 λ_{em}，从稀到浓测定各标准溶液的荧光强度。

4. 未知试样的测定

取 5 片维生素 B_2 片剂称量，在研钵中研细，准确称取适量（约含维生素 B_2 10mg）研细后的粉末，置于 100mL 容量瓶中，用蒸馏水稀释至刻度，摇匀。过滤，吸取滤液 10.00mL 于 100mL 容量瓶中，用蒸馏水稀释至刻度，摇匀。

再吸取此稀释后的溶液 2.00mL 于 50mL 容量瓶内，加冰醋酸 2mL，用蒸馏水稀释至刻度，摇匀，在与标准系列溶液同样条件下，测定试样溶液的荧光强度。

【注释】

[1] 10.0μg・mL^{-1}维生素 B_2 标准溶液的配制方法：称取 10.0mg 维生素 B_2，以 1% 乙酸溶液溶解并稀释定容至 1L。溶液应保存在棕色瓶中，置于阴凉处。

六、数据记录与处理

(1) 列表记录各项实验数据。

(2) 绘制激发光谱及荧光光谱曲线,确定激发波长和发射波长。

(3) 以荧光强度为纵坐标、标准系列溶液浓度为横坐标,绘制标准曲线。

(4) 在标准曲线上查出未知试样的浓度,计算片剂中核黄素的平均含量。

七、思考题

(1) 激发波长与发射波长有什么关系?

(2) 荧光分析法的基本原理是什么?它有何特点?

实验二十九　荧光法测定阿司匹林中水杨酸和乙酰水杨酸

一、实验目的

(1) 掌握荧光分析法的基本原理和荧光分光光度计的结构与操作方法。

(2) 熟悉荧光分析法进行多组分含量测定的原理和方法。

二、预习要求

(1) 阅读教材第一部分 3.3 节内容,熟悉荧光分光光度计的结构及操作方法。

(2) 了解荧光分析法进行多组分含量测定的原理和方法。

三、实验原理

乙酰水杨酸通常称为阿司匹林(ASA),水解后能产生水杨酸(SA)。而在阿司匹林片剂中存在着少量水杨酸。由于两者都有苯环,也有一定的荧光效率,因而在以三氯甲烷为溶剂的条件下,可用荧光法对它们分别进行测定。在三氯甲烷体系中加入少许乙酸可以增加二者的荧光强度,乙酰水杨酸和水杨酸的最佳溶剂为 1%(体积分数)乙酸-三氯甲烷溶液。从乙酰水杨酸和水杨酸的激发光谱和荧光光谱(图 3-29-2)中可以发现:乙酰水杨酸和水杨酸的激发波长和发射波长均不同,利用此性质,可在各自的激发波长和发射波长下分别测定。

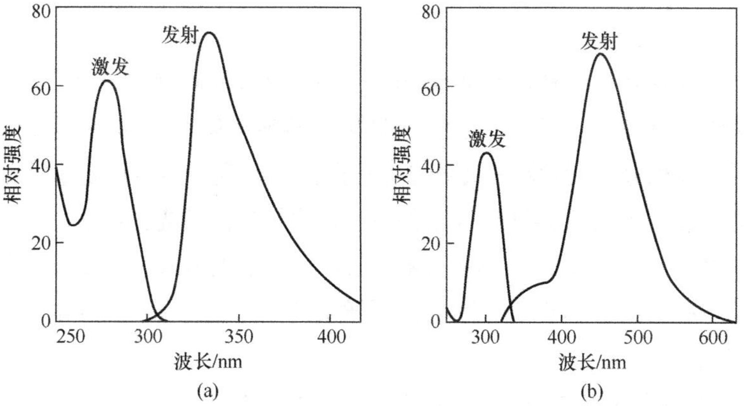

图 3-29-2　1%(体积分数)乙酸-三氯甲烷溶液中乙酰水杨酸(a)与水杨酸(b)的激发光谱和荧光光谱

四、仪器、试剂和材料

仪器:荧光分光光度计、电子分析天平、容量瓶、研钵、刻度吸管。

试剂:400mg·L^{-1}乙酰水杨酸储备液[1]、750mg·L^{-1}水杨酸储备液[2]、1%(体积分数)乙酸-三氯甲烷溶液、乙酸、三氯甲烷。

材料:阿司匹林药片、蒸馏水、吸水纸、擦镜纸。

五、实验内容

1. 测定激发光谱和荧光光谱

分别测定4.00mg·L^{-1}乙酰水杨酸和7.50mg·L^{-1}水杨酸标准溶液的激发光谱和荧光光谱曲线,并确定各自的最大激发波长λ_{ex}和最大发射波长λ_{em}。

2. 绘制标准曲线

1) 乙酰水杨酸标准曲线的绘制

分别吸取4.00mg·L^{-1}乙酰水杨酸标准溶液2.00mL、4.00mL、6.00mL、8.00mL和10.00mL,置于25mL容量瓶中,以1%(体积分数)乙酸-三氯甲烷溶液稀释至刻度,摇匀。在确定的激发波长和发射波长下分别测定其荧光强度。

2) 水杨酸标准曲线的绘制

分别吸取7.50mg·L^{-1}水杨酸标准溶液2.00mL、4.00mL、6.00mL、8.00mL和10.00mL,置于25mL容量瓶中,以1%(体积分数)乙酸-三氯甲烷溶液稀释至刻度,摇匀。在确定的激发波长和发射波长下分别测定其荧光强度。

3. 样品的分析

(1) 取5片阿司匹林片剂称量,在研钵中研细,准确称取400.0mg粉末(相当于1片),用1%(体积分数)乙酸-三氯甲烷溶液溶解后转移至100mL容量瓶中,以1%(体积分数)乙酸-三氯甲烷溶液稀释至刻度。然后用定量滤纸迅速干过滤。取滤液在与标准溶液同样条件下测定水杨酸的荧光强度。

(2) 将上述滤液以1%(体积分数)乙酸-三氯甲烷溶液稀释1000倍(分3次完成,每次稀释10倍),在与标准溶液同样条件下测定乙酰水杨酸的荧光强度。

【注释】

[1] 400mg·L^{-1}乙酰水杨酸储备液的配制方法:称取0.4000g乙酰水杨酸溶于1%(体积分数)乙酸-三氯甲烷溶液中,并定溶于1L容量瓶中。临用前用1%(体积分数)乙酸-三氯甲烷溶液稀释成4.00mg·L^{-1}的乙酰水杨酸标准

溶液。

[2] 750mg · L^{-1}水杨酸储备液的配制方法：称取 0.7500g 水杨酸溶于 1%（体积分数）乙酸-三氯甲烷溶液中，并定溶于 1L 容量瓶中。临用前用 1%（体积分数）乙酸-三氯甲烷溶液稀释成 7.50mg · L^{-1}的水杨酸标准溶液。

六、数据记录与处理

(1) 列表记录各项实验数据。

(2) 绘制水杨酸和乙酰水杨酸激发光谱和荧光光谱，确定各自测定的激发波长和发射波长。

(3) 以荧光强度为纵坐标、标准系列溶液浓度为横坐标，绘制水杨酸和乙酰水杨酸标准曲线。

(4) 在标准曲线上查出试样溶液中水杨酸和乙酰水杨酸的浓度，并计算每片阿司匹林药片中水杨酸和乙酰水杨酸的平均含量。将乙酰水杨酸的测定结果与说明书上的值相比较。

(5) 讨论乙酰基对荧光光谱的影响。

七、注意事项

阿司匹林药片溶解后必须在 1h 内完成测定，否则，乙酰水杨酸的含量将会降低。

八、思考题

(1) 从乙酰水杨酸和水杨酸的激发光谱和荧光光谱曲线，解释本实验可在同一溶液中分别测定两种组分的原因。

(2) 试分析溶液荧光光谱的影响因素。

实验三十　红外吸收光谱鉴定有机化合物

一、实验目的

（1）熟悉红外光谱仪的结构及其使用方法。

（2）掌握红外光谱测定样品的制备方法。

（3）学习红外吸收光谱图的解析。

二、预习要求

（1）阅读教材第一部分3.4节内容，了解红外光谱仪的结构及其操作规程。

（2）了解红外光谱测定样品的制备方法。

（3）阅读红外光谱图解析的相关内容。

三、实验原理

分子中的各种不同基团，在有选择地吸收不同频率的红外辐射后，发生振动能级之间的跃迁（同时伴随转动能级跃迁），形成特征性红外吸收光谱。由于其谱带的数目、位置、形状和强度均随化合物及其聚集状态的不同而不同，因此根据化合物的红外吸收光谱，就可以确定该化合物中可能存在的某些官能团，进而推断其结构。当然，如果分子比较复杂，还需要结合其他实验资料（如紫外光谱、核磁共振谱以及质谱等）来推断化合物的化学结构。同时，还可根据分光光度法原理，选定化合物的特征吸收进行定量测定。

进行红外光谱定性分析，一般会采用两种方法：一种是用已知标准物对照，另一种是标准图谱查对法。一般图谱的解析步骤如下：

（1）从特征频率区入手，找出化合物所含主要官能团。

（2）进行指纹区分析，进一步找出官能团存在的依据，因为一个基团常有多种振动形式，确定某一基团就不能仅依靠一个特征吸收，需找出所有的吸收带。

（3）对指纹区谱带位置、强度和形状仔细分析，确定化合物可能的结构。

（4）对照标准图谱，配合其他鉴定手段，进一步验证。

四、仪器、试剂和材料

仪器：FT-IR红外光谱仪、压片机（含压模等）、红外灯、玛瑙研钵、液体池、盐片。

试剂:KBr、无水乙醇、苯甲酸、对硝基苯甲酸、苯乙酮、苯甲醛。

材料:未知样品、滑石粉、吸水纸、擦镜纸。

五、实验内容

1. 固体样品红外光谱的测绘

1) 扫描空气本底

在红外光谱仪的样品池中不放入任何物品,在 $4000 \sim 400cm^{-1}$ 进行扫描。

2)固体样品测定

取已干燥的苯甲酸(或对硝基苯甲酸)样品 1～2mg,在玛瑙研钵中充分磨细后,再加入约 400mg 干燥的 KBr,继续研磨至完全混合均匀,并将其在红外灯下烘 10min 左右。取出约 100mg 混合物装入干净的压模内(均匀铺洒),于压片机上,压制成透明薄片。将此片装于样品架上,置于红外光谱仪的样品池中,在 $4000 \sim 400cm^{-1}$ 进行扫描,得红外吸收光谱。

光谱扫描结束后,取下样品架,取出薄片,按要求将模具、样品架等擦净收好。

2. 液体样品红外光谱的测绘

1) 液体样品池的准备

戴上指套,将液体样品池的两个盐片从干燥器中取出后,在红外灯下用少许滑石粉混入几滴无水乙醇抛光其表面。擦净盐片后,滴加无水乙醇 1 或 2 滴,用吸水纸擦洗干净后将盐片放于红外灯下烘干备用。

2) 扫描空气本底

在红外光谱仪的样品池中不放入任何物品,在 $4000 \sim 400cm^{-1}$ 进行扫描。

3) 液体样品测定

在一块盐片上滴半滴液体试样(苯乙酮或苯甲醛),然后将另一盐片平压在上面(注意两盐片间不能有气泡),将盐片置于液体池上固定。将液体池置于红外光谱仪的样品池中,在 $4000 \sim 400cm^{-1}$ 进行扫描,得红外吸收光谱。

扫描结束后,取下样品池,小心取出盐片。先用软纸擦净盐片上液体,滴上无水乙醇,清洗去除样品(千万不能用水洗),然后在红外灯下用滑石粉及无水乙醇抛光盐片。最后再用无水乙醇洗净盐片表面,擦干、烘干盐片后放入干燥器中保存。

3. 未知样品红外光谱的测定

由教师提供未知样品(已知分子式),根据其物态选择样品制备方法,在红外光谱仪上测定吸收光谱。

六、数据记录与处理

(1) 将获得的谱图与已知标准谱图进行对比,归属主要吸收峰。

(2) 根据未知样品的红外光谱和分子式,推断其可能结构。

七、注意事项

(1) 固体样品经研磨(宜在红外灯下操作)后,仍应随时注意防止吸水,否则压出的样品片易黏在模具上。

(2) 盐片应保持干燥透明,每次测定前后均须用无水乙醇及滑石粉抛光,切勿用水洗。

八、思考题

(1) 红外光谱测定时,为何需要特别注意防潮脱水?

(2) 压片法制备固体样品时,为何要掺入 KBr? 对 KBr 有什么要求?

(3) 样品若为溶液样品时,如何测定其红外光谱?

实验三十一　原子荧光光谱测定水中痕量砷、汞

一、实验目的

(1) 熟悉原子荧光光度计的结构与操作方法。

(2) 熟悉氢化物发生法作为分离和原子化手段的原理和应用。

(3) 掌握用原子荧光光谱测定微量元素的方法。

二、预习要求

(1) 阅读教材第一部分 3.7 节内容，了解原子荧光光度计的结构与操作规程。

(2) 了解氢化物发生法作为分离和原子化手段的原理和应用。

三、实验原理

原子荧光是原子蒸气受到具有特征波长的光源辐射后，其中一些基态原子被激发跃迁到较高能态，然后去活化回到某一较低能态(通常是基态)而发射出特征光谱的现象。各种元素都有其特定的原子荧光光谱，根据原子荧光强度的高低可以定量测定试样中待测元素的含量。原子荧光强度与试样中待测组分的浓度和激发光强度之间的关系为

$$I_f = \Phi I_0 KLN$$

式中，I_f 为原子荧光强度；Φ 为原子荧光量子效率；I_0 为激发光强度；K 为峰值吸收系数；L 为吸收光程；N 为光源照射部分单位长度内的基态原子数。

当实验条件固定时，原子荧光强度与能吸收特征辐射线的原子的密度成正比。当原子化效率固定时，I_f 与试样中待测组分的浓度成正比，即

$$I_f = kc$$

式中，k 为常数；c 为待测组分的浓度。这种线性关系只在组分低浓度时成立。

汞、砷、锑、铋、锗、锡、铅、硒、碲等元素的含量是环境保护、卫生防疫、城市给排水、地质普查等部门的重要检测项目。原子吸收分光光度法的灵敏度和检出限常无法满足分析要求。原子荧光法分析中，引入了氢化物发生法，除汞外的上述元素离子与适当的还原剂(如硼氢化钾)发生反应形成气态氢化物，汞则生成气态单质汞。借助载气流将这些气态物质与基体分离并导入原子光谱分析系统可进行定量测定。

过量氢气和气态氢化物(或单质汞蒸气)与载气(氩气)混合,进入原子化器,氢气和氩气在点火装置作用下形成氩氢火焰,使待测元素原子化。

待测元素的激发光源一般为空心阴极灯或无极放电灯,其发射的特征谱线通过聚焦,激发氩氢火焰中的被测元素,得到的荧光信号被光电倍增管接收,再由数据处理系统得到分析结果。

本实验中,应用原子荧光光度计对饮用水水样中的痕量砷和汞进行定量测定,两元素的测定原理如下。

砷的测定:在盐酸介质中,用硫脲-抗坏血酸混合溶液将As(Ⅴ)还原为As(Ⅲ),硼氢化钾将As(Ⅲ)转化为AsH_3。以氩气作载气将AsH_3导入石英炉原子化器中进行原子化。以高强度砷空心阴极灯作激发光源,使砷原子发出荧光。

汞的测定:在一定酸度下,用强氧化剂$KMnO_4$溶液消解试样,使所含汞全部转化为二价汞离子,用盐酸羟胺还原过剩的氧化剂,用硼氢化钾将二价汞离子还原为单质汞,用氩气作载气将其携入原子化器,以高强度汞空心阴极灯作激发光源,使汞蒸气产生共振荧光。

四、仪器、试剂和材料

仪器:双道原子荧光光度计、高强度砷空心阴极灯、高强度汞空心阴极灯、容量瓶、移液管、刻度吸管。

试剂:5%硫脲-5%抗坏血酸[1]、20g · L^{-1} KBH_4[2]、5% $KMnO_4$、10%盐酸羟胺、1.00g · L^{-1} As标准储备液[3]、1.00g · L^{-1} Hg标准储备液[4]、1∶1 HNO_3、浓盐酸、1∶1 H_2SO_4。

材料:水样、二次蒸馏水、氩气(99.99%)。

五、实验内容

1. 原子荧光光度计的操作条件

开机并按下表设置原子荧光光度计的操作条件。

表 3-31-4 原子荧光光度计操作条件

项目	仪器参数
元素	A道:As;B道:Hg
光电倍增管负高压/V	280
原子化器温度/℃	200
原子化器高度/mm	8

续表

项目	仪器参数
灯电流/mA	A道:50;B道:20
Ar气压/MPa	0.2～0.3
载气流量/(mL·min^{-1})	300
屏蔽气流量/(mL·min^{-1})	800
读数时间/s	10
重复次数	1
KBH_4 加液时间/s	20
注入量/mL	0.5

2. 标准系列溶液配制

1) As标准系列溶液配制

在6只50mL容量瓶中，分别加入As标准使用液0.00mL、0.50mL、1.00mL、2.00mL、4.00mL、5.00mL，浓盐酸2.50mL，5%硫脲-5%抗坏血酸混合液10mL，用二次蒸馏水稀释定容，摇匀备用。

2) Hg标准系列溶液配制

在6只50mL容量瓶中，分别加入Hg标准使用液0.00mL、0.50mL、1.00mL、2.00mL、4.00mL、5.00mL，1∶1HNO_3溶液5.00mL，用二次蒸馏水稀释定容，摇匀备用。

3. 待测试液的配制

在50mL容量瓶中移入25.00mL水样，加入3mL浓盐酸和2mL 5%硫脲-5%抗坏血酸混合溶液，用二次蒸馏水稀释定容，摇匀备用。该水样用于As含量的测定，平行制样3份。

在50mL容量瓶中移入25.00mL水样，加入1∶1H_2SO_4溶液7.5mL和3mL 5%$KMnO_4$溶液，在沸水浴中消解1h，冷却后用10%盐酸羟胺还原至刚好褪色，再补加1∶1H_2SO_4溶液12.5mL，用二次蒸馏水定容。该水样用于Hg含量的测定，平行配制3份。

4. 样品测定

向自动进样器的样品管中依次加入6种As标准系列溶液、3个用于As含量测定的试样、6种Hg标准系列溶液、3个用于Hg含量测定的试样，开始测定。

【注释】

[1] 5%硫脲-5%抗坏血酸溶液配制方法：分别称取 5g 硫脲和 5g 抗坏血酸溶解于 100mL 二次蒸馏水中。

[2] $20g \cdot L^{-1}$ KBH_4 溶液配制方法：称取 5g KOH 溶于 200mL 二次蒸馏水中，加入 20g KBH_4 并使之溶解，用二次蒸馏水稀释至 1L，用时现配。

[3] $1.00g \cdot L^{-1}$ As 标准储备液配制方法：称取 0.1320g As_2O_3 溶解于 25mL $20g \cdot L^{-1}$的 KOH 溶液中，用 20%(体积分数)硫酸稀释至 1L，摇匀。吸取 $1.00g \cdot L^{-1}$As 标准储备液 10.00mL，用 5%(体积分数)盐酸定容至 1L，得 As 浓度为 $10.0mg \cdot L^{-1}$的标准中间液。再吸取标准中间液 10.00mL 用二次蒸馏水定容至 1L，得 As 浓度为 $0.100mg \cdot L^{-1}$的标准使用液。

[4] $1.00g \cdot L^{-1}$ Hg 标准储备液配制方法：称取 1.080g HgO 溶解于含 70mL 1∶1 盐酸、24mL 1∶1 硝酸和 1.0g $K_2Cr_2O_7$ 的混合溶液中，用二次蒸馏水稀释定容至 1L，摇匀。吸取 $1.00g \cdot L^{-1}$ Hg 标准储备液 10.00mL，用含 $0.5g \cdot L^{-1}K_2Cr_2O_7$ 的 5%(体积分数)硝酸溶液定容至 1L，得 Hg 浓度为 $10.0 mg \cdot L^{-1}$的标准溶液，同法再次稀释 100 倍得 Hg 浓度为 $0.100 mg \cdot L^{-1}$的标准中间液。再吸取标准中间液 10.00 mL 用二次蒸馏水定容至 100 mL，得 Hg 浓度为 $0.0100 mg \cdot L^{-1}$的标准使用液。

六、数据记录与处理

(1) 自行设计表格，记录各项实验数据。

(2) 计算 As、Hg 各标准系列溶液的浓度，绘制相应标准曲线。

(3) 计算水样中 As、Hg 的平均结果(以 $\mu g \cdot L^{-1}$计)。

七、思考题

(1) 简述原子荧光光谱法测定微量元素含量的原理。

(2) 砷的测定中加入 5%硫脲-5%抗坏血酸混合溶液的作用是什么？

(3) 实验中为何要通入氩气？

(4) 如何用本实验方法测定水样中的硒？

实验三十二　原子吸收分光光度法测定饮用水中钙含量

一、实验目的

(1) 熟悉原子吸收分光光度计的基本结构及使用方法。

(2) 掌握原子吸收分光光度法进行定量测定的原理和方法。

(3) 掌握标准曲线法测定饮用水中钙含量的方法。

二、预习要求

(1) 阅读教材第一部分 3.5 节内容，了解原子吸收分光光度计的基本结构及操作规程。

(2) 了解原子吸收分光光度法进行定量测定的原理和方法。

三、实验原理

原子吸收分光光度法是基于被测元素基态原子在蒸气状态下，对其原子共振辐射的吸收进行元素定量分析的方法。每种元素有不同的核外电子能级，因而有不同的特征吸收波长，其中吸收强度最大的一般为共振线，如钙的共振线位于 422.7nm。

在使用锐线光源和低浓度的情况下，基态原子蒸气对其共振线的吸收符合朗伯-比尔定律

$$A=\lg\left(\frac{I_0}{I}\right)=KLN$$

式中，A 为吸光度；I_0 为入射光强度；I 为经原子蒸气吸收后的透射光强度；K 为吸光系数；L 为辐射光穿过原子蒸气的光程长度；N 为基态原子密度。

当试样原子化，火焰的热力学温度低于 3000K 时，对大多数元素来说，可以认为原子蒸气中基态原子的数目实际上接近于原子总数。在固定的实验条件下，待测元素的原子总数与该元素在试样中的浓度 c 成正比，故上式可以表示为

$$A=K'c$$

这是原子吸收分光光度法的定量基础，定量方法可用标准曲线法或标准溶液加入法等。对组成简单的试样，用标准曲线法进行定量分析较方便。本实验采用标准曲线法测定饮用水中钙的含量。

四、仪器、试剂和材料

仪器:原子吸收分光光度计、乙炔钢瓶、空气压缩机、钙空心阴极灯、容量瓶、移液管。

试剂:1.000g · L^{-1}钙标准储备液[1]。

材料:饮用水样、二次蒸馏水。

五、实验步骤

1. 仪器工作条件

设定仪器工作条件:工作电流:3.00mA;燃气流量:1700mL · min^{-1};光谱带宽:0.4nm;燃烧器高度:6.0mm;负高压:300.0V;燃烧器位置:5.0mm;波长:422.7nm。

2. 配制标准系列溶液

取6只100mL容量瓶,依次加入100.0mg · L^{-1}钙标准工作溶液1.00mL、2.00mL、3.00mL、4.00mL、5.00mL、6.00mL,用二次蒸馏水稀释至刻度,摇匀后备用。

3. 未知试样溶液的配制

取25.00 mL饮用水样于100mL容量瓶中,用二次蒸馏水稀释至刻度,摇匀后备用。

4. 钙含量测定

在教师指导下,设定仪器条件。在原子吸收分光光度计上,由稀至浓逐个测定各标准系列溶液的吸光度,再测定饮用水样的吸光度。

【注释】

[1] 1.000g · L^{-1}钙标准储备液的配制方法:称取0.6243g已干燥的基准无水$CaCO_3$,加二次蒸馏水20～30mL,滴加2mol · L^{-1} HCl至$CaCO_3$完全溶解,移入250mL容量瓶中,用二次蒸馏水稀释至刻度,摇匀。取10.00mL钙标准储备液于100mL容量瓶中,用二次蒸馏水稀释至刻度并摇匀,得100.0mg · L^{-1}钙标准工作溶液。

六、数据记录与处理

(1) 自行设计表格,记录实验数据。

(2) 以吸光度为纵坐标、标准溶液的浓度为横坐标,绘制标准曲线。

(3) 由未知试样的吸光度,在标准曲线上查出饮用水样中钙含量。

七、注意事项

(1) 实验时,要打开通风设备,使废气及时排出室外。

(2) 为防止废液排出管漏气,出口处应用水封。

(3) 进样时应注意进样吸管在溶液中的位置,以免因进样量不同影响数据稳定。

八、思考题

(1) 原子吸收分光光度计由哪些部件组成?简述每一部件的功能。

(2) 如果试样成分比较复杂,应该怎样进行测定?

实验三十三　ICP-AES 法测定矿泉水中微量元素

一、实验目的

（1）熟悉电感耦合等离子体发射光谱仪（ICP-AES）的结构和使用方法。

（2）掌握 ICP-AES 法的基本原理。

（3）掌握 ICP-AES 法测定水中微量元素的方法。

二、预习要求

（1）阅读教材第一部分 3.6 节内容，了解电感耦合等离子体发射光谱仪的结构和使用方法。

（2）了解 ICP-AES 法的基本原理。

（3）了解 ICP-AES 法测定水中微量元素的方法。

三、实验原理

水中微量元素的测定，多用化学法、原子吸收法、电感耦合等离子体发射光谱法等。传统的化学法和原子吸收法只能单元素逐个测定，分析速度慢，效率低下。ICP-AES 法则可实现多元素同时测定，具有速度快、线性范围宽等优点。

在原子发射光谱定量分析中，谱线强度 I 与待测元素浓度 c 存在下列关系

$$I=Kc^b$$

式中，K 为常数，与光源参数、进样系统、试样的蒸发激发过程以及试样的组成等有关；b 为自吸系数，低浓度时 $b=1$，而在高浓度时 $b<1$，曲线发生弯曲。

因此，在一定的浓度范围内谱线强度与待测元素浓度有很好的线性关系。

本实验应用 ICP-AES 法同时测定矿泉水中 Ca、Si、Mg、Sr、Li 和 Zn 等元素。

四、仪器、试剂和材料

仪器：等离子体发射光谱仪。

试剂：Ca、Si、Mg、Sr、Li、Zn 含量相同的标准混合溶液（浓度分别为 1.0mg・L^{-1}、3.0mg・L^{-1}、5.0mg・L^{-1}、7.0mg・L^{-1}、10.0mg・L^{-1}）、1% HNO_3。

材料：市售矿泉水、高纯水、氮气、氩气。

五、实验内容

1. 仪器测量参数

设定仪器测量参数,功率:1.00kW;辅助气流量:1.50L·min^{-1};等离子气流量:15.0L·min^{-1};雾化气压力:200kPa。

2. 测定方法设定

(1) 优化条件参数,使信背比越大越好。
(2) 设定测定方法为标准曲线法。
(3) 设定测定元素为Ca、Si、Mg、Sr、Li、Zn。
(4) 设定一次读数时间为5s(读3次)。

3. 样品准备

在市售矿泉水样品中加1%HNO_3酸化,混合均匀后备用。

4. 标准曲线绘制

以1%HNO_3溶液为空白,将进样管依次分别插入空白溶液,对浓度分别为1.0mg·L^{-1}、3.0mg·L^{-1}、5.0mg·L^{-1}、7.0mg·L^{-1}、10.0 mg·L^{-1}的5种混合标准溶液进行测量。

5. 样品测量

将进样管插入酸化后的矿泉水溶液并测量。

六、数据记录与处理

(1) 绘制标准曲线。
(2) 分别求出矿泉水中Ca、Si、Mg、Sr、Li和Zn的浓度,以mg·L^{-1}为单位表示。

七、注意事项

(1) 严格遵守高压钢瓶的安全操作规定。
(2) 冷开机(从关闭状态下开机)时,点火前需将仪器预热至35℃,一般需要2～4h,可由教师在实验前完成。
(3) 保持仪器室排风良好,使等离子焰炬中产生的废气或有毒蒸气及时排出。

八、思考题

(1) ICP-AES 法定量测定的依据是什么?

(2) 简述 ICP-AES 法与原子吸收分光光度法、原子荧光分光光度法三种方法的异同。

实验三十四　电位滴定法测定混合碱

一、实验目的

（1）掌握电位滴定法的原理。

（2）熟练运用 pH 计。

二、预习要求

（1）了解电位滴定法的原理。

（2）熟悉 pH 计使用方法，复习滴定操作。

三、实验原理

电位分析法分为直接电位法和电位滴定法。电位滴定法是利用电极电势的变化来确定滴定终点的容量分析方法，一般用于测定物质的总含量。电位滴定法与指示剂滴定法相比，滴定过程基本相同，根据消耗滴定剂的体积和浓度来确定待测物质的含量；区别在于确定滴定终点的方法不同，电位滴定法根据滴定过程中电极电势的突跃代替指示剂指示滴定终点的到达。电位滴定法在确定滴定终点时，并不需要知道终点电势的绝对值，仅需要在滴定过程中观察指示电极电势的变化。在等当点附近，由于被滴定物质的浓度发生突变，根据指示电极电势产生突跃来确定滴定终点的体积（V_{sp}）。

电位滴定法的优势在于：①可用于难以用指示剂判断滴定终点的滴定反应，如指示剂终点变色不明显、有色溶液的滴定等；②可用于非水溶液的滴定；③可用于连续滴定和自动滴定，并适于微量分析。但在进行电位滴定时，应根据不同反应选择合适的指示电极，常用的有玻璃电极（适用于酸碱滴定）、铂电极（适用于氧化还原滴定）、银电极（适用于测定卤素与硝酸银的沉淀反应）、pM 电极（铜离子选择性电极，测定时在试样中加入 Cu-EDTA 配合物）可指示以EDTA为滴定剂的滴定过程中被测金属离子的浓度。

在容量分析中，混合碱（NaOH、Na_2CO_3 或 Na_2CO_3、$NaHCO_3$）的分析一般采用双指示剂法。由于 Na_2CO_3 被滴定至 $NaHCO_3$ 这一步采用酚酞为指示剂，终点不明显，结果会产生较大误差。当用 HCl 标准溶液滴定混合碱时，用玻璃电极测量滴定过程中溶液的 pH 变化，绘制电位滴定曲线，确定滴定终点。此外，还可以用一级或二级微商曲线来确定终点体积。以标准 HCl 溶液滴定某一元酸溶液为例,数据见下表。

表 3-34-5　标准 HCl 溶液滴定某一元酸

V_{HCl}/ mL	ΔV	pH	ΔpH	$\Delta pH/\Delta V$	$\Delta^2 pH/\Delta V^2$
0.00		10.52			
2.00	2.00	10.02	−0.50	−0.25	
4.00	2.00	9.50	−0.52	−0.26	
6.00	2.00	8.94	−0.56	−0.28	
8.00	2.00	8.31	−0.63	−0.32	
10.00	2.00	7.63	−0.68	−0.34	
12.00	2.00	6.91	−0.72	−0.36	
14.00	2.00	6.15	−0.76	−0.38	
15.00	1.00	5.74	−0.41	−0.41	
15.10	0.10	5.68	−0.06	−0.60	
15.20	0.10	5.61	−0.07	−0.70	
15.30	0.10	5.51	−0.10	−1.00	
15.40	0.10	5.38	−0.13	−1.30	
15.50	0.10	5.22	−0.16	−1.60	
15.60	0.10	5.02	−0.20	−2.00	
15.70	0.10	4.78	−0.24	−2.40	−4.0
15.80	0.10	4.44	−0.34	−3.40	−10.0
15.90	0.10	4.16	−0.28	−2.80	6.0
16.00	0.10	3.92	−0.24	−2.40	4.0
17.00	1.00	2.90	−1.02	−1.02	
18.00	1.00	1.94	−0.96	−0.96	

根据表 3-34-5 数据分别绘制以下曲线:

(1) 电位滴定曲线(pH-V)。以 pH 为纵坐标,加入的 HCl 体积为横坐标,绘制电位滴定曲线。pH-V 曲线上的突跃[斜率 d(pH)/dV 最大的地方]为终点。

(2) 一级微商曲线($\Delta pH/\Delta V$-V)。以 $\Delta pH/\Delta V$ 为纵坐标,加入的 HCl 体积为横坐标,绘制一级微商曲线。曲线上的极大值点(通过外推求得)所对应的体积即为计量点时 HCl 的体积。

(3) 二级微商曲线($\Delta^2 pH/\Delta V^2$-V)。以 $\Delta^2 pH/\Delta V^2$ 为纵坐标,加入的 HCl 体积为横坐标,绘制二级微商曲线。曲线上的 $\Delta^2 pH/\Delta V^2 = 0$ 处所对应的体积即为计量点时 HCl 的体积。该体积也可从刚刚改变正负号的两个相邻二级微商值计算而得，从表中可见当 HCl 的体积从 15.80mL 增加到 15.90mL 时，二级微商值改变符号，终点时 HCl 的体积为

$$V_{sp}=15.80-\frac{-10.0}{6.0-(-10.0)}\times 0.10=15.86(\mathrm{mL})$$

$$\text{或} V_{sp}=15.90-\frac{6.0}{6.0-(-10.0)}\times 0.10=15.86(\mathrm{mL})$$

式中，15.80 和 15.90 为二级微商值改变符号时分别为负和为正所对应加入 HCl 的体积；−10.0、6.0 为二级微商值改变符号时对应的数值；0.10 为所对应的体积变化值。

四、仪器、试剂和材料

仪器：pH 计、复合玻璃电极、电子分析天平、磁力搅拌器、滴定管、移液管。

试剂：0.05mol·L^{-1} HCl 标准溶液、基准硼砂、甲基红指示剂、pH 标准缓冲溶液。

材料：混合碱样品。

五、实验内容

1. HCl 标准溶液的标定

采用递减称量法准确称取 0.2～0.3g 硼砂 3 份，分别置于 3 个 250mL 锥形瓶中，各加 40～50 mL 蒸馏水，待完全溶解后加 2 或 3 滴甲基红指示剂，用待标定的盐酸溶液滴定至溶液恰好由黄色变为微红色为止。记录盐酸溶液的用量，计算盐酸标准溶液的浓度。

2. 混合碱试液配制（可由实验教师事先准备）

准确称取混合碱试样 1.5～2.0g 于小烧杯中，加 30mL 蒸馏水使其溶解，必要时可适当加热。冷却后，将溶液定量转移至 250mL 容量瓶中，稀释至刻度并摇匀。

3. 电位滴定

接通 pH 计的电源，预热 15min 后用标准缓冲溶液校准。

准确移取 25mL 混合碱试液于洁净的 150mL 烧杯中，加入 25mL 蒸馏水，安装好滴定装置后，开启搅拌器，从酸式滴定管中逐步滴加 HCl 标准溶液。开始时，每滴加 2mL HCl 标准溶液，测定溶液 pH 一次。接近第一计量点时，每滴加 0.1mL HCl 标准溶液，测定溶液 pH 一次，突跃后，仍每滴加 2mL HCl 标准

溶液测定溶液 pH 一次。接近第二计量点时,每滴加 0.1mL HCl 标准溶液,测定溶液 pH 一次,滴定突跃后,每滴加 2mLHCl 标准溶液测定溶液 pH 一次,直至 pH 出现平台为止。滴定结束后,关闭 pH 计,清洗电极。

六、数据记录与处理

(1) 自行设计表格,记录实验所得各项数据。

(2) 计算 HCl 标准溶液的浓度。

(3) 绘制滴定曲线(pH-V)、一级微商曲线(ΔpH/ΔV-V)和二级微商曲线(Δ^2pH/ΔV^2-V),确定两个计量点时 HCl 的体积 V_{sp1} 和 V_{sp2}。

(4) 用二级微商计算法求出 V_{sp1}、V_{sp2}。

(5) 确定未知样品组成并计算含量。

七、注意事项

(1) 滴定剂加入后,发生中和反应是迅速的,但电极响应是有一定时间的。所以,应在滴加标准溶液搅拌平衡后,停止搅拌,静态读取 pH,切勿在加入滴定剂后立即读数。

(2) 电位滴定的测点分布,应控制在计量点前后密些,远离计量点时疏些,并且在接近计量点时,每次加入溶液量应尽可能保持一致。

八、思考题

(1) 简述如何以 NaOH 标准溶液电位滴定 HCl 与 H_3PO_4 的混合溶液。

(2) 容量滴定分析中还有哪些物质可以采用电位滴定?试举两例。

实验三十五　磷酸的电位滴定

一、实验目的

(1) 掌握电位滴定法测定磷酸的原理和方法。

(2) 掌握 pH 计的使用方法。

二、预习要求

(1) 了解电位滴定法测定磷酸的原理和方法。

(2) 熟悉 pH 计使用方法,复习滴定操作。

三、实验原理

电位滴定磷酸一般采用 NaOH 标准溶液为滴定剂,以 pH 计跟踪溶液 pH 的变化。随着滴定剂不断加入,被测物与滴定剂发生反应,溶液的 pH 不断变化。以加入滴定剂的体积为横坐标,相应溶液的 pH 为纵坐标,则可绘制电位滴定曲线(pH-V),由曲线确定滴定终点。也可采用一级微商曲线(ΔpH/ΔV-V)或二级微商曲线(Δ^2pH/ΔV^2-V)确定滴定终点。

从 NaOH 溶液滴定 H_3PO_4 的 pH-V 曲线上,不仅可以确定滴定终点,而且还可计算出 H_3PO_4 的浓度及其 K_{a_1} 和 K_{a_2}。

H_3PO_4 在水溶液中是分步离解的。

$$H_3PO_4 \xlongequal{} H^+ + H_2PO_4^-$$

$$K_{a_1} = \frac{[H^+][H_2PO_4^-]}{[H_3PO_4]} \tag{3-35-7}$$

$$H_2PO_4^- \xlongequal{} H^+ + HPO_4^{2-}$$

$$K_{a_2} = \frac{[H^+][HPO_4^{2-}]}{[H_2PO_4^-]} \tag{3-35-8}$$

根据式(3-35-7)可知,当用 NaOH 标准溶液滴定到$[H_3PO_4]=[H_2PO_4^-]$时,有 $K_{a_1}=[H^+]$,即 $pK_{a_1}=pH$。因此,在第一半中和点($1/2V_{sp1}$处)对应的 pH 等于 pK_{a_1}。同理,根据式(3-35-8)可知,当继续用 NaOH 标准溶液滴定到$[H_2PO_4^-]=[HPO_4^{2-}]$时,有 $K_{a_2}=[H^+]$,即 $pK_{a_2}=pH$,在第二半中和点($1/2V_{sp2}$处)对应的 pH 等于 pK_{a_2}。

电位滴定法同样可以用来测定某些弱酸或弱碱的解离平衡常数。

四、仪器、试剂和材料

仪器:pH 计、复合玻璃电极、电子分析天平、磁力搅拌器、滴定管、移液管。

试剂: $0.1mol \cdot L^{-1}$ NaOH 标准溶液、基准邻苯二甲酸氢钾、酚酞指示剂、pH 标准缓冲溶液。

材料:$0.1mol \cdot L^{-1}$ H_3PO_4 样品溶液。

五、实验内容

1. NaOH 标准溶液的标定

采用递减称量法准确称取 0.4～0.5g 邻苯二甲酸氢钾 3 份,分别置于三个 250mL 锥形瓶中,各加 20～30mL 蒸馏水,待完全溶解后加 2～3 滴酚酞指示剂,用待标定的 NaOH 溶液滴定至溶液呈微红色且半分钟内不褪色,即为滴定终点。记录 NaOH 溶液的用量,计算 NaOH 标准溶液的浓度。

2. 电位滴定

接通 pH 计的电源,预热 15min 后以标准缓冲溶液校准。

准确移取 10.00mL 磷酸样品溶液于洁净的 150mL 烧杯中,加入 25mL 蒸馏水,安装好滴定装置后,开启磁力搅拌器,从碱式滴定管中逐步滴加 NaOH 标准溶液。开始时,每滴加 2mL NaOH 标准溶液,测定溶液 pH 一次。接近第一计量点时,每滴加 0.1mL NaOH 标准溶液,测定溶液 pH 一次,滴定突跃后,每滴加 2mL NaOH 标准溶液,测定溶液 pH 一次。接近第二计量点时,每滴加 0.1mL NaOH 标准溶液,测定溶液 pH 一次,滴定突跃后,每滴加 2mL NaOH 标准溶液,测定溶液 pH 一次,直至 pH 出现平台为止。滴定结束后,关闭 pH 计,清洗电极。

六、数据记录与处理

(1) 自行设计表格,记录实验所得各项数据。

(2) 计算 NaOH 标准溶液的浓度。

(3) 绘制二级微商曲线($\Delta^2 pH/\Delta V^2$-V),由二级微商曲线确定 V_{sp1}、V_{sp2}。

(4) 绘制滴定曲线(pH-V),第一、第二半中和点体积($1/2V_{sp1}$ 和 $1/2V_{sp2}$)所对应的 pH 分别为 H_3PO_4 的 pK_{a_1}、pK_{a_2}。比较实验所得数据与文献值并讨论。

(5) 根据 V_{sp1} 计算 H_3PO_4 样品溶液的浓度。

七、注意事项

（1）滴定剂加入后，发生中和反应是迅速的，但电极响应是有一定时间的，所以，应在滴加标准溶液搅拌平衡后，停止搅拌静态读取 pH，切勿在加入滴定剂后立即读数。

（2）电位滴定的测点分布，应控制在计量点前后密些，远离计量点时疏些，并且在接近计量点时，每次加入溶液量应尽可能保持一致。

八、思考题

（1）H_3PO_4 是三元酸，为何在 pH-V 滴定曲线上仅出现 2 个突跃？

（2）用 NaOH 滴定 H_3PO_4 时，第一计量点和第二计量点所消耗的 NaOH 体积应相等，但实际上并不相等，为什么？

实验三十六 氟离子选择电极测定水中氟含量

一、实验目的

(1) 掌握直接电位法的基本原理和测定方法。

(2) 熟悉使用离子选择电极的测量方法。

(3) 掌握用标准曲线法、标准加入法和连续加入法等处理数据的方法。

二、预习要求

(1) 了解直接电位法的基本原理和测定方法。

(2) 了解使用离子选择电极的测量方法和数据处理方法。

(3) 了解离子强度调节缓冲溶液的作用。

三、实验原理

氟是人体必需微量元素,一个成年人每天需要摄入 2～3mg 氟。因而饮用水中氟含量的高低,对人的健康有一定的影响。氟含量太低,易得牙龋病,过高则会发生氟中毒,适宜含量为 0.5～1mg・L^{-1}。目前测定氟的常用方法有比色法、气相色谱法和直接电位法。比色法测量范围较宽,但干扰因素多,且需要对样品进行预处理;气相色谱法灵敏度高,但由于设备昂贵,应用并不普遍;而直接电位法,采用离子选择性电极进行测定,其测量范围虽不及前者宽,但操作简便,干扰因素少,且一般无需对样品进行预处理,现已成为测定氟离子含量的常规方法。直接电位法是指采用专用的指示电极(如离子选择性电极)测得电极电势,根据能斯特方程计算含量的方法。

氟离子选择性电极(简称氟电极)的电极膜由 LaF_3 单晶制成,对溶液中的氟离子具有良好的选择性。氟电极、饱和甘汞电极(SCE)和待测试液组成的原电池可表示为

(—)SCE||待测试液|氟电极(+)

氟离子选择电极的电极电势为

$$\varphi = K - S\lg a_{F^-}$$

式中,K 为常数;a_{F^-} 为试液中氟离子的活度;S (2.303RT/F) 为电极能斯特响应斜率,25℃时数值为 0.059 16。

离子选择性电极的电极电势与多种因素有关,实验时必须选择合适的测定

条件。以氟离子选择电极测定水样时，试样溶液中必须加入总离子强度调节剂(TISAB)以固定离子活度系数为常数。则在此条件下，25℃时氟离子选择电极的电极电势为

$$\varphi = K' - 0.059\ 16\lg c_{F^-}$$

式中，K'为常数；c_{F^-} 为试液中氟离子的浓度。表示氟离子选择电极的电极电势 φ 与试样溶液中氟离子的浓度 c_{F^-} 的对数值呈线性关系，这是标准曲线法的基础。

TISAB 的加入还具有调节溶液 pH 和释放结合态氟的作用。当溶液 pH 过低时，F^- 可与 H^+ 形成 HF 或 HF_2^-；而 pH 过高时，OH^- 会对测定产生干扰。因此，测定时必须控制溶液 pH，合适的范围为 pH 5～5.5。此外，氟电极只对游离氟离子有响应，因此测定时要加入掩蔽剂(如 EDTA、柠檬酸等)，使结合态的氟离子释放为可被检测的游离态。

测定时除标准曲线法外，通常还使用标准加入法和连续加入法。

1）标准曲线法

通过配制一系列标准溶液，以测得标准溶液相应的电势值 φ 对 $\lg c$ 作图，然后由测得的未知试液的电势值 φ，通过标准曲线计算试样浓度。

2）标准加入法

首先测得体积为 V_x、浓度为 c_x 的被测离子试样溶液的电势值 φ_x。若离子为一价阳离子，则有如下关系式

$$\varphi_x = K + S\lg a_x = K + S\lg \gamma_x c_x \tag{3-36-9}$$

然后向溶液中加入体积为 V_s、浓度为 c_s 的被测离子标准溶液，测得其电势值 φ_s，有如下关系式

$$\varphi_s = K + S\lg \gamma'_x \frac{V_s \cdot c_s + V_x \cdot c_x}{V_s + V_x} \tag{3-36-10}$$

若 $V_x \gg V_s$，可认为 $(V_x + V_s) \approx V_x$、试样溶液的活度系数 $\gamma_x \approx \gamma'_x$，合并(3-36-19)、(3-36-20)两式，整理后取反对数则有

$$c_x = \frac{V_s c_s}{(V_x + V_s)10^{\Delta\varphi/S} - V_x} = \frac{V_s c_s}{V_x(10^{\Delta\varphi/S} - 1)} = \frac{\Delta c}{10^{\Delta\varphi/S} - 1} \tag{3-36-11}$$

式中，$\Delta c = V_s c_s / V_x$；$\Delta\varphi$ 为两次测得的电势值之差；S 为电极的能斯特响应斜率，可从标准曲线上求出。

用标准加入法时，通常要求加入的标准溶液体积小于原试液体积的 1/100，而浓度则须为原试液浓度的 100 倍以上，使加入标准溶液后电势变化达 20～30mV。

3）连续加入法

经过 1 次标准加入后，再分别加入 4 次标准溶液，并测定相应的电势值，由

式(3-36-10)改写为

$$(V_x+V_s)\times 10^{\varphi_s/S}=\gamma_x'(c_xV_x+c_sV_s)\times 10^{K/S} \tag{3-36-12}$$

若以$(V_x+V_s)\times 10^{\varphi_s/S}$为纵坐标、$V_s$为横坐标,绘制标准曲线,将直线外推,与横坐标相交时,$c_xV_x+c_sV_s=0$,则有

$$c_x=-\frac{c_sV_s}{V_x} \tag{3-36-13}$$

四、仪器、试剂和材料

仪器:pH 计、磁力搅拌器、氟离子选择电极、饱和甘汞电极、塑料烧杯、容量瓶、移液管、刻度吸管。

试剂:0.1000mol·L^{-1} F^-标准储备液[1]、TISAB[2]。

材料:蒸馏水、吸水纸、含氟水样。

五、实验内容

1. 氟离子选择电极的准备

将氟离子选择电极浸泡在 1.00×10^{-3}mol·L^{-1} F^-溶液中约 30min,然后用蒸馏水清洗数次直至测得的电势值约为−300mV(此值各支电极不同)。若氟离子选择电极暂不使用,宜干放。

2. 标准系列溶液配制

在 5 只 50mL 容量瓶中分别配制内含 5.00mL TISAB 的标准系列溶液,F^-的浓度分别为 1.000×10^{-2}mol·L^{-1}、1.000×10^{-3}mol·L^{-1}、1.000×10^{-4}mol·L^{-1}、1.000×10^{-5}mol·L^{-1}和 1.000×10^{-6} mol·L^{-1}。具体配制方法如下:

(1) 在 50mL 容量瓶中,加入 0.1000mol·L^{-1} F^-标准储备液 5.00mL 和 5mL TISAB,稀释至刻度并摇匀,得 1.000×10^{-2}mol·L^{-1}标准溶液。

(2) 在 50mL 容量瓶中,加入 1.000×10^{-2}mol·L^{-1}标准溶液 5.00mL 和 4.50mL TISAB,稀释至刻度并摇匀,得 1.000×10^{-3}mol·L^{-1}标准溶液。

(3) 同上依次配制 1.000×10^{-4}～1.000×10^{-6}mol·L^{-1}标准溶液。

3. 绘制标准曲线

将适量标准溶液(能浸没电极即可)分别倒入 5 只塑料烧杯中,插入氟离子选择电极和饱和甘汞电极,在磁力搅拌下,由稀至浓分别测量标准溶液的电势值。

测量完毕后将电极用蒸馏水清洗直至测得电势值－300mV左右待用。

4. 试样中氟的测定

1）标准曲线法

准确移取含氟水样10mL于50mL容量瓶中，加入5.00mL TISAB，用蒸馏水稀释至刻度，摇匀。然后全部倒入一烘干的塑料烧杯中，插入电极，在搅拌条件下测定试样溶液的电势值（此溶液不可倒掉，留作下步实验用）。

2）标准加入法

在上述试样溶液中，准确加入 1.000×10^{-3} mol · L^{-1} F^- 标准溶液 1.00 mL，搅拌均匀后，测定其电势值。

3）连续加入法

在上述标准加入法测定后的溶液中，再继续加入 1.000×10^{-3}mol · L^{-1} F^- 标准溶液4次，每次1.00mL，并分别测定其电势值。

4）空白试验

以蒸馏水代替试样，重复上述测定。

【注释】

[1] 0.1000mol · L^{-1} F^- 标准储备液配制方法：准确称取NaF(120℃，烘2h)4.109g溶于蒸馏水中，稀释至1L。储存于聚乙烯瓶中备用。

[2] TISAB配制方法：称取氯化钠58g，柠檬酸钠12g，溶于800mL蒸馏水中，再加入冰醋酸57mL，用50％ NaOH溶液调节到pH为5.0，然后稀释至1L。

六、数据记录与处理

（1）自行设计表格，记录各项实验数据。

（2）以 φ 对 $\lg c_{F^-}$ 作图，绘制标准曲线。从标准曲线上求得氟离子选择电极的实际斜率和线性范围，并由 φ_x 值计算试样中 F^- 的浓度。

（3）以标准加入法和连续加入法的计算公式，计算试样中 F^- 的浓度。比较三种方法的实验结果并讨论。

七、注意事项

（1）测定时浓度应由稀至浓，每次测定后用待测试液清洗电极、烧杯以及磁力搅拌子。

（2）测定标准系列溶液后，应将电极清洗至原空白电势值，然后再测定未知试样的电势值。

(3) 测定过程中,溶液的搅拌速度应恒定。

八、思考题

(1) 简述离子选择电极测定氟离子含量的基本原理。

(2) 实验时为什么要加入总离子强度调节剂?

(3) 试比较标准曲线法、标准加入法和连续加入法的优缺点。

(4) 连续加入法中为何一般都要做空白试验?

(5) 如何测定含氟牙膏中氟的含量?

实验三十七　乙酰氨基酚的电化学反应机理及其浓度测定——循环伏安法

一、实验目的

(1) 熟悉电化学仪器的使用和循环伏安法的操作。

(2) 掌握循环伏安法测定小儿泰诺糖浆中乙酰氨基酚含量的原理和方法。

(3) 学习利用循环伏安法研究乙酰氨基酚的电化学氧化机理。

二、预习要求

(1) 阅读教材第一部分 3.17 节内容,了解电化学仪器的使用方法和循环伏安法的操作步骤。

(2) 熟悉循环伏安法测定小儿泰诺糖浆中乙酰氨基酚含量的原理和方法。

(3) 熟悉乙酰氨基酚的电化学氧化机理。

三、实验原理

伏安分析法是在一定电位下测量系统的电流,得到伏安特性曲线,根据伏安特性曲线进行定性和定量分析的一种电化学方法。所施加电位称为激励信号,若其为线性,则所得电流响应与电位的关系称为线性伏安扫描;若所施加电位为如图 3-37-3(a)所示的三角波激励信号,所得电流响应与电位的关系称为循环伏安扫描,图 3-37-3(b)所示就是典型的循环伏安图。其中,E_{pc}为阴极峰电位,E_{pa}为阳极峰电位,I_{pc}为阴极峰电流、I_{pa}为阳极峰电流,曲线Ⅰ为背景扫描曲线。

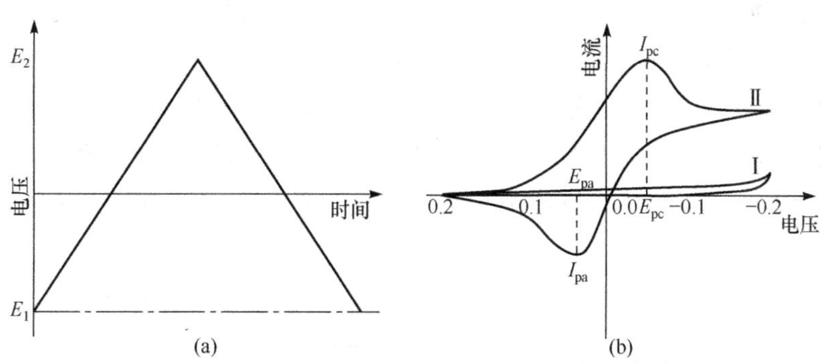

图 3-37-3　循环伏安扫描中的激励信号(a)与响应信号(b)

循环伏安法可以测定电活性物质的浓度,能够提供较多的有关电活性物质与电极表面发生电子转移的信息量,是研究电化学反应机理的最佳方法之一。阳极峰电位 E_{pa} 与阴极峰电位 E_{pc} 间的差值 ΔE_p 可以用来检测电极反应是否为能斯特反应。当一个电极反应的 ΔE_p 接近 $2.303RT/nF$(或 $59/n$ mV,25℃),以及氧化峰电流与还原峰电流比值接近 1 时,可以判断该反应为能斯特反应,也称为可逆反应。当电极反应为不可逆反应时,ΔE_p 较大,差距越大,反应的不可逆程度越高。此外,氧化峰电流与还原峰电流数值的差距也可用于判断反应是否可逆。通常,可以利用不可逆波来获取电化学动力学的一些参数,如电子传递系数以及电极反应速率常数 k、电化学反应中的质子参与情况以及电催化问题等。

乙酰氨基酚(APAP)是多数感冒药中的主要成分之一,其功能是抑制前列腺素的合成从而产生解热镇痛作用。本实验采用循环伏安法测定小儿泰诺(Tylnol)糖浆中乙酰氨基酚的浓度,并通过循环伏安法证实 APAP 在电极表面的氧化机理,如图 3-37-4 所示。

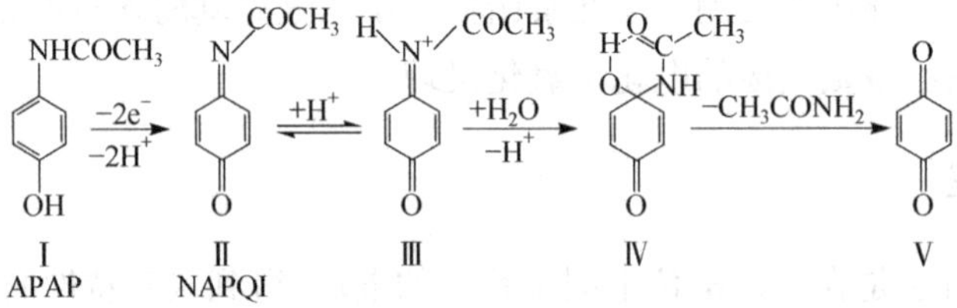

图 3-37-4 乙酰氨基酚在电极表面的反应机理

上述机理可在循环伏安法实验中通过改变溶液的 pH 以及扫描速率来加以验证。在 pH 为 6 的缓冲溶液中,APAP 可在电极表面被迅速氧化,每分子 APAP 在电化学氧化过程中失去 2 个电子和 2 个质子,生成 *N*-乙酰-对醌胺(NAPQI),如图 3-37-4 中的第一步反应。由于在此过程中,质子参与了电化学氧化,因而 APAP 的电氧化电位会随溶液的 pH 改变而变化。在溶液 pH 不小于 6 的情况下,NAPQI 能稳定地以去质子化的形式存在于溶液中。因而在这一 pH 范围内,APAP 的循环伏安图中应只出现一个氧化峰,没有还原峰。该氧化峰的高度在一定条件下与 APAP 的浓度呈线性关系,这也是循环伏安法定量分析 APAP 的依据。

在酸性条件下(如 pH 为 2.2),NAPQI 很容易被质子化产生物质Ⅲ,而该物质并不稳定,但具有电活性。若扫描速度足够快,便能在循环伏安图中观察到一个还原峰。物质Ⅲ能较快地转化为物质Ⅳ,而其在实验所采用的电位范围内不具有电活性。因而,若扫描速率较慢时,则不会观察到物质Ⅲ的还原峰。而在极高酸度的溶液中，物质Ⅳ可以转化为对苯醌(物质Ⅴ)，在相应的循环伏安图中可以观察到一个对苯醌的还原峰。

四、仪器、试剂和材料

仪器：电化学工作站、三电极系统电解池、玻碳电极、铂电极、氯化银参比电极。

试剂：离子强度为0.5的Mcllvaine缓冲液(pH为2.2、6.0)[1]、1.8 $mol \cdot L^{-1}$ H_2SO_4、0.07 $mol \cdot L^{-1}$乙酰氨基酚溶液。

材料：小儿泰诺糖浆、高纯水、吸水纸。

五、实验内容

1. 配制溶液

配制10mL底液分别为pH为2.2、6.0的Mcllvaine缓冲液及1.8 $mol \cdot L^{-1}$ H_2SO_4的3$mmol \cdot L^{-1}$ APAP溶液，并配制底液pH为2.2，乙酰氨基酚浓度分别为0.1$mmol \cdot L^{-1}$、0.4$mmol \cdot L^{-1}$、1.0$mmol \cdot L^{-1}$、5.0$mmol \cdot L^{-1}$的标准溶液，包括3$mmol \cdot L^{-1}$的标准溶液在内共5个标准溶液。

2. 仪器准备

装上三电极系统，将电极引线分别接上电化学工作站。

3. 循环伏安测定

(1) 按浓度从低到高顺序分别将三电极系统插入5个pH为2.2的乙酰氨基酚标准溶液中，以40$mV \cdot s^{-1}$的速率作循环伏安扫描。分别记录氧化峰的峰电位及峰高值，将峰高值对浓度作线性回归分析，得标准曲线方程及相关系数。

(2) 按上述相同方法测定小儿泰诺糖浆的5倍稀释液(用pH为2.2的Mcllvaine缓冲液稀释)，记录氧化峰高值，查标准曲线，计算样品中乙酰氨基酚的浓度，将结果与药品包装盒上标示值比对。

(3) 将底液pH分别为2.2、6.0的Mcllvaine缓冲液及1.8 $mol \cdot L^{-1}$ H_2SO_4的3$mmol \cdot L^{-1}$ APAP溶液分别以40$mV \cdot s^{-1}$和250$mV \cdot s^{-1}$的速率作循环伏安扫描，记录相应循环伏安扫描图。观察在不同扫描速率下的氧化峰及还原峰情况，验证APAP的电化学氧化机理。

【注释】

[1] 配制方法：由0.2$mol \cdot L^{-1}$ Na_2HPO_4与0.1$mol \cdot L^{-1}$柠檬酸按比例配

制,并加入 NaCl 至其溶液浓度为 0.5mol·L^{-1}。

六、数据记录与处理

(1) APAP 定量分析实验数据记录。

表 3-37-6 APAP 定量分析实验记录

溶液	0.1mmol·L^{-1}	0.4mmol·L^{-1}	1mmol·L^{-1}	3mmol·L^{-1}	5mmol·L^{-1}	小儿泰诺糖浆
氧化峰高值						

氧化峰高值与 APAP 浓度的线性回归方程是______,相关系数______。

小儿泰诺糖浆中,APAP 的浓度是__________,标示值是__________。

(2) APAP 在不同 pH 及扫描速率下的氧化峰及还原峰电位。

表 3-37-7 循环伏安测定实验记录

溶液	pH2.2		pH6.0		1.8 mol·L^{-1} H_2SO_4	
扫描速率/(mV·s^{-1})	氧化峰电位	还原峰电位	氧化峰电位	还原峰电位	氧化峰电位	还原峰电位
40						
250						

(3) 根据循环伏安分析结果,解释乙酰氨基酚的电化学氧化机理。

七、思考题

(1) 在实验中,通过变化扫描速率研究 APAP 的电化学氧化机理,试解释原因。

(2) 循环伏安法可应用于电化学反应机理研究和定量分析,在哪方面更具有优势?为什么?

(3) 如何证明 APAP 在电化学氧化时,失去 2 个电子的同时也失去 2 个氢离子?

实验三十八　气相色谱法测定苯系物

一、实验目的

(1) 熟悉气相色谱仪的结构和组成、工作原理以及数据采集、数据分析等基本操作。

(2) 掌握归一化法进行定量分析的基本原理和方法。

(3) 掌握相对保留值、分离度、校正因子的测定方法。

二、预习要求

(1) 阅读教材第一部分 3.9 节内容，了解气相色谱仪的结构和组成、工作原理以及数据采集、数据分析等基本操作。

(2) 熟悉归一化法进行定量分析的基本原理和方法。

(3) 了解相对保留值、分离度、校正因子的测定方法。

三、实验原理

气相色谱法利用试样中各组分在流动相(气相)和固定相间的分配系数不同，对混合物进行分离和测定。特别适用于分析气体和易挥发液体组分。

1. 相对保留值

一定色谱条件下，每种物质都有确定不变的保留值(如保留时间)，所以可以作为定性分析的依据，只要在相同的色谱条件下，对标准试样和待测试样进行色谱分析，分别测量各组分峰的保留值。若待测试样某组分峰的保留值与标准试样中的相同，则可认为两者为同一物质。这种色谱定性分析方法要求色谱条件稳定，保留值测定准确。若色谱仪的稳定性不佳，保留值重现性较差，建议采用相对保留值 r_{is} 进行定性。相对保留值 r_{is} 只与柱温和固定液有关，而与其他操作条件无关。在不同色谱仪上测得的结果可以互相比较。

$$r_{is}=\frac{t'_{R_i}}{t'_{R_s}}=\frac{t_{R_i}-t_M}{t_{R_s}-t_M} \tag{3-38-14}$$

式中，t'_{R_i}、t'_{R_s} 分别为被测组分 i 及标准物质 s 的调整保留时间；t_M、t_{R_i}、t_{R_s} 分别为死时间、被测组分 i 及标准物质 s 的保留时间。

2. 分离度

分离度 R:相邻两色谱峰峰间距与该两色谱峰峰底宽度的平均值之比。计算方法如下

$$R=\frac{t_{R_2}-t_{R_1}}{(W_1+W_2)/2} \tag{3-38-15}$$

式中,t_{R_1} 和 t_{R_2} 分别为相邻两峰的保留时间;W_1、W_2 分别为该两峰的峰底宽度。

分离度越大,两组分分开的程度越大。$R \geqslant 1.5$ 时可以认为完全分离;$R=1.0$ 时基本分离;$R<1.0$ 则未完全分开。

3. 相对校正因子

色谱定量分析的依据是各组分的质量或浓度与其相应的响应信号(峰面积或峰高)成正比。可写作

$$m_i=f_i \cdot A_i \tag{3-38-16}$$

式中,m_i 为所进试样中被测组分 i 的质量;A_i 为对应的色谱峰面积;f_i 为比例常数,称为被测组分 i 的绝对质量校正因子。

由于 f_i 值与仪器条件和色谱操作条件有关,不易确定,所以在色谱定量分析中,采用相对校正因子 f_i',即被测物质 i 与标准物质 s 的绝对质量校正因子之比。

$$f_i'=\frac{f_i}{f_s}=\frac{m_i/A_i}{m_s/A_s}=\frac{m_i \cdot A_s}{m_s \cdot A_i} \tag{3-38-17}$$

测定 f_i' 时,只需配制 m_i/m_s 为已知的标准样,进样后测量相应的峰面积 A_i 和 A_s,即可计算 f_i' 值。只要是同类检测器,相对质量校正因子基本保持恒定,不必要求色谱操作条件严格一致。

4. 归一化法

归一化法要求试样中的各个组分都能够得到完全分离,且所有组分都能流出色谱柱并在色谱图上显示色谱峰。物质 i 的质量分数 ω_i 的计算公式为

$$\omega_i(\%)=\frac{m_i}{\sum_{i=1}^{n} m_i}\times 100\%=\frac{f_i' A_i}{\sum_{i=1}^{n} f_i' A_i}\times 100\% \tag{3-38-18}$$

测得各组分的相对质量校正因子 f_i' 和峰面积 A_i,即可计算各组分的质量分数,且对进样量没有严格要求。

四、仪器、试剂和材料

仪器：气相色谱仪、微量注射器、电子分析天平、称量瓶。

试剂：苯、乙苯、间二甲苯、邻二甲苯。

材料：未知混合样、氢气、氮气。

五、实验内容

1. 色谱条件

采用热导检测器的色谱条件为，色谱柱：2m×3mm 不锈钢柱；固定相：邻苯二甲酸二壬酯（DNP）固定液，60～80 目 102 白色担体；流动相：氢气，流速 40 mL·min^{-1}；柱温：80℃；气化温度：150℃；检测器温度：150℃。

采用氢火焰离子化检测器的色谱条件为，色谱柱：2m×3mm 不锈钢柱；流动相：氮气，0.8MPa；氢气：0.7MPa；空气：1.0MPa；柱温：80℃；气化温度：150℃；灵敏度：2；衰减：1/16；进样量：0.1μL（标准样），0.3μL（未知混合样）。

2. 标样配制

苯＋乙苯溶液：取一个称量瓶在电子分析天平上准确称量，再分别滴入苯、乙苯各 0.5g 左右，每加一种试剂后准确称量，记下各组分的质量。

苯＋间二甲苯溶液：两组分各 0.5g 左右，方法如上。

苯＋邻二甲苯溶液：两组分各 0.5g 左右，方法如上。

3. 保留时间、校正因子和未知混合样品的测定

在相同的色谱条件下，分别进样测定苯＋乙苯、苯＋间二甲苯、苯＋邻二甲苯、未知混合样品。记录各组分的保留时间和峰面积，重复进样 3 次。

六、数据记录与处理

(1) 确定色谱图上各主要峰的归属。采用热导检测器时，记录苯＋乙苯、苯＋间二甲苯、苯＋邻二甲苯溶液所得色谱图中各组分的保留时间 t_{R_i}、苯的保留时间 t_{R_s}、空气保留时间（死时间 t_M），并代入式(3-38-14)，计算各组分的相对保留值（以苯作标准物质），根据相对保留值确定待测试样中各峰的归属。采用氢火焰离子化检测器时，直接利用保留时间定性。

(2) 以苯为标准物质，分别计算乙苯、间二甲苯、邻二甲苯的相对校正因子。

(3) 计算苯和乙苯、乙苯和间二甲苯、间二甲苯和邻二甲苯的分离度。

(4) 记录待测混合试样色谱图上各组分的峰面积,列于下表中。采用归一化法,由峰面积确定各组分的含量。

表 3-38-8　色谱图数据记录及处理

组分	$A/(mV\cdot s)$				w_i
	1	2	3	平均值	
苯					
乙苯					
间二甲苯					
邻二甲苯					

七、注意事项

(1) 测定过程中应尽量保持色谱条件如柱温、柱压、载气流速等的恒定。

(2) 进样时,单手持微量注射器,用食指和中指夹住柱塞杆缓慢抽提,避免产生气泡,进样时用食指下压柱塞杆,速度要快,但注意不要将柱塞杆压弯。

八、思考题

(1) 试讨论采用归一化法定量分析的优点和局限性。

(2) 利用相对保留值进行色谱定性时,对实验条件是否需要严格控制?为什么?

(3) 归一化法定量分析为什么要用校正因子?相对校正因子和绝对校正因子有何不同?

(4) 热导和氢火焰离子化检测器各属何种类型检测器?它们各有什么特点?

实验三十九　内标法分析低度白酒中的杂质

一、实验目的

(1) 掌握内标法定量的原理。

(2) 掌握相对校正因子的概念及测定方法。

(3) 熟悉气相色谱法在工业生产、产品控制中的应用。

二、预习要求

(1) 阅读教材第一部分 3.9 节内容，了解气相色谱仪的结构及基本操作。

(2) 熟悉内标法定量的原理。

(3) 了解相对校正因子的概念及测定方法。

三、实验原理

气相色谱分析的目的主要是进行物质的定量分析，即求出混合物中待定组分的含量，常用的定量方法有归一化法、内标法和校正曲线法。

内标法是通过测定内标物及分析组分的相对峰面积来确定的，操作条件变化而引起的误差将同时表现在两个峰面积上而得以抵消。因此，该方法定量较准确，但每次分析都需要准确称量，不宜用于快速控制分析。

内标法就是将一定量的内标物加入样品后进行色谱分离，然后根据样品质量(m)和内标物质量(m_s)以及组分 i 和内标物 s 的峰面积(A_i 和 A_s)，按下式即可求出组分的含量

$$\omega_i(\%)=\frac{A_i \cdot f'_i \cdot m_s}{A_s \cdot f'_s \cdot m}\times 100\% \tag{3-39-19}$$

式中，f'_i和 f'_s分别为被测组分和标准物的相对质量校正因子。f'_i定义为样品中各组分的绝对质量校正因子(f_i)与标准物的绝对质量校正因子(f_s)之比，即

$$f'_i=\frac{f_i}{f_s}=\frac{m_i/A_i}{m_s/A_s}=\frac{m_i \cdot A_s}{m_s \cdot A_i} \tag{3-39-20}$$

式中，m_i 和 m_s 分别为被测组分和标准物的质量。通常以内标物本身作为标准物，其 $f'_s=1.00$。该方法适用于各组分不能全部出峰的试样，除待测组分与内标物外，不必知道其他组分的校正因子，其他组分相互之间也不必完全分离，对进样量也没有严格要求。此外，色谱操作条件的变化对定量结果影响较小。

内标物的基本要求为:①内标物必须是原样品中不含的组分,且是纯度很高的标准物质或已知含量的物质;②内标物与待测组分的保留时间应比较接近且可完全分离(分离度 $R>1.5$);③内标物与待测组分的物化性质比较接近;④内标物的加入量应与待测组分含量接近,两者峰面积基本相当。

四、仪器、试剂和材料

仪器:气相色谱仪、微量注射器、容量瓶。

试剂:乙酸乙酯、正丙醇、异丁醇、正丁醇、乙酸正戊酯和无水乙醇。

材料:低度白酒样、氢气、氮气、蒸馏水。

五、实验内容

1. 色谱条件

按操作说明书使色谱仪正常运行,并调节至如下条件。色谱柱:2m×3mm,不锈钢柱或毛细管柱;柱温:80℃;气化温度:150℃;氢焰离子化检测器温度:150℃;载气:氮气,0.1MPa;氢气和空气的流量分别为 $50mL \cdot min^{-1}$ 和 $500mL \cdot min^{-1}$;灵敏度:1000;衰减:1/1。

2. 标准溶液配制

在 10mL 容量瓶中,预先放入约 3/4 的 40%乙醇-水溶液,然后分别加入乙酸乙酯、正丙醇、异丁醇、正丁醇和乙酸正戊酯 4.0μL,并用 40%乙醇-水溶液稀释至刻度,摇匀。

3. 样品溶液配制

预先用低度白酒润洗 10mL 容量瓶,移取 4.0μL 乙酸正戊酯至容量瓶中,再用白酒稀释至刻度,摇匀。

4. 色谱测定

(1) 待色谱基线稳定后,用微量进样器进样 1.0μL 标准溶液至色谱仪中分离,记下各组分的保留时间。再重复两次。

(2) 用标准物对照,确定它们在色谱图上的相应位置。标准物进样量约 0.1μL,并配以合适的衰减值。

(3) 用微量进样器进样 1.0μL 样品溶液至色谱仪中分离,再重复两次。

六、数据记录与处理

(1) 确定样品中应测定组分的色谱峰位置。

(2) 计算以乙酸正戊酯为标准的平均相对质量校正因子。

(3) 计算样品中需测定的各组分的含量(取三次测定的平均值)。

七、注意事项

(1) 点燃氢火焰时,应将氢气流量开大,以保证点燃。

(2) 从微量注射器移取溶液时,必须注意液面上气泡的排除。抽液时应缓慢上提针芯,若有气泡,可将注射器针尖向上,使气泡上浮后推出。

八、思考题

(1) 本实验中选乙酸正戊酯作为内标,它应符合哪些要求?

(2) 配制标准溶液时,为何将乙酸正戊酯的浓度定为 0.04%?将其他各组分的浓度也定为 0.04%的目的是什么?

(3) 校正因子有几种表示方法?

(4) 与归一化法相比,内标法有什么优点?

实验四十　萘、联苯、菲的高效液相色谱分析

一、实验目的

(1) 熟悉高效液相色谱仪的基本结构和操作方法。

(2) 熟悉反相色谱的特点及应用。

(3) 掌握归一化定量方法。

二、预习要求

(1) 阅读教材第一部分 3.10 节内容，了解高效液相色谱仪的基本结构和操作方法。

(2) 了解反相色谱的概念及其应用。

(3) 熟悉相对校正因子的概念及归一化定量方法。

三、实验原理

高效液相色谱法(high performance liquid chromatography，HPLC)是色谱法的一个重要分支，以液体为流动相，采用高压输液系统，将具有不同极性的单一溶剂或不同比例的混合溶剂、缓冲液等流动相泵入装有固定相的色谱柱，在柱内各成分被分离后，进入检测器进行检测，从而实现对试样的分析。高效液相色谱法有“三高一广一快”的特点：①高压，流动相为液体，流经色谱柱时，受到的阻力较大，为了能迅速通过色谱柱，必须对流动相施加高压；②高效，分离效能高，可选择固定相和流动相以达到最佳分离效果；③高灵敏度，紫外检测器可达 0.01ng，进样量可达 μL 量级；④应用范围广，大多数有机化合物可用高效液相色谱分析；⑤分析速度快、流动相流速快。通常分析一个样品在 15～30min，有些样品甚至在 5min 内即可完成，一般小于 1h。

在高效液相色谱法中，若采用极性固定相(如聚乙二醇、氨基与腈基键合相)，流动相为相对非极性的疏水性溶剂(如正己烷、环己烷)，这种色谱法称为正相色谱法，常用于分离中等极性和极性较强的化合物(如酚类、胺类、羰基类及氨基酸类等)；若采用非极性固定相(如十八烷基键合相)，流动相为水等极性溶剂，这种色谱法称为反相色谱法，常用于分离非极性和极性较弱的化合物(如同系物、苯并系物等)。

萘、联苯、菲在硅胶键合碳十八硅烷柱(ODS 柱，C18)上的作用力大小不等，

由于它们的K'值不等（K'为不同组分的分配比），在柱内的移动速率不同，从而先后流出。根据组分峰面积大小及测得的定量校正因子，就可由归一化定量方法求出各组分的含量。归一化定量公式为

$$\omega_i(\%)=\frac{A_i f'_i}{A_1 f'_1+A_2 f'_2+\cdots+A_n f'_n}\times 100\% \tag{3-40-21}$$

式中，A_i 为组分的峰面积；f'_i为组分的相对分子质量校正因子。采用归一化法，要求样品中所有组分都须流出色谱柱并能给出信号，方法简便、准确且对进样量无严格要求。

四、仪器、试剂和材料

仪器：高效液相色谱仪、电子分析天平、微量注射器、容量瓶。

试剂：甲醇、萘、联苯、菲、流动相溶剂（甲醇∶水＝90∶10）。

材料：未知样试液（萘、联苯、菲的混合样的甲醇溶液）、二次蒸馏水。

五、实验内容

1. 仪器条件

按操作规程运行高效液相色谱仪，调节仪器实验条件如下，柱温：室温；流动相流量：1.0mL·min^{-1}；检测器工作波长：254nm。

2. 标准溶液配制

准确称取萘约 0.08g、联苯约 0.02g、菲约 0.01g，采用甲醇溶解并转移至50mL 容量瓶中，并用甲醇稀释至刻度后摇匀，备用。

3. 色谱测定

(1) 在色谱基线平直后，微量进样器进标准溶液 3.0μL，记下各组分保留时间，再分别以纯样对照。

(2) 用微量进样器进样品 3.0μL，记下保留时间，重复两次。

(3) 实验结束后，清洗微量进样器，按规程关闭高效液相色谱仪。

六、数据记录与处理

(1) 确定未知样中各组分的出峰次序。

(2) 求取各组分的相对分子质量校正因子。

(3) 求取未知样中各组分的含量。

七、注意事项

(1) 用微量注射器吸液时,要防止气泡吸入。

(2) 室温较低时,为加速萘的溶解,可用红外灯稍稍加热。

八、思考题

(1) 观察分离所得的色谱图,解释不同组分之间分离差别的原因。

(2) 高效液相色谱柱一般可在室温下进行分离,而气相色谱柱则必须恒温,为什么?

(3) 说明紫外吸收检测器的工作原理。

实验四十一　高效液相色谱法测定饮料中食品添加剂

一、实验目的

（1）掌握高效液相色谱仪的基本结构和操作方法。

（2）掌握反相色谱的工作原理。

（3）熟悉高效液相色谱技术在食品添加剂分析中的应用。

二、预习要求

（1）阅读教材第一部分 3.10 节内容，熟悉高效液相色谱仪的基本结构和操作方法。

（2）熟悉反相色谱的工作原理。

（3）了解高效液相色谱技术在食品添加剂分析中的应用。

三、实验原理

近年来，高效液相色谱技术已成为食品添加剂分析的常用方法。食品中常含有防腐剂、甜味剂、抗氧化剂和色素等添加剂。由于这些食品添加剂会对人体健康产生不同程度的影响，因此各国均制定相关食品安全标准，对食品中添加剂的加入量予以限制。饮料中常见的添加剂主要有苯甲酸、咖啡因、甜味剂天冬甜素或糖精等，可通过高效液相色谱的反相色谱方法加以分析测定。

常用的四种食品添加剂苯甲酸、咖啡因、天冬甜素和糖精，均带有离子化的基团，—COOH 或—NH_2，它们的质子化或离解程度随流动相的 pH 变化而改变。因此，在反相色谱中，它们的保留时间也会随流动相的 pH 变化而改变，而不同物质因疏水性及离解情况存在差异，只要选择合适的 pH，即可将它们色谱分离。此外，这四种添加剂均带有芳香环，可采用紫外检测器检测。图 3-41-5 为四种常用食品添加剂的化学结构式。

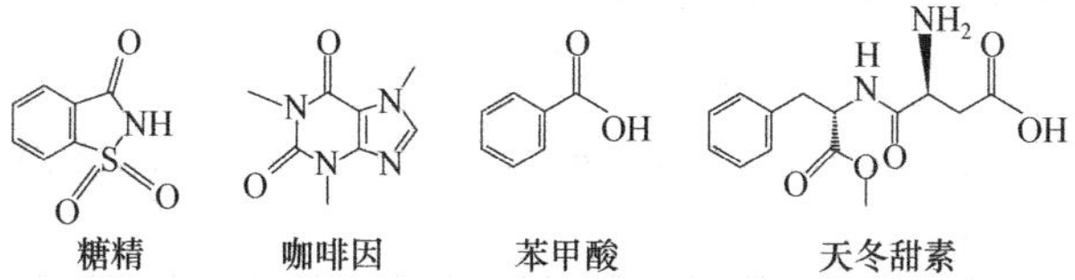

图 3-41-5　四种常用食品添加剂的化学结构式

本实验以乙酸-甲醇混合溶剂为流动相，对四种添加剂进行分析，并对实际饮料试样进行定性和定量分析。

四、仪器、试剂和材料

仪器：高效液相色谱仪、pH 计、微量注射器、超声发生器、容量瓶、刻度吸管。

试剂：乙酸、甲醇、50%NaOH、添加剂标准混合溶液[1]、添加剂标准溶液[2]、流动相溶剂(乙酸∶甲醇=80∶20)、糖精、苯甲酸、咖啡因、天冬甜素。

材料：可乐饮料、二次蒸馏水。

五、实验内容

1. 流动相 pH 条件选择

(1) 按 5.26mL 乙酸以二次蒸馏水稀释至 100mL 的方法，同样配制五份溶液，分别向其中逐滴加入 50%NaOH 调节乙酸溶液的 pH 依次为 3.0、3.5、4.0、4.2、4.5，以 pH 计确定溶液的 pH。

(2) 各取上述五种乙酸溶液 80mL 分别与 20mL 甲醇混合，配制成不同 pH 的乙酸-甲醇(体积比 80∶20)混合液约 100mL。

(3) 按操作规程运行高效液相色谱仪，调节流动相流量为 $1.5mL \cdot min^{-1}$、检测器工作波长为 254nm。以上述五种流动相对标准混合液进行色谱分析，标准混合液的进样量为 20μL，记录色谱分析结果。

(4) 根据上述实验结果，确定最佳 pH 的流动相，以相同色谱条件进样 10μL 单一标准品溶液进行色谱分析，并与标准混合液的色谱图对照以确定各组分的保留时间。

2. 添加剂的定量分析

(1) 在与上述相同色谱条件下，依次进样 2.0μL、5.0μL、10.0μL、15.0μL、20.0μL 标准混合液，得相应色谱图，重复三次。

(2) 将饮料试样在超声清洗机中超声脱气 10min，以 0.8μm 滤膜过滤。按上述同样色谱条件，进样 15.0μL 进行色谱分析。

(3) 实验结束后，以 10mL 甲醇-水(20∶80)混合液清洗色谱柱，以保证柱效。按操作规程关机。

【注释】

[1] 配制方法：称取 40mg 糖精、40mg 苯甲酸、20mg 咖啡因和 200mg 天冬

甜素，以乙酸-甲醇混合溶剂溶解并稀释定容至 100mL。

[2] 分别称取上述方法中一半量的添加剂至 4 个 50mL 容量瓶中，以乙酸-甲醇混合溶剂溶解并稀释定容。

六、数据记录与处理

(1) 将实验结果记录于下表中。

表 3-41-9　不同 pH 下各组分的保留时间

pH	保留时间/min			
	糖精	苯甲酸	咖啡因	天冬甜素
3.0				
3.5				
4.0				
4.2				
4.5				

表 3-41-10　定量分析结果

标准混合液进样量/μL	保留时间/min			
	糖精	苯甲酸	咖啡因	天冬甜素
2.0				
5.0				
10.0				
15.0				
20.0				
饮料试样				

(2) 不同 pH 时，四种添加剂成分的保留时间对流动相 pH 作图，确定最佳 pH。

(3) 绘制标准溶液各组分峰高或峰面积对进样量的标准曲线。

(4) 根据饮料试样的色谱结果，从标准曲线中查找各组分含量。

七、注意事项

(1) 严格防止气泡进入系统，吸液软管必须充满流动相，吸液管的烧结不锈钢过滤器必须始终浸在溶剂内，若更换溶剂瓶，必须先停泵，再将过滤器移到新的溶剂瓶内，然后才能开泵使用。

(2) 本实验所使用流动相必须随用随配，必要时可先进行脱气处理。

(3) 使用腐蚀性较强的溶剂，工作完后，需用适当的有机溶剂清洗，尤其是使用酸性或含盐溶剂后更需注意，以防系统零件被腐蚀损坏，先需用水洗，后用甲醇清洗，最后才能停泵关机。

八、思考题

(1) 确定流动相最佳 pH 时，应考虑哪些因素?

(2) 分离本实验中的四种添加剂时，为何不选用偏碱性的流动相?

(3) 以保留时间对实验样品中被测组分进行定性有什么缺点? 还有哪些可靠的方法?

实验四十二　高效液相色谱法测定人血浆中扑热息痛含量

一、实验目的

(1) 熟悉高效液相色谱仪的基本组成部件。

(2) 熟悉从血浆中提取扑热息痛的方法。

(3) 掌握用保留值定性及用标准曲线法进行定量的方法。

二、预习要求

(1) 阅读教材第一部分 3.10 节内容,了解高效液相色谱仪的基本组成部件。

(2) 了解从血浆中提取扑热息痛的方法。

(3) 熟悉用保留值定性及用标准曲线法进行定量的方法。

三、实验原理

扑热息痛是一种非甾体抗炎药,常用于治疗感冒和发热。健康的人在口服药物 15min 以后,药物就已进入人的血液,血液中药物的浓度在 1～2h 内达到峰值。用高效液相色谱法测定人血液中经时血药浓度,可以研究药物在人体内的代谢过程。

本实验采用扑热息痛纯品来进行定性,确定扑热息痛在健康人体血浆液相色谱图谱中的位置,然后以健康人血浆为本底作标准曲线,根据标准曲线计算血浆中扑热息痛的含量。

四、仪器、试剂和材料

仪器:高效液相色谱仪、微量进样器、离心机。

试剂:扑热息痛纯品、三氯乙酸、乙腈、甲醇。

材料:健康人血浆、二次蒸馏水。

五、实验内容

1. 色谱条件

按操作规程运行高效液相色谱仪,设定色谱条件为,流动相:水-乙腈(90∶10);

流量:$1mL \cdot min^{-1}$;检测器工作波长:254nm;检测器灵敏度:0.05AUFS;柱温:30℃。

2. 样品预处理

取健康人血浆样6份各0.50mL,分别置于10mL离心管中,一份作空白,其余分别加扑热息痛标准品使其含量为$0.50\mu g \cdot mL^{-1}$、$1.00\mu g \cdot mL^{-1}$、$2.00\mu g \cdot mL^{-1}$、$5.00\mu g \cdot mL^{-1}$和$10.0\mu g \cdot mL^{-1}$,再加20%三氯乙酸-甲醇溶液0.25mL,振荡约1min,离心5min。

另取未知血样0.50mL,同样加20%三氯乙酸-甲醇溶液0.25mL,振荡约1min,离心5min。

3. 色谱测定

(1) 取含标准品血浆样离心后的上清液20μL,进行色谱分析,除空白血浆离心液外,每一浓度需进样三次。

(2) 取未知血样离心后的上清液20μL,进行色谱分析,进样三次。

六、数据记录与处理

(1) 以峰面积为纵坐标、标准品浓度为横坐标,绘制标准曲线。

(2) 以未知样的测定结果,按标准曲线计算血样中扑热息痛的浓度。

七、注意事项

(1) 用注射器吸取样品时不要抽入气泡。

(2) 用手拿离心后的血样时,注意不要振荡试管。

(3) 实验完毕后请用蒸馏水清洗注射器,以防注射器生锈。

八、思考题

(1) 如何计算本实验的回收率?

(2) 为何要进行空白血样的分析?

(3) 除用标准曲线法定量外,还可采用什么定量方法?各有什么优缺点?

实验四十三　血清蛋白醋酸纤维薄膜电泳

一、实验目的

（1）掌握醋酸纤维薄膜电泳原理及操作。

（2）学习电泳法测定人血清中各种蛋白质的含量。

二、预习要求

（1）了解醋酸纤维薄膜电泳原理及操作。

（2）了解电泳测定人血清中各种蛋白质含量的方法。

三、实验原理

带电颗粒在电场作用下，向着与其电性相反的电极移动，称为电泳。各种蛋白质都有各自特有的等电点，血清中的各种蛋白质也不例外。某种蛋白质在其等电点时，呈中性状态，该分子既不带正电荷，也不带负电荷，它在电场中既不向阴极移动，也不向阳极移动。

血清中各种蛋白质的等电点大多低于7.0，在pH 8.6的缓冲液中它们都呈负离子形态，在电场中向正极移动，等电点离pH 8.6越远，移动速度越快。由于血清中各种蛋白质的等电点不同，在同一pH下所带电荷量存在差异，各蛋白质的分子大小与分子形状也不相同，因而在同一电场中泳动速度不同。蛋白质相对分子质量小而带电多时，移动速度较快；相对分子质量大而带电少时，移动较慢。在醋酸纤维薄膜（二乙酸纤维素，CAM）上进行电泳可将血清蛋白分离为五条区带，从正极到负极依次为清蛋白（Alb）、α_1-球蛋白、α_2-球蛋白、β-球蛋白和γ-球蛋白。经脱色后分光光度比色或经透明处理后直接用光密度计扫描，即可计算出血清各蛋白组分的相对含量。如果同时用双缩脲法测出血清总蛋白浓度，还可计算各蛋白组分的绝对浓度。

醋酸纤维薄膜具有均一的泡膜状结构（厚约120μm），渗透性强，对分子移动无阻力，用它作区带电泳的支持物，具有用样量少、分离清晰、无吸附作用、应用范围广和快速简便等优点。目前已广泛用于血清蛋白、脂蛋白、血红蛋白、糖蛋白、酶的分离和免疫电泳等方面。

四、仪器、试剂和材料

仪器:电泳仪、电泳槽、加样器、7220 型分光光度计、恒温水浴槽、染色皿、漂洗皿。

试剂:巴比妥缓冲液(pH 8.6、离子强度 0.06)[1]、氨基黑 10B 染色液[2]、漂洗液[3]、0.4mol · L^{-1} NaOH 溶液(洗脱液)。

材料:醋酸纤维薄膜、镊子、铅笔、直尺、滤纸、纱布。

五、实验内容

1. 实验准备

(1) 将电泳槽置于水平平台上,两侧注入等量的巴比妥缓冲液,使其在同一水平面,液面与支架距离 2~2.5cm,支架宽度调节在 5.5~6cm。用三层滤纸或双层纱布搭桥。

(2) 选择厚度一致、透水性能好的 CAM,在无光泽面的一端 1.5cm 处用铅笔轻划一横线,作点样标记。然后将 CAM 无光泽面朝下,漂浮于盛有巴比妥缓冲液的平皿中,使之自然浸湿下沉。待充分浸透(约 20min)后用镊子取出。

2. 点样

(1) 将薄膜条置于洁净滤纸中间,无光泽面朝上,用滤纸轻按吸去 CAM 上多余的缓冲液。

(2) 用加样器蘸少许血清,垂直印在 CAM 无光泽面划线处,待血清完全渗入薄膜后移开。

3. 电泳

(1) 加样后,将薄膜平直架于支架两端,无光泽面朝下,点样侧置于阴极端,用滤纸或纱布将膜的两端与缓冲液连通,平衡 5min。

(2) 将电泳槽的正极和负极分别与电泳仪的正极和负极连接,打开电源,调电压为每厘米膜长 8~15V,通电 45min,待电泳区带展开 3.5~4.0cm,即可关闭电源。

4. 染色

用镊子取出薄膜条直接投入氨基黑 10B 染色液中染色 5~10min。染色过程中不时轻轻晃动染色皿,使染色充分。薄膜条较多时,应避免彼此紧贴导致染色不良。

5. 漂洗

准备 4 个漂洗皿并装入漂洗液，从染色液中取出薄膜条并尽量沥去染色液，按顺序投入漂洗液中反复漂洗。最后用蒸馏水漂洗一遍，直至背景无色为止。

6. 定量

将各蛋白区带仔细剪下，分别置于试管中，另从空白背景处剪一块一样大小的膜条置于空白管中，在清蛋白管中加入 0.4mol·L^{-1} NaOH 溶液 6mL(计算时吸光度乘 2)，其余各管加入 3mL，于 37℃水浴 20min，并不时振摇，待颜色脱净后，取出冷却。在 620nm 波长下，以空白管溶液为参比，测定各管溶液吸光度值。

【注释】

[1] 巴比妥缓冲液配制方法：取巴比妥钠 12.36g，巴比妥 2.21g，加蒸馏水后加热溶解，待冷却后再用蒸馏水稀释至 1L。

[2] 氨基黑 10B 染色液的配制方法：取 0.5g 氨基黑 10B 溶于 50mL 甲醇中，加冰醋酸 10mL 和蒸馏水 40mL，混合均匀即成。

[3] 漂洗液的配制方法：取甲醇 45mL、冰醋酸 5mL 与蒸馏水 50mL，混匀即成。

六、数据记录与处理

(1) 记录血清各组分蛋白的吸光度于下表。

表 3-43-11　吸光度测定记录及计算

组分蛋白	Alb	α_1-球蛋白	α_2-球蛋白	β-球蛋白	γ-球蛋白	A_T
吸光度						
相对含量/%						—
参考值/%	50～68	2～6	6～13	8～15	10～20	—

(2) 计算血清各组分蛋白的相对含量，计算公式如下

$$各组分蛋白(\%)=\frac{A_x}{A_T}\times 100\%$$

式中，A_T 表示各组分蛋白的吸光度总和；A_x 表示各组分蛋白的吸光度。

七、注意事项

(1) CAM 在使用前必须进行选择，要求质匀、孔细和染料吸附少。

(2) 血清标本应新鲜,不得溶血。必要时每毫升血清中加叠氮钠 1mg 防腐,冰箱(4℃)保存。

(3) NaOH 洗脱后必须在 30min 内比色,否则可能褪色。

(4) 为了充分保证电泳效果,缓冲液越新鲜越好。缓冲液不用时宜储存于冰箱。冷的缓冲液可提高区带分辨率,尽可能减少支持物上液体的蒸发,以及防止微生物的生长。

八、思考题

(1) 比较醋酸纤维薄膜电泳与其他电泳方法的异同点。

(2) 指出醋酸纤维薄膜用作电泳的支持物有何优点。

实验四十四　乙酰苯胺的元素分析

一、实验目的

(1) 熟悉元素分析仪的结构与工作原理。

(2) 掌握元素分析实验技术和元素分析仪的使用方法。

二、预习要求

(1) 阅读教材第一部分 3.12 节内容，了解元素分析仪的结构与工作原理。

(2) 熟悉元素分析实验技术和元素分析仪的使用方法。

三、实验原理

元素分析仪的工作原理是样品在高温、催化剂存在的条件下，发生氧化还原反应，生成的气体在高温下被还原剂还原，然后进入分离柱分离成各组分的气体后，经过导热池进行检测，得到各元素的含量(%)。元素分析仪的工作原理如图 3-44-6所示。

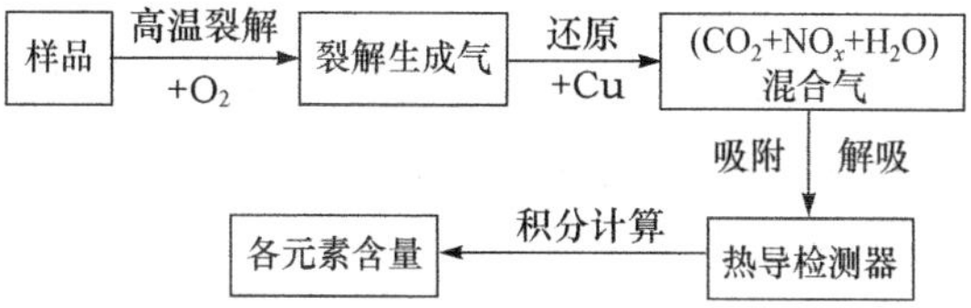

图 3-44-6　元素分析仪的工作原理示意图

四、仪器、试剂和材料

仪器：EA1112 型元素分析仪、电子分析天平(感量 1μg)、燃烧管。

试剂：元素分析用乙酰苯胺标准物质。

材料：乙酰苯胺试样、高纯氮气、高纯氧气、高纯氩气。

五、实验内容

1. 开机

(1) 打开电脑和仪器，启动元素分析仪(开关在仪器背面)，通氧气和氦气(约 0.25MPa)。

(2) 打开工作软件。

(3) 进行检漏。

(4) 选择测试方法、建立样品表。

(5) 待仪器温度达到所需温度后,开启检测器。

2. 样品测试

(1) 称量标样和待测样品。

(2) 待标准样品分析完成后,选择校正方法,校正标准曲线。

(3) 所有样品分析结束后,打印数据和谱图。

(4) 待仪器温度下降到所需温度后关机。

(5) 关闭氦气和氧气。

六、数据记录与处理

计算样品中碳、氢、氮的含量(%),将平均值与理论值比较。仪器的允许误差为±0.3%。

乙酰苯胺的理论值(%)为 C:71.09,H:6.71,N:10.36。

七、注意事项

(1) 载气和氧气的纯度必须大于 99.995%。

(2) 燃烧管、还原管不能有破损,否则会漏气,造成测定结果无效。

(3) 标样应选择与所测样品组成及元素含量相近的物质,以减少测定误差。

(4) 样品中所测元素的含量在 1%以上。

八、思考题

(1) 该仪器除 CHN 模式外,还有哪几种模式可供选用?

(2) 通过元素分析结果,如何进一步确定有机化合物的结构?

实验四十五　GC-MS鉴定苯类有机混合物

一、实验目的

(1) 熟悉气相色谱-质谱仪的基本构造和工作原理。

(2) 掌握有机化合物的基本裂解规律，确定化合物的相对分子质量、分子式、分子离子、碎片离子，推断分子离子和碎片离子的裂解途径。

(3) 学习气相色谱-质谱鉴定混合物的方法。

二、预习要求

(1) 阅读教材第一部分3.13节内容，了解气相色谱-质谱仪的基本构造和工作原理。

(2) 复习气相色谱的基本操作和质谱分析的基本知识。

三、实验原理

质谱分析是一种测量离子质荷比(质量-电荷比)的分析方法，其基本原理是使试样中各组分在离子源中发生电离，生成不同质荷比的带正电荷的离子，经加速电场的作用，形成离子束，进入质量分析器。在质量分析器中，再利用电场和磁场发生相反的速度色散，将它们分别聚焦而得到质谱图，从而确定其质量。质谱法的特点是分析快速、灵敏、分辨率高、样品用量少且分析对象范围广(气体、液体、固体的有机样品均可分析)。

质谱法与气相色谱联用后，使复杂有机混合场的分离与鉴定能快速同步地一次完成，因此色谱-质谱联用仪已成为有效的有机混合物的分析工具之一。利用气相色谱-质谱仪可以对有机化合物进行定性分析，给出样品的碎片信息，根据标准质谱确定化合物的分子式、相对分子质量、结构式。此外，还可对可气化的有机化合物样品进行组分分析，测定混合样品中可气化组分的相对分子质量、分子式、结构式等。

四、仪器、试剂和材料

仪器：气相色谱-质谱联用仪、微量进样器。

试剂：氯仿。

材料：甲苯、氯苯、溴苯的氯仿混合溶液试样。

五、实验内容

1. 开机

(1) 开启氮气总阀,设置分压为 0.5MPa;开启氦气总阀,设置分压为 0.5MPa。

(2) 打开气相色谱仪和质谱仪的电源。若质谱仪真空腔内无负压,则应在打开质谱仪电源的同时用手向右侧推真空腔侧板直至侧面板被紧固吸牢。

(3) 待仪器自检完毕,打开 GC-MS 联机软件,进入 MSD 化学工作站。

(4) 质谱仪检漏。

2. 仪器设置

1) 质谱仪参数设置

在真空泵运行 30min 后,设定四极杆温度为 150℃、离子源温度为 230℃,仪器加热。

2) 质谱仪调谐

调谐应在仪器至少开机 2~4h 后方可进行,可根据需要选择自动调谐、标准谱图调谐或手动调谐的方式之一,调谐完毕后保存调谐文件。

3) 质谱进样设置

设定质谱进样方式为 GC、进样方式为手动、进样位置为前。

4) 气相色谱仪设置

进样口设置:加热器设为 250℃,然后勾选左边所有方框;载气节省勾选,开始等待时间为 0.5~2min;

进样模式:选择分流,分流比为 50∶1~200∶1,最高不超过 200∶1;

色谱柱设置:控制模式勾选,流速勾选,其余参数不变;

柱箱设置:选中柱箱温度为开,设定所需升温程序,其余参数不变;

检测器设置:勾选加热器设为 150℃,尾吹 25mL · min^{-1};

辅助加热器设置:勾选辅助加热区 2,温度=最终温度+30℃,一般为 250℃;

其余参数不变。

5) MS 选择离子检测/全扫描参数设置

溶剂延迟:3min;

EMV 模式:绝对值;

采集模式:全扫描;

采集全扫描和选择离子检测数据:不勾选;

其余参数不变。设定完成后点击"方法保存"。

3. 数据采集

(1) 选择"运行方法",设定数据保存路径后单击"确定并运行方法"。

(2) 等待仪器预运行,手动进样后点击"开始运行"或按下 GC 面盘"start"按钮,在弹出对话框中(是否忽略溶剂延迟)选择"否"。

(3) 仪器运行,样品测定。

4. 关机

仪器使用完毕后,在调谐及真空控制界面,点击"真空"后选择"放空"。等待系统放空且离子源和四极杆温度降至100℃以下(约40min)后退出工作站软件,并依次关闭气相色谱仪、质谱仪的电源。关闭气源。

六、数据记录与处理

(1) 打印图谱,根据特征离子及同位素离子的丰度判断试样中各组分。

(2) 利用谱库检索功能鉴定未知混合物中的各组分。

七、思考题

(1) 为什么质谱仪需要高真空系统?

(2) 如何利用质谱确定有机化合物的相对分子质量?

(3) 简述气相色谱-质谱联用仪的结构和工作原理。

实验四十六　离子色谱法测定地表水中的痕量阴离子

一、实验目的

（1）熟悉离子色谱法的原理及操作方法。

（2）熟悉影响离子色谱法分离效能的主要因素。

（3）掌握离子色谱同时测定实际样品中多种离子浓度的方法。

二、预习要求

（1）了解离子色谱法分离和测定试样组分的原理及测定对象的特点和范围。

（2）掌握离子色谱法分离效能的主要影响因素。

（3）阅读教材第一部分 3.11 节内容，学习离子色谱仪的一般操作方法。

（4）学习用离子色谱同时测定实际样品中多种离子浓度的方法。

三、实验原理

天然水体中常含有 F^-、Cl^-、NO_2^-、NO_3^-、SO_4^{2-} 等阴离子，它们的含量过高会使水质下降，对人体健康也带来潜在危害，国家也对各类水体中这些离子的浓度有着明确的限值。离子色谱法常用于测定各类水体中的阴、阳离子含量，可同时分析多种组分，具有快速、准确等优点。

离子色谱(ion chromatography，IC)是高效液相色谱的一种，可分为离子交换色谱、离子排斥色谱、离子对色谱等三种类型。离子交换色谱是利用不同离子对离子交换树脂的作用力不同而进行分离的，主要用于有机和无机阴、阳离子的分离。离子排斥色谱是利用溶质和固定相之间的非离子性相互作用进行分离的，主要用于无机弱酸和有机酸的分离，也可以用于醇类、醛类、氨基酸和糖类的分离。离子对色谱是利用流动相与被测离子形成在固定相与流动相中溶解度不同的离子对，从而达到分离目的，主要用于疏水性阴离子以及金属配合物的分离。下面以阴离子的分离为例，简要说明离子色谱的分离过程。

样品溶液进样之后，阴离子首先与离子交换树脂分析柱的阴离子直接进行离子交换，从而被保留在柱上，电解质溶液作为流动相淋洗时，保留在柱上的阴离子被淋洗液中的阴离子置换并从柱上被洗脱。根据离子特性(如离子半径、电荷数等)的差异，不同的阴离子与交换树脂上带正电荷的季铵基团之间的作用力不同，造成离子在分离柱中的迁移速度不同，从而达到分离。淋出液经过化学抑制器，将淋洗液的背景电导抑制到最小，当被分析物进入电导池检测系统时就可产生可准确测量的电导信号。

在进行离子色谱分析时，可通过保留时间、流出物的特性以及峰高或峰面积的大小进行定性和定量分析。定性分析的依据是待测组分在色谱图中出现的位置（即保留时间）与其性质密切相关。测定样品中各组分的峰保留时间，并与相同条件下测得的标准物质的峰保留时间进行比较，保留时间相同即初步定性为同一物质。定量分析的依据是被测物质的量与它在色谱图上的峰面积呈正比（峰形较好时与峰高近似呈正比），即

$$m=fA \text{ 或 } m=f''H \tag{3-46-22}$$

若操作条件确定时，则有

$$c=fA \text{ 或 } c=f''H \tag{3-46-23}$$

式中，c 为待测物质的浓度；A 为峰面积；H 为峰高；f 和 f'' 为相应的比例常数。

四、仪器、试剂和材料

仪器：离子色谱仪、超声波发生器、微量进样器。

试剂：淋洗储备液[1]、阴离子标准储备液[2]、再生液[3]。

材料：超纯水（电阻率≥18.0MΩ，0.22μm 滤膜过滤）、滤膜、氮气、地表水样。

五、实验内容

1. 溶液配制

1）配制阴离子标准溶液

向 7 只 50mL 容量瓶中，分别加入各阴离子储备液各 0.50mL、淋洗储备液 0.50mL，再加超纯水稀释至刻度并摇匀，即得各阴离子标准使用液。

2）配制阴离子混合标准储备液

依次吸取 2.00mL NaF、3.00mL KCl、5.00mL NaBr、1.00mL $NaNO_3$、5.00mL $NaNO_2$、25.00mL K_2SO_4、25.00mL NaH_2PO_4 标准储备液加入 100mL 容量瓶中，再加入 5.00mL 淋洗储备液，以超纯水稀释定容。该混合储备标准液中各阴离子浓度分别为（$mg \cdot L^{-1}$）：F^- 为 20.00、Cl^- 为 30.00、Br^- 为 50.00、NO_3^- 为 10.00、NO_2^- 为 50.00、SO_4^{2-} 为 250.00、$H_2PO_4^-$ 为 250.00。

3）配制阴离子混合标准溶液

向 5 只 100mL 容量瓶中，分别加入 2.00mL、4.00mL、6.00mL、8.00mL、10.00mL 阴离子混合标准储备液，再各加入 1mL 淋洗储备液，以超纯水稀释定

容,摇匀备用。

4) 配制淋洗液

准确吸取淋洗储备液 20mL 至淋洗液储瓶中,加入超纯水至刻度 2L 并摇匀,用前以超声波发生器脱气。

5) 配制样品溶液

取待测水样 100mL,加 1.00mL 淋洗储备液,摇匀经 0.45μm 微孔滤膜过滤后备用。

2. 仪器准备

(1) 打开氮气瓶阀门,调整分压表为 0.2MPa,调节淋洗液瓶压力表为 3～6psi(1psi=6.894 76×10^3Pa)。

(2) 打开离子色谱仪和电脑电源,运行软件和操作面板。

(3) 排气,设定泵流速为 1.0mL·min^{-1}。

(4) 进行基线采集,待基线采集稳定后开始进样测定。

3. 样品测定

(1) 建立程序文件、方法文件和样品表文件。

(2) 运行样品表,按系统提示进行逐个进样分析。

(3) 分别吸取 2mL 各阴离子标准溶液进样,重复进样 2 次,记录各离子保留时间,取平均值。

(4)分别吸取 2mL 各浓度的混合标准溶液进样检测,绘制工作曲线。

(5) 吸取 2mL 处理后水样按同样操作条件进样检测,重复进样 2 次,取平均值。

4. 关机

实验结束后,首先关闭抑制器电源,然后依次关闭泵、软件、电脑、离子色谱仪,最后关闭氮气瓶主阀。

【注释】

[1] 淋洗储备液的配制方法:分别称取 16.8g $NaHCO_3$ 和 74.2g Na_2CO_3 溶于超纯水,转移至 1L 容量瓶中,稀释定容并摇匀。

[2] 1.00g·L^{-1}阴离子标准储备液的配制方法:按所需配制浓度计算各物质的质量,分别准确称取适量已干燥的 NaF、KCl、NaBr、K_2SO_4、$NaNO_2$、NaH_2PO_4、$NaNO_3$,分别用少量超纯水溶解并转移至 1L 容量瓶中,各加入 10.00mL 淋洗储备液,以超纯水稀释定容。

[3] 再生液的配制方法：向 100mL 超纯水中缓缓加入 4.7mL 浓 H_2SO_4，搅拌均匀后转移至再生液储瓶中，继续加入超纯水至刻度 2L，摇匀。

六、数据记录与处理

(1) 记录各阴离子的峰保留时间 t_R，填入表 3-46-12 中。

表 3-46-12　各阴离子的峰保留时间

离子	t_R/min		
	第一次	第二次	平均值
F^-			
Cl^-			
Br^-			
NO_2^-			
NO_3^-			
SO_4^{2-}			
PO_4^{3-}			

(2) 记录阴离子混合标准溶液色谱图中各峰的保留时间 t_R 并与上表数据比较，归属各色谱峰，记录各峰的峰面积于表 3-46-13 中。

表 3-46-13　溶液浓度与各离子峰面积数据表

样品	$c/(mg \cdot L^{-1})$	F^-	Cl^-	Br^-	NO_3^-	NO_2^-	SO_4^{2-}	PO_4^{3-}
标准系列溶液								
地表水样	第一次							
	第二次							
	平均值							

(3) 以各离子的峰面积为纵坐标、浓度为横坐标，绘制各离子的标准曲线。

(4) 确定地表水中的各组分，并根据各组分峰面积和工作曲线确定水样中各离子的含量。

七、思考题

(1) 简述离子色谱法的分离机理。

(2) 为什么在每一份试液中都要加入1%的洗脱液成分?

(3) 为什么离子分离柱不需要再生,而抑制柱需要再生?

(4) 为什么淋洗液需要进行脱气处理?

实验四十七　薄层色谱法分离和鉴定氨基酸

一、实验目的

(1) 熟悉吸附薄层板的制备技术。

(2) 熟悉薄层色谱的操作方法。

二、预习要求

(1) 阅读本教材上册第一部分 4.8 节内容，了解吸附薄层板的制备方法。

(2) 了解薄层色谱的操作方法。

三、实验原理

吸附薄层色谱过程中主要是物理吸附，吸附的作用力是分子间的一般作用力，即范德华力，没有化学键的生成与破坏。所以物理吸附具有普遍性和无选择性，当固体吸附剂与多元组分溶液接触时，一方面任何溶质都可被吸附(单位重量吸附剂吸附物质的量，会因物而异)；另一方面，吸附剂既可吸附溶质分子也可吸附溶剂分子。由于吸附过程是可逆的，因此被吸附了的物质在一定条件又可以被解吸下来。例如，某一试液含 A、B 两成分，将此溶液点在铺有吸附剂的薄板上。开始 A 与 B 都被吸附在薄板的原点上，当薄板放在层析缸内后，有毛细现象，展开剂上升，A、B 被解吸下来，解吸下来的 A、B 溶解于展开剂中并随之向前移动，遇到新的吸附剂表面，A、B 和展开剂又被吸附剂吸附，但立即又受到不断移动上来的展开剂解吸并随展开剂又向前移动。这样，A、B 与吸附剂之间连续地产生吸附、解吸、再吸附、再解吸的交替过程。由于 A 和 B 的结构不同，它们在吸附剂上的吸附、解吸的性能也不同。吸附力较弱的组分，首先被展开剂解吸下来，向前移动快，R_f 值较高；吸附力强的组分，解吸较慢，移动得也慢，R_f 值也低。一段时间后，在薄板上可以看到由原点位置的一个斑点变成两个斑点，而达到分离的效果。R_f 值按下式计算

$$R_f=\frac{\text{溶质最高浓度中心至原点中心的距离}}{\text{溶剂前沿至原点中心的距离}}$$

四、仪器、试剂与材料

仪器：色谱缸、恒温烘箱、喷雾器。

试剂:硅胶、0.016mol · L^{-1}氨基酸(精氨酸、甘氨酸、酪氨酸)异丙醇溶液[1]、展开剂[2]、0.5%茚三酮溶液[3]、0.75%羧甲基纤维素钠溶液[4]。

材料:氨基酸混合样品溶液、玻璃板(170mm×65mm×3mm)、毛细点样管。

五、实验内容

1. 硅胶硬板的制备

称取200~250目的硅胶35g,用0.75%的羟甲基纤维素钠(CMC-Na)溶液调制成糊状。将适量的糊状吸附剂置于洁净的玻璃板上,用手轻轻摇动玻璃板,使糊状物均匀分布在板上,将板置于水平台上,室温干燥后置于110℃烘箱中活化30min,取出制备好的硅胶硬板,于干燥器中备用。

2. 点样

在薄层板上距一端1.5cm处用铅笔轻轻划一条起始线。在起始线上每间距2cm打一个"×"作为原点,分别用毛细玻管取精氨酸、甘氨酸、酪氨酸以及三者混合物的异丙醇溶液少许,点于薄层板上。

3. 展开

待薄层板上溶剂完全挥发后,将薄板置于色谱缸中,用展开剂进行展开,当溶剂前沿达到薄板约3/4高度时,将薄板自缸中取出,用吹风机吹干(或在空气中晾干),用喷雾器喷洒茚三酮溶液,在105℃下烘至板上斑点显出(约10min),观察斑点的位置。

【注释】

[1] 氨基酸异丙醇溶液的配制方法:0.016mol · L^{-1}精氨酸异丙醇溶液,称取精氨酸15.9mg溶于90%异丙醇溶液10mL中;0.016mol · L^{-1}甘氨酸异丙醇溶液,称取甘氨酸7.5mg溶于90%异丙醇溶液10mL中;0.016mol · L^{-1}酪氨酸异丙醇溶液,称取酪氨酸18.1mg溶于90%异丙醇溶液10mL中。

[2] 展开剂的配制方法:按正丁醇∶冰醋酸∶水=4∶1∶1(体积比),临用时配制。

[3] 0.5%茚三酮溶液的配制方法:称取茚三酮0.5g溶于无水丙酮100mL中。

[4] 0.75%羧甲基纤维素钠溶液的配制方法:称取羧甲基纤维钠0.75g于100mL水中,加热溶解,混匀,放置数天,待澄清备用。

六、数据记录与处理

(1) 计算各斑点的 R_f 值。

(2) 讨论实验结果。

七、注意事项

(1) 薄层制备时要尽量铺均匀。

(2) 点样时不要太多，以免分离不清。

(3) 展开时要先使展开剂饱和，防止边缘效应。

八、思考题

(1) 在薄层色谱分析中，如何选用展开剂？

(2) 薄层板有哪些类型？硅胶-CMC-Na 板和硅胶-G 板有什么区别？

(3) 薄层色谱的显色方法有哪些？

实验四十八　薄层色谱法分离复方新诺明中 TMP 及 SMZ

一、实验目的

（1）掌握薄层板的铺制方法。

（2）掌握复方制剂的薄层色谱分离方法。

（3）掌握 R_f 值及分离度 R_s 的计算方法。

二、预习要求

（1）阅读本教材上册第一部分 4.8 节内容，熟悉薄层板的铺制方法。

（2）了解复方制剂的薄层色谱分离方法。

（3）了解 R_f 值及分离度 R_s 的计算方法。

三、实验原理

硅胶 GF_{254} 荧光薄层板，其作用机制属吸附色谱，即利用硅胶对 TMP 及 SMZ 具有不同的吸附能力，流动相（展开剂）对二者具有不同的溶解能力而达到分离。

利用薄层色谱，对物质进行定性和定量，一般可以采用标准品对照，用显色剂对斑点进行鉴定。显色的方法与纸色谱法类似，可以进行喷雾、浸渍和碘蒸气熏等多种方法；也可以用荧光板，对有紫外吸收的物质在荧光板上产生暗斑进行定性，并计算在本色谱条件下二者的分离度 R_s

$$R_s=\frac{\text{相邻色斑的移行距离之差}}{(D_1+D_2)/2}$$

式中，D_1、D_2 分别为两色斑的纵向直径，cm。

四、仪器、试剂与材料

仪器：紫外线分析仪、恒温干燥箱、色谱缸、干燥器、研钵。

试剂：4mg · mL^{-1}磺胺甲氧吡啶（SMZ）标准品溶液、2mg · mL^{-1}甲氧苄胺嘧啶（TMP）标准品溶液、展开剂（氯仿∶甲醇＝6∶1）、硅胶 GF_{254}、0.75％羧甲基纤维素钠溶液[1]。

材料：复方新诺明样品溶液、玻璃板（10cm×7cm）、点样管、铅笔、直尺。

五、实验内容

1. 黏合薄层板的铺制

取羧甲基纤维素钠(CMC-Na)上清液 30mL 于研钵中。另称取 10g 硅胶 GF_{254}，分次加入研钵中，充分研磨均匀后，分别加到 5 块备用玻璃板上，轻轻振动玻板，使调好的悬浊液充分均匀涂布在整块玻板上，晾干。在 110℃活化 1h，储于干燥器中备用。

2. 点样

在距离薄板底边 1.5cm 处，用铅笔轻轻划一起始线。用点样管分别点 SMZ、TMP 标准品溶液、试样溶液于起始线上，样斑直径不超过 3mm。

3. 展开

将点样后的薄层板置于盛有展开剂的容器中饱和 15min 后，再将点有样品的一端浸入展开剂 0.3～0.5cm，展开，待展开剂移行 7～8cm 取出薄板，划出溶剂前沿，等展开剂挥散后，在紫外线分析仪中观察，标出色斑位置。

【注释】

[1] 0.75%羧甲基纤维素钠溶液的配制方法：称取羧甲基纤维钠 0.75g，于 100mL 水中，加热溶解，混匀，放置数天，待澄清备用。

六、数据记录与处理

(1) 计算各组分的 R_f 值。

(2) 计算分离度 R_s。

七、注意事项

(1) 展开剂量不宜过多，只需浸没薄层板 0.3～0.5cm 即可。

(2) 色谱缸必须密闭，否则影响分离效果。

(3) 展开剂应回收。

八、思考题

(1) 物质产生荧光的条件是什么？

(2) R_f 值与 R_s 值有何不同？

实验四十九　X 射线衍射法测定二氧化硅的物相

一、实验目的

（1）熟悉 X 射线衍射仪的基本构造、工作原理及操作方法。

（2）掌握检索 X 射线衍射图谱数据库进行物质物相鉴定的方法。

（3）学习使用 X 射线衍射仪进行物质的定性分析。

二、预习要求

（1）阅读教材第一部分 3.14 节内容，了解 X 射线衍射仪的基本构造、工作原理及操作方法。

（2）了解检索 X 射线衍射图谱数据库进行物质物相鉴定的方法。

（3）了解 X 射线衍射仪进行物质的定性分析方法。

三、实验原理

自然界中固态物质大多以晶体形式存在，每一种晶态物质都有其特定的结构，原子的种类、数目及其在空间的排列组合方式都各不相同。在德国物理学家劳厄(M. vonLaue)发现单晶对 X 射线衍射之后，德国化学家德拜(P. Debye)和瑞士物理学家谢乐(P. Scherrer)发明了粉末衍射法。实验中得到的各种晶态物质的粉末衍射图都有不同的特征，其衍射线的位置(θ)和强度(I)的分布都不同，而且混合晶体的衍射图为其各自晶体衍射峰的叠加，互不影响，据此可对任意组合的晶体样品进行定性分析。样品中某一物相的 X 射线衍射强度与其含量成比例，但并不一定成正比。在众多 X 射线衍射(X-ray diffraction，XRD)定量分析方法中，最为简捷的是基体冲洗法(也称 K 值法)，该方法只对所测物相进行分析，不考虑其他物相的含量，适用于任何混合物相的研究。

X 射线是一种波长很短的电磁波，入射晶体时与晶体中周期排列的原子相互作用，原子中的电子与原子核受迫振动。原子核质量很大，振动可忽略不计，振荡中的电子成为次生 X 射线波源，其波长、周期和入射光相同。由于晶体结构的周期性，晶体中电子的散射波可以相互叠加，形成相关散射(衍射)，散射波一致增强的方向成为衍射方向。不同物相由于其化学组成和几何结构的区别，在不同衍射方向上光的强度是唯一的，这就构成 X 射线粉末衍射分析的基础。

任何一个结晶的固体化合物都给出一套独立的 X 射线衍射图谱，其衍射峰

的位置和强度完全取决于这种物质自身的内部结构特点。产生衍射的充分必要条件是

$$2d_{hkl}\sin\theta_{hkl}=\lambda \tag{3-49-24}$$

$$I_{hkl}=KMPLTA|F_{hkl}|^2 \tag{3-49-25}$$

$$F_{hkl}=\sum_{j=1}^{n}f_j\exp[2\pi i(hx_j+ky_j+lz_j)] \tag{3-49-26}$$

式中，λ 为入射 X 射线的波长；d_{hkl}为 hkl 平面点阵族的衍射面间距；θ_{hkl}为 hkl 平面衍射掠射角；I_{hkl}为 hkl 面衍射积分强度；M 为多重因子；T 为温度因子；A 为吸收因子；K 为比例系数，与入射光强度、实验条件等有关；P 为偏激化因子，L 为洛伦兹因子，两因子均仅与衍射角有关；F_{hkl}为 hkl 面结构因子；f_j 表示第 j 个原子的散射因子，其值与原子种类有关；x_j、y_j、z_j 为 j 个原子的分数坐标。

式(3-49-24)为布拉格(Bragg)方程，决定衍射方向，如图 3-49-7 所示。不同的物相具有不同的数组，反映在谱图上就是衍射线的位置不同。式(3-49-25)则说明衍射线的积分强度与$|F_{hkl}|^2$ 成正比。而从式(3-49-26)可知结构因子与原子种类及位置有关，即衍射强度与晶体的原子种类、数量及相对位置有关。因此，每种物质都必有其特有的衍射图谱。在一张衍射图中衍射线的位置及强度完整反映了晶体结构的两个特征，即原子排列的周期性特征以及原子的种类、数量和相对位置。而当一种物质中含有若干物相时，它们都会出现各自的衍射图且互不相干，即由多个物相组成的晶态物质的衍射图是各物相的衍射图按物相间的比例简单叠加而成。

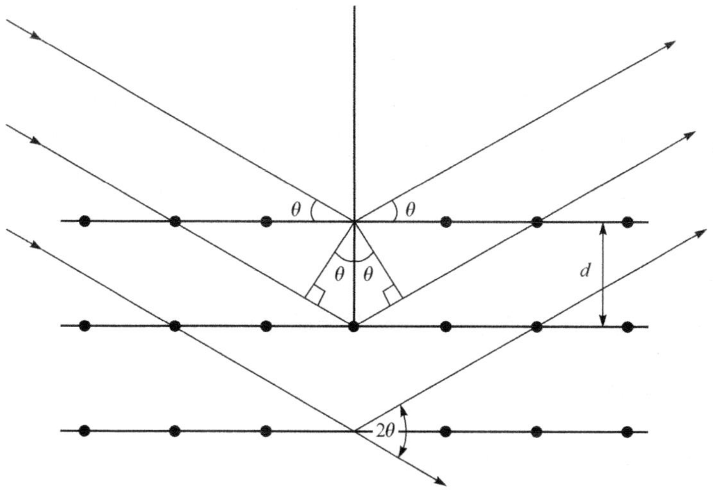

图 3-49-7　布拉格衍射图

通过制备各种标准单相物质的衍射图,将待分析物质的衍射图与之对照,从而可确定物质的组成相,就成为物相定性分析的基本方法。鉴定出各个单相后,根据各单相的衍射线的强度与组分含量成正比,就可对各种组分进行定量分析。目前常通过X射线衍射法得到物质的衍射图谱,与由国际衍射数据中心维护并发行的粉末衍射标准图谱库(powder diffraction file,PDF)对照进行物相分析。

四、仪器、试剂与材料

仪器:X射线粉末衍射仪、玛瑙研钵、样品板。

试剂:晶体二氧化硅。

材料:分样筛、玻璃片。

五、实验内容

1. 样品制备

用玛瑙研钵研磨待测样品至300～500目,将样品板平放于桌面上,将样品均匀加入样品板中,并用玻璃板压平,使样品足够紧密,表面光滑平整。

2. 样品测量

1) 开机准备

开启循环水泵,使冷却水流通,并到达设定的温度和压力。将制备好的样品板插入衍射仪样品台上,使中心对齐。关闭仪器窗口,接通总电源和稳压电源。

2) 开机

开启衍射仪总电源,打开和仪器连接的电脑,进入操作软件,开启仪器主机,进入测试程序,调试仪器。打开X光管电源,设定工作电压为40kV、工作电流为40mA、扫描速率为每秒0.01°～0.05°。在设定的条件下扫描测试,收集数据。

3) 关机

测量完毕,按操作规程关机。最后关闭循环水泵电源。

六、实验数据与处理

(1) 原始数据经过背景扣除和曲线平滑处理后,标记各衍射峰,确定各衍射峰的 d 值和相对强度。

(2) 将样品的衍射图与衍射图谱数据库中二氧化硅的PDF卡对照,讨论结果。

七、注意事项

(1) X射线属于高能射线，直接照射到人体局部组织将引起组织局部灼伤或坏死。X射线衍射仪都含有铅玻璃保护罩和各种安全保护电路，当某些突然事故发生时，安全保护电路将自动切断高压或电源起到保护作用。因此，为确保仪器和人员安全，务必严格遵守操作规程。

(2) 多晶X射线的基本假定是样品中包含无数随机取向的小晶粒，而样品中存在的择优取向破坏了晶面取向的随机性。因此，必须认真研磨样品，尽量改变其形状。制样时，使用粗糙面的压片板来压片也可减少择优取向。

八、思考题

(1) 用粉末样品做物相分析时，对颗粒的大小有何要求？为什么？

(2) 物相分析的样品制备有哪几种方法，分别应注意什么问题？

实验五十　有机化合物的氢核磁共振谱的测定及解析

一、实验目的

(1) 熟悉核磁共振谱法鉴定有机化合物结构的基本原理。

(2) 掌握核磁共振谱的解析方法。

(3) 熟悉核磁共振波谱仪的结构及工作原理。

二、预习要求

(1) 阅读教材第一部分 3.15 节内容,了解核磁共振波谱仪的结构及工作原理。

(2) 了解核磁共振谱法鉴定有机化合物结构的基本原理。

(3) 复习核磁共振谱解析的相关知识。

三、实验原理

在合适频率的射频作用下,处于强外磁场中的某些磁性原子核发生核自旋能级跃迁的现象,称为核磁共振(nuclear magnetic resonance,NMR)。由于化合物分子的化学环境会影响磁场中核对射频的吸收,而此效应与分子的结构有着密切的关系。因此,根据核磁共振原理测得分子的核磁共振波谱,可应用于化合物的结构鉴定。核磁共振波谱法自应用于测定有机化合物的结构以来,发展极为迅速。经过几十年的研究和实践,现已成为测定有机化合物结构、构型和构象的重要手段之一。

氢核磁共振谱(^1H NMR)是目前研究最充分的波谱,已得到许多规律,用于分子结构的研究。从常规氢核磁共振谱谱中可以得到三方面的结构信息:①从化学位移可判断分子中存在质子的类型(如—CH_3、—CH_2—、—CH═CH— 、Ar—H、—OH、—CHO 等)及质子的化学环境和磁环境;②从积分值可以确定每种基团中质子的相对数目;③从耦合裂分情况可判断质子与质子之间的关系。

阿魏酸存在于阿魏、川芎、当归和升麻等多种中草药中,结构式为

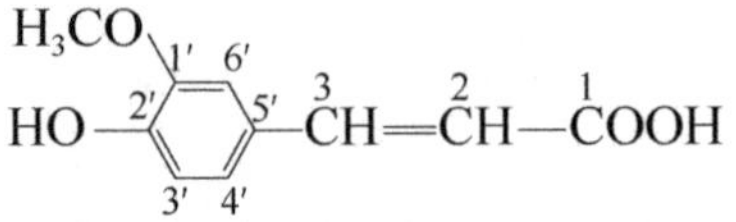

本实验以四甲基硅烷(TMS)为内标测定阿魏酸的^1H NMR,并进行解析。

四、仪器、试剂与材料

仪器：核磁共振波谱仪。

试剂：阿魏酸（纯度＞99%），氘代二甲基亚砜 DMSO-D_6（含 0.1%内标物 TMS）。

材料：NMR 样品管（直径 5mm，长 20cm）。

五、实验内容

1. 试样制备

将约 5mg 阿魏酸溶解在 0.5mL DMSO-D_6 溶剂中制成溶液，装于样品管中待测定。

2. 样品^{1}H NMR 测定

(1) 将样品管置于样品槽中预热 5min。
(2) 用 TMS 调节仪器分辨率。
(3) 将样品管装上转子，定好高度。
(4) 调谐，匀场。
(5) 找信号。
(6) 粗调分辨率，用信号强度进一步调分辨率。
(7) 幅度与相位调节。
(8) 样品测试，扫积分线，自旋去耦。

六、数据记录与处理

(1) 记录、打印阿魏酸^{1}H NMR 的波谱图。

(2) 解析阿魏酸的^{1}H NMR 的波谱图。下表为阿魏酸的^{1}H NMR 参考数据。

表 3-50-14　阿魏酸的^{1}H NMR 参考数据

δ/ppm	峰形及耦合常数/Hz	质子数比	质子归属
12.13	s	1	1-COOH
6.35	d,18.9	1	2-H
7.48	d,18.9	1	3-H
6.78	d,8.1	1	3′-H

续表

δ/ppm	峰形及耦合常数/Hz	质子数比	质子归属
7.07	dd,8.1,1.8	1	4′-H
7.28	d,1.8	1	6′-H
3.81	s	3	$-OCH_3$
9.56	s	1	—OH

注:d表示双峰,dd表示双二重峰,s表示单峰。

七、注意事项

(1) 调节好磁场均匀性是提高仪器分辨率、做好实验的关键。为了调好匀场,首先,必须保证样品管以一定转速平稳旋转,转速太高,样品管旋转时会上下颤动;转速太低,则影响样品所感受磁场的平均化。其次,匀场旋转要交替、有序调节。最后,调节好相位旋钮,保证样品峰前后在一条直线上。

(2) 仪器示波器和记录仪的灵敏度是不同的。在示波器上观察到大小合适的波谱图,在记录仪上,幅度至少衰减到原来的1/10,才能记录到适中图形。

(3) 温度变化时会引起磁场漂移,所以记录样品谱图前必须经常检查TMS零点。

(4) NMR波谱仪是大型精密仪器,实验中应特别仔细,以防损害仪器。

八、思考题

(1) 在^{1}H NMR谱中,影响化学位移的因素有哪些?

(2) 简述核磁共振波谱仪的构造及工作原理。

(3) 样品旋转的作用是什么?

(4) 为什么需要匀场?使用氘代溶剂的作用是什么?

第四部分
附　　录

附录一　常用物理化学常量

物理量	数值及单位
阿伏伽德罗常量(N_A)	$6.022\,136\,7\times10^{23}\,mol^{-1}$
真空光速(c)	$2.997\,924\,58\times10^{8}\,m\cdot s^{-1}$
单位电荷(e)	$1.602\,189\,2\times10^{-19}\,C$
电子质量(m_e)	$9.109\,389\times10^{-31}\,kg$
质子质量(m_p)	$1.626\,231\times10^{-27}\,kg$
法拉第常量(F)	$9.648\,456\times10^{4}\,C\cdot mol^{-1}$
普朗克常量(h)	$6.626\,176\times10^{-34}\,J\cdot s^{-1}$
玻耳兹曼常量(k)	$1.380\,658\times10^{-23}\,J\cdot K^{-1}$
摩尔气体常量(R)	$8.314\,41\,J\cdot K^{-1}\cdot mol^{-1}$
里德伯常量(R_∞)	$1.097\,373\,177\times10^{7}\,m^{-1}$
玻尔磁子(μ_B)	$9.274\,015\times10^{-24}\,J\cdot T^{-1}$
万有引力常量(G)	$6.672\,0\times10^{-11}\,N\cdot m^2\cdot kg^{-2}$
重力加速度(g)	$9.806\,65\,m\cdot s^{-2}$

附录二　国际单位制基本单位

量的名称	单位名称	符号
长度	米	m
质量	千克(公斤)	kg
时间	秒	s
电流	安[培]	A
热力学温度	开[尔文]	K
物质的量	摩[尔]	mol
光强度	坎[德拉]	cd

附录三　压力单位换算

帕斯卡(Pa)	工程大气压(at)	毫米水柱(mmH_2O)	标准大气压(atm)	毫米汞柱(mmHg)
1	1.02×10^{-5}	0.102	0.99×10^{-5}	0.007 5
98 067	1	10^4	0.967 8	735.6
9.807	0.000 1	1	$0.967\,8\times10^{-4}$	0.073 6

续表

帕斯卡(Pa)	工程大气压(at)	毫米水柱(mmH_2O)	标准大气压(atm)	毫米汞柱(mmHg)
101 325	1.033	10 332	1	760
133.32	0.000 36	13.6	0.001 32	1

注:①$1N\cdot m^{-2}=1Pa$,$1at=1kgf\cdot cm^{-2}$;

②1mmHg=1Torr,标准大气压即物理大气压;

③$1bar=10^5N\cdot m^{-2}$;

④在实验计算中必须使用第一栏法定计量单位(SI 单位)。

附录四 水的蒸气压

温度/℃	压力		温度/℃	压力		温度/℃	压力		温度/℃	压力	
	mmHg	Pa		mmHg	Pa		mmHg	Pa		mmHg	Pa
0	4.579	610.5	22	19.827	2 643.4	44	68.26	9 100.6	66	196.09	26 043
1	4.926	656.7	23	21.068	2 808.8	45	71.88	9 583.2	67	204.96	27 326
2	5.294	705.8	24	22.377	2 983.3	46	75.65	10 086	68	214.17	28 554
3	5.685	757.9	25	23.756	3 167.2	47	79.60	10 612	69	223.73	29 828
4	6.101	813.4	26	25.209	3 360.9	48	83.71	11 160	70	233.7	31 157
5	6.543	872.3	27	26.739	3 564.9	49	88.02	11 735	71	243.9	32 517
6	7.013	935.0	28	28.349	3 779.5	50	92.51	12 334	72	254.6	33 944
7	7.513	1 001.6	29	30.043	4 005.3	51	97.20	12 959	73	265.7	35 424
8	8.045	1 072.6	30	31.824	4 242.8	52	102.09	13 611	74	277.2	36 957
9	8.609	1 147.8	31	33.695	4 492.3	53	107.20	14 292	75	289.1	38 543
10	9.209	1 227.8	32	35.663	4 754.7	54	112.51	15 000	76	301.4	40 183
11	9.844	1 312.4	33	37.729	5 030.1	55	118.04	15 737	77	314.1	41 876
12	10.518	1 402.3	34	39.898	5 319.3	56	123.80	16 505	78	327.3	43 636
13	11.231	1 497.3	35	42.175	5 622.9	57	129.82	17 308	79	341.0	45 463
14	11.987	1 598.1	36	44.563	5 941.2	58	136.08	18 143	80	355.1	47 343
15	12.788	1 704.9	37	47.067	6 275.1	59	142.60	19 012	81	369.7	49 289
16	13.634	1 817.7	38	49.692	6 625.0	60	149.38	19 916	82	384.9	51 316
17	14.530	1 937.2	39	52.442	6 991.7	61	156.43	20 856	83	400.6	53 409
18	15.477	2 063.4	40	55.324	7 375.9	62	163.77	21 834	84	416.8	55 569
19	16.477	2 196.7	41	58.34	7 778.0	63	171.38	22 849	85	433.6	57 808
20	17.535	2 337.8	42	61.50	8 199.3	64	179.31	23 906	86	450.9	60 155
21	18.650	2 486.5	43	64.80	8 639.3	65	187.54	25 003	87	468.7	62 488

续表

温度/℃	压力 mmHg	压力 Pa	温度/℃	压力 mmHg	压力 Pa	温度/℃	压力 mmHg	压力 Pa	温度/℃	压力 mmHg	压力 Pa
88	487.1	64 941	92	566.99	75 592	96	657.62	87 675	100	760.00	101 325
89	506.1	47 474	93	588.60	78 473	97	682.07	90 935			
90	525.76	70 095	94	610.90	81 446	98	707.07	94 268			
91	546.05	72 801	95	633.90	84 513	99	733.24	97 757			

附录五　不同温度下一些液体的密度(g · cm^{-3})

温度/℃	水	苯	甲苯	乙醇	氯仿	汞	乙酸
0	0.999 842 5	—	0.886	0.806	1.526	13.596	1.071 8
5	0.999 966 8	—	—	0.802	—	13.583	1.066 0
10	0.999 702 6	0.887	0.875	0.798	1.496	13.571	1.060 3
11	0.999 608 1	—	—	0.797	—	13.568	1.059 1
12	0.999 500 4	—	—	0.796	—	13.566	1.058 0
13	0.999 380 1	—	—	0.795	—	13.563	1.056 8
14	0.999 247 4	—	—	0.795	—	13.561	1.0557
15	0.999 102 6	0.883	0.870	0.794	1.486	13.55 9	1.054 6
16	0.998 946 0	0.882	0.869	0.793	1.484	13.556	1.053 4
17	0.998 777 9	0.882	0.867	0.792	1.482	13.554	1.052 3
18	0.998 598 6	0.881	0.866	0.791	1.480	13.551	1.051 2
19	0.998 408 2	0.880	0.865	0.790	1.478	13.549	1.050 0
20	0.998 207 1	0.879	0.864	0.789	1.476	13.546	1.048 9
21	0.997 995 5	0.879	0.863	0.788	1.474	13.544	1.047 8
22	0.997 773 5	0.878	0.862	0.787	1.472	13.541	1.046 7
23	0.997 541 5	0.877	0.861	0.786	1.471	13.539	1.045 5
24	0.997 299 5	0.876	0.860	0.786	1.469	13.536	1.044 4
25	0.997 047 9	0.875	0.859	0.785	1.467	13.534	1.043 3
26	0.996 786 7	—	—	0.784	—	13.532	1.042 2
27	0.996 516 2	—	—	0.784	—	13.529	1.041 0
28	0.996 236 5	—	—	0.783	—	13.527	1.039 9

续表

温度/℃	水	苯	甲苯	乙醇	氯仿	汞	乙酸
29	0.995 947 8	—	—	0.782	—	13.524	1.038 8
30	0.995 650 2	0.869	—	0.781	1.460	13.522	1.037 7
40	0.992 218 7	0.858	—	0.772	1.451	13.497	—
50	0.988 039 3	0.847	—	0.763	1.433	13.473	—
90	0.965 323 0	0.836	—	0.754	1.411	13.376	—

附录六　几种常用物质的蒸气压

物质的蒸气压 p(mmHg)按下式计算

$$\lg p=A\frac{B}{C+t}$$

式中,t 为摄氏温度;A、B、C 在一定温度范围内为常数,并列于下表中。

名称	分子式	温度范围/℃	A	B	C
氯仿	$CHCl_3$	−30～150	6.903 28	1 163.03	227.4
乙醇	C_2H_6O	−30～150	8.044 94	1 554.3	222.65
丙酮	C_3H_6O	−30～150	7.024 47	1 161.0	224
乙酸	$C_2H_4O_2$	0～36	7.803 07	1 651.2	225
乙酸	$C_2H_4O_2$	36～170	7.188 07	1 416.7	211
乙酸乙酯	$C_4H_8O_2$	−20～150	7.098 08	1 238.71	217.0
苯	C_6H_6	−20～150	6.905 65	1 211.033	220.790
汞	Hg	100～200	7.469 05	2 771.898	244.831
汞	Hg	200～300	7.732 4	3 003.68	262.482

附录七　不同温度下水的折光率

T/℃	n_D	T/℃	n_D	T/℃	n_D	T/℃	n_D
10	1.333 70	16	1.333 31	22	1.332 81	28	1.332 19
11	1.333 65	17	1.333 24	23	1.332 72	29	1.332 08
12	1.333 59	18	1.333 16	24	1.332 63	30	1.331 96
13	1.333 52	19	1.333 07	25	1.332 52		
14	1.333 46	20	1.332 99	26	1.332 42		
15	1.333 39	21	1.332 90	27	1.332 31		

附录八 几种常用液体的折光率

物质	折光率		物质	折光率	
	15℃	20℃		15℃	20℃
苯	1.504 39	1.501 10	四氯化碳	1.463 05	1.460 44
丙酮	1.381 75	1.359 11	乙醇	1.363 30	1.361 39
甲苯	1.499 8	1.496 8	环己烷	—	2.025 0
乙酸	1.377 6	1.371 7	硝基苯	1.554 7	1.552 4
氯苯	1.527 48	1.524 60	正丁醇	—	1.399 09
氯仿	1.448 53	1.445 50	二硫化碳	—	1.625 46

附录九 乙醇-水溶液的表面张力（mN·m^{-1}）

乙醇体积分数/%	5.00	10.00	24.00	34.00	48.00	60.00	72.00	80.00	96.00
20℃	—	—	—	33.24	30.10	27.56	26.28	24.91	23.04
40℃	54.92	48.25	35.50	31.58	28.93	26.18	24.91	23.43	21.38
50℃	53.35	46.77	34.32	30.70	28.24	25.50	24.12	22.56	20.40

附录十 水-空气界面的表面张力

T/℃	−8	−5	0	5	10	15	18	20
γ/(mN·m^{-1})	77.0	76.4	75.6	74.9	74.22	73.49	73.05	72.75
T/℃	25	30	40	50	60	70	80	100
γ/(mN·m^{-1})	71.97	71.18	69.56	67.91	66.18	64.4	62.6	58.9

附录十一 不同温度下高纯水的电导率

T/℃	−2	0	2	4	10	18	26	34	50
$\kappa\times10^6$/(S·m^{-1})	1.47	1.58	1.80	2.12	2.85	4.41	6.70	9.62	18.9

附录十二　293.15K 时乙醇-水溶液的折光率

乙醇含量/%	$c/(mol \cdot L^{-1})$	折光率	乙醇含量/%	$c/(mol \cdot L^{-1})$	折光率
0.50	0.108	1.3333	32.00	6.601	1.3546
1.00	0.216	1.3336	34.00	6.988	1.3557
1.50	0.324	1.3339	36.00	7.369	1.3566
2.00	0.432	1.3342	38.00	7.747	1.3575
2.50	0.539	1.3345	40.00	8.120	1.3583
3.00	0.646	1.3348	42.00	8.488	1.3590
3.50	0.754	1.3351	44.00	8.853	1.3598
4.00	0.860	1.3354	46.00	9.213	1.3604
4.50	0.967	1.3357	48.00	9.568	1.3610
5.00	1.074	1.3360	50.00	9.919	1.3616
5.50	1.180	1.3364	52.00	10.265	1.3621
6.00	1.286	1.3367	54.00	10.607	1.3626
6.50	1.393	1.3370	56.00	10.944	1.3630
7.00	1.498	1.3374	58.00	11.277	1.3634
7.50	1.604	1.3377	60.00	11.606	1.3638
8.00	1.710	1.3381	62.00	11.930	1.3641
8.50	1.816	1.3384	64.00	12.250	1.3644
9.00	1.921	1.3388	66.00	12.565	1.3647
9.50	2.026	1.3392	68.00	12.876	1.3650
10.00	2.131	1.3395	70.00	13.183	1.3652
11.00	2.341	1.3403	72.00	13.486	1.3654
12.00	2.550	1.3410	74.00	13.748	1.3655
13.00	2.759	1.3417	76.00	14.077	1.3657
14.00	2.967	1.3425	78.00	14.366	1.3657
15.00	3.175	1.3432	80.00	14.650	1.3658
16.00	3.382	1.3440	82.00	14.927	1.3657
17.00	3.589	1.3447	84.00	15.198	1.3656
18.00	3.795	1.3455	86.00	15.464	1.3655
19.00	4.00	1.3462	88.00	15.725	1.3653
20.00	4.205	1.3469	90.00	15.979	1.3650
22.00	4.613	1.3484	92.00	16.226	1.3646
24.00	5.018	1.3498	94.00	16.466	1.3642
26.00	5.419	1.3511	96.00	16.697	1.3636
28.00	5.817	1.3524	98.00	16.920	1.3630
30.00	6.211	1.3535	100.00	17.133	1.3614

附录十三 不同温度下 KCl 溶液的电导率[$\kappa/(S \cdot m^{-1})$]

T/℃ \ $c/(mol \cdot L^{-1})$	0.01	0.02	0.1	0.5	1.0	1.5	2.0	3.0
0	0.0776	0.1521	0.715	—	6.541	—	—	—
1	0.0800	0.1566	0.736	—	6.713	—	—	—
2	0.0824	0.1612	0.757	—	6.886	—	—	—
3	0.0848	0.1659	0.779	—	7.061	—	—	—
4	0.0872	0.1705	0.800	—	7.237	—	—	—
5	0.0896	0.1752	0.822	—	7.414	—	—	—
6	0.0921	0.1800	0.844	—	7.593	—	—	—
7	0.0945	0.1848	0.866	—	7.773	—	—	—
8	0.0970	0.1896	0.888	—	7.954	—	—	—
9	0.0995	0.1945	0.911	—	8.139	—	—	—
10	0.1020	0.1994	0.933	—	8.319	—	—	—
11	0.1045	0.2043	0.956	—	8.504	—	—	—
12	0.1070	0.2093	0.979	—	8.389	—	—	—
13	0.1095	0.2142	1.002	—	8.876	—	—	—
14	0.1121	0.2193	1.025	—	9.063	—	—	—
15	0.1147	0.2243	1.048	—	9.252	—	—	—
16	0.1173	0.2294	1.072	—	9.441	—	—	—
17	0.1199	0.2345	1.095	—	9.631	—	—	—
18	0.1225	0.2397	1.119	—	9.822	—	—	—
19	0.1251	0.2449	1.143	—	10.014	—	—	—
20	0.1278	0.2501	1.167	—	10.207	—	—	—
21	0.1305	0.2553	1.191	—	10.400	—	—	—
22	0.1332	0.2606	1.215	—	10.554	—	—	—
23	0.1359	0.2659	1.239	—	10.789	—	—	—
24	0.1386	0.2712	1.264	—	10.984	—	—	—
25	0.1413	0.2765	1.288	—	11.180	—	—	—
26	0.1441	0.2819	1.313	—	11.377	—	—	—
27	0.1468	0.2873	1.337	—	11.574	—	—	—
28	0.1496	0.2927	1.362	—	—	—	—	—
29	0.1524	0.2981	1.287	—	—	—	—	—

续表

c/(mol · L^{-1}) / T/℃	0.01	0.02	0.1	0.5	1.0	1.5	2.0	3.0
30	0.1552	0.3036	1.412	—	—	—	—	—
31	0.1581	0.3091	1.437	—	—	—	—	—
32	0.1609	0.3146	1.462	—	—	—	—	—
33	0.1638	0.3201	1.488	—	—	—	—	—
34	0.1667	0.3256	1.513	—	—	—	—	—
35	—	0.3312	1.539	—	—	—	—	—
36	—	0.3368	1.564	—	—	—	—	—
40	—	—	—	7.450	14.116	20.447	26.131	36.636
50	—	—	—	8.560	16.164	23.322	29.719	41.389

附录十四 常用氘代溶剂和杂质峰在^{1}H谱中的化学位移(ppm)

溶剂	质子	$CDCl_3$	$(CD_3)_2CO$	$(CD_3)_2SO$	C_6D_6	CD_3CN	CD_3OH	D_2O
溶剂峰	—	7.26	2.05	2.49	7.16	1.94	3.31	4.79
水峰	—	1.56	2.84	3.33	0.40	2.13	4.87	—
乙酸	—	2.10	1.96	1.91	1.55	1.96	1.99	2.08
丙酮	—	2.17	2.09	2.09	1.55	2.08	2.15	2.22
乙腈	—	2.10	2.05	2.07	1.55	1.96	2.03	2.06
苯	—	7.36	7.36	7.37	7.15	7.37	7.33	—
叔丁醇	CH_3	1.28	1.18	1.11	1.05	1.16	1.40	1.24
	OH	—	—	4.19	1.55	2.18	—	—
叔丁基甲醚	CCH_3	1.19	1.13	1.11	1.07	1.14	1.15	1.21
	OCH_3	3.22	3.13	3.08	3.04	3.13	3.20	3.22
氯仿	—	7.26	8.02	8.32	6.15	7.58	7.90	—
环己烷	—	1.43	1.43	1.40	1.40	1.44	1.45	—
1,2-二氯甲烷	—	3.73	3.87	3.90	2.90	3.81	3.78	—
二氯甲烷	—	5.30	5.63	5.76	4.27	5.44	5.49	—
乙醚	CH_3(t)	1.21	1.11	1.09	1.11	1.12	1.18	1.17
	CH_2(q)	3.48	3.41	3.38	3.26	3.42	3.49	3.56
二甲基甲酰胺	CH	8.02	7.96	7.95	7.63	7.92	7.79	7.92
	CH_3	2.96	2.94	2.89	2.36	2.89	2.99	3.01
	CH_3	2.88	2.78	2.73	1.86	2.77	2.86	2.85

续表

溶剂	质子	$CDCl_3$	$(CD_3)_2CO$	$(CD_3)_2SO$	C_6D_6	CD_3CN	CD_3OH	D_2O
二甲基亚砜	—	2.62	2.52	2.54	1.68	2.50	2.65	2.71
二氧六环	—	3.71	3.59	3.57	3.35	3.60	3.66	3.75
乙醇	CH_3(t)	1.25	1.12	1.06	0.96	1.12	1.19	1.17
	CH_2(q)	3.72	3.57	3.44	3.34	3.54	3.60	3.65
	OH(s)	1.32	3.39	3.63	—	2.47	—	—
乙酸乙酯	CH_3CO	2.05	1.97	1.99	1.65	1.97	2.01	2.07
	OCH_2(q)	4.12	4.05	4.03	3.89	4.06	4.09	4.14
	CH_3(t)	1.26	1.20	1.17	0.92	1.20	1.24	1.24
甲乙酮	CH_3CO	2.14	2.07	2.07	1.58	2.06	2.12	2.19
	CH_2(q)	2.46	2.45	2.43	1.81	2.43	2.50	3.18
	CH_3(t)	1.06	0.96	0.91	0.85	0.96	1.01	1.26
乙二醇	—	3.76	3.28	3.34	3.41	3.51	3.59	3.65
润滑脂	CH_3(m)	0.86	0.87	—	0.92	0.86	0.88	—
	CH_2(br)	1.26	1.29	—	1.36	1.27	1.29	—
正己烷	CH_3(t)	0.88	0.88	0.86	0.89	0.89	0.90	—
	CH_2(m)	1.26	1.28	1.25	1.24	1.28	1.29	—
甲醇	CH_3	3.49	3.31	3.16	3.07	3.28	3.34	3.34
	OH	1.09	3.12	4.01		2.16	—	—
正戊烷	CH_3(t)	0.88	0.88	0.86	0.87	0.89	0.90	—
	CH_2(m)	1.27	1.27	1.27	1.23	1.29	1.29	—
异丙醇	CH_3(d)	1.22	1.10	1.04	0.95	1.09	1.50	1.17
	CH	4.04	3.90	3.78	3.67	3.87	3.92	4.02
硅脂	—	0.07	0.13	—	0.29	0.08	0.10	—
四氢呋喃	CH_2	1.85	1.79	1.76	1.40	1.80	1.87	1.88
	CH_2O	3.76	3.63	3.60	3.57	3.64	3.71	3.74
甲苯	CH_3	2.36	2.32	2.30	2.11	2.33	2.32	—
	CH(o/p)	7.17	7.20	7.18	7.02	7.30	7.16	—
	CH(m)	7.25	7.20	7.25	7.13	7.30	7.16	—
三乙基胺	CH_3	1.03	0.96	0.93	0.96	0.96	1.05	0.99
	CH_2	2.53	2.45	2.43	2.40	2.45	2.58	2.57
石油醚	—	0.5～1.5	0.6～1.9	—	—	—	—	—

参考文献

陈国松,陈昌云.2009.仪器分析实验.南京:南京大学出版社
刁国旺.2010.新编大学化学实验.北京:化学工业出版社
雷群芳.2005.中级化学实验.北京:科学出版社
刘勇健,白同春.2009.物理化学实验.南京:南京大学出版社
殷学锋.2002.新编大学化学实验.北京:高等教育出版社
张春晔,赵谦.2006.物理化学实验.2版.南京:南京大学出版社
周锦兰,张开诚.2005.实验化学.武汉:华中科技大学出版社